## 1단원 30~31쪽

▶ 1번

▶ 3번

| 8 | 8 | 8 | 8 | 8 | 8 | 8 | 8 | 4 | 4 | 4 | 4 | 4 | 4 | 4 | 4 |
| 7 | 7 | 7 | 7 | 7 | 7 | 7 | 7 | 2 | 2 | 2 | 2 | 2 | 2 | 2 | 2 |

▶ 5번

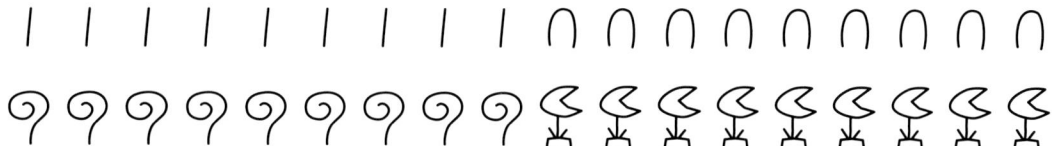

## 2단원 62~63쪽

▶ 1번

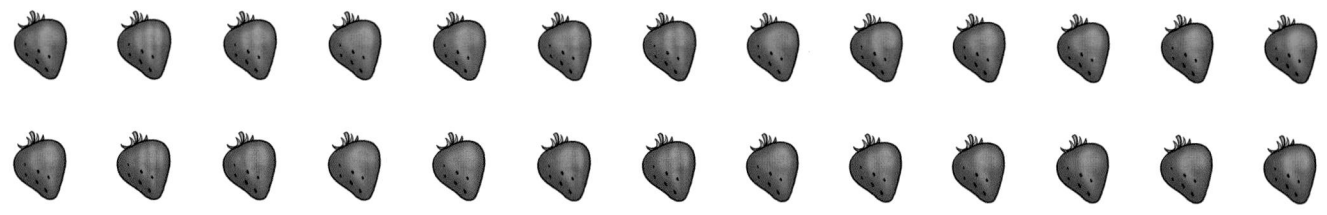

▶ 3번

▶ 6번

| 0 | 1 | 2 | 3 | 9 | 10 |
| 14 | 15 | 20 | 21 | 45 | 48 |

## 3단원 88~89쪽

▶ 2번

| 1 | 2 | 3 | 4 | 5 | 6 | 7 | 8 | 9 |
| 1 | 2 | 3 | 4 | 5 | 6 | 7 | 8 | 9 |
| 1 | 2 | 3 | 4 | 5 | 6 | 7 | 8 | 9 |

▶ 6번

주혁    영은

진석    수연

**4단원** 114~115쪽

▶ 3번

**5단원** 138~139쪽

▶ 2번

▶ 4번

 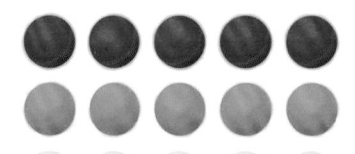 

**6단원** 166~167쪽

▶ 1번

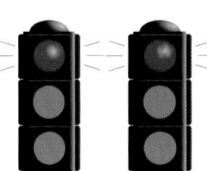 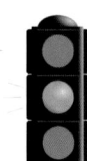  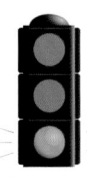      

▶ 3번  엄마   민수   동생

**쌓기나무로 규칙 만들기**

# 우등생

수학 | 2-2

# 구성과 특징

## 1단계 교과서 개념

개념 동영상

1단계 교과서 개념 ▸ 100이 10개인 수, 몇천 알아보기

**개념1** 100이 10개인 수 알아보기

100이 10개이면 **1000**입니다. 1000은 **천**이라고 읽습니다.

· 1000은 900보다 100만큼 더 큰 수입니다.
  990보다 □ 만큼 더 큰 수입니다.
  999보다 □ 만큼 더 큰 수입니다.

일이 10개이면 십,
십이 10개이면 백,
백이 10개이면
천이야!

**개념2** 몇천 알아보기

**동영상으로 개념을 더 확실하게 익히기**

## 2단계 교과서+익힘책 유형 연습

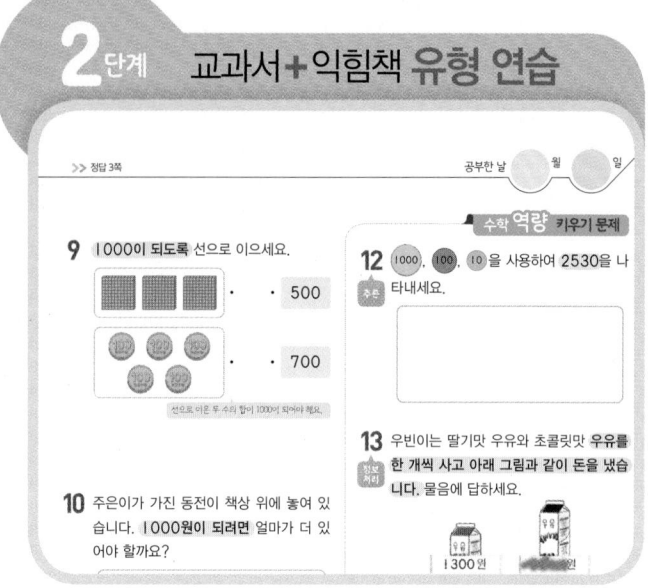

>> 정답 3쪽

공부한 날 월 일

**9** 1000이 되도록 선으로 이으세요.

· 500
· 700

선으로 이은 두 수의 합이 1000이 되어야 해요.

수학 역량 키우기 문제

**12** 1000, 100, 10 을 사용하여 2530을 나타내세요.

**13** 우빈이는 딸기맛 우유와 초콜릿맛 우유를 한 개씩 사고 아래 그림과 같이 돈을 냈습니다. 물음에 답하세요.

1300원

**10** 주은이가 가진 동전이 책상 위에 놓여 있습니다. 1000원이 되려면 얼마가 더 있어야 할까요?

**수학 익힘책에 나오는 다양한 교과 역량 문제**

## 3단계 잘 틀리는 문제 해결

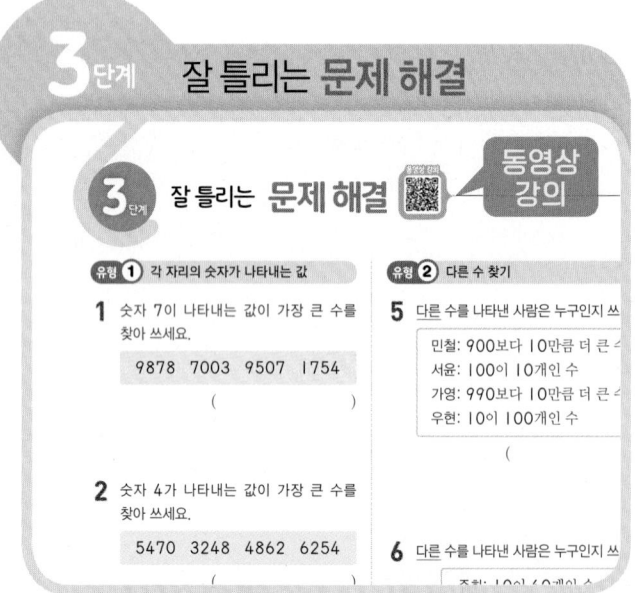

동영상 강의

3단계 잘 틀리는 문제 해결

**유형①** 각 자리의 숫자가 나타내는 값

**1** 숫자 7이 나타내는 값이 가장 큰 수를 찾아 쓰세요.

9878  7003  9507  1754

(          )

**2** 숫자 4가 나타내는 값이 가장 큰 수를 찾아 쓰세요.

5470  3248  4862  6254

**유형②** 다른 수 찾기

**5** 다른 수를 나타낸 사람은 누구인지 쓰

민철: 900보다 10만큼 더 큰
서윤: 100이 10개인 수
가영: 990보다 10만큼 더 큰
우현: 10이 100개인 수

(          )

**6** 다른 수를 나타낸 사람은 누구인지 쓰

**잘 틀리는 문제 유형과 틀린 이유를 분석하고 해결책 제시**

## 서술형 문제 해결

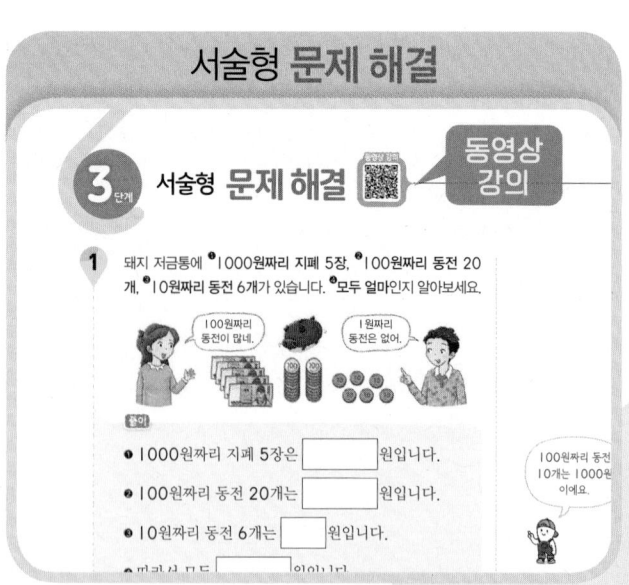

동영상 강의

3단계 서술형 문제 해결

**1** 돼지 저금통에 1000원짜리 지폐 5장, 100원짜리 동전 20개, 10원짜리 동전 6개가 있습니다. 모두 얼마인지 알아보세요.

100원짜리 동전이 많네.

1원짜리 동전은 없어.

풀이

· 1000원짜리 지폐 5장은 □ 원입니다.

· 100원짜리 동전 20개는 □ 원입니다.

· 10원짜리 동전 6개는 □ 원입니다.

· 따라서 모두 □ 원입니다.

100원짜리 동전 10개는 1000원이에요.

**서술형 문제를 단계별 풀이로 해결**

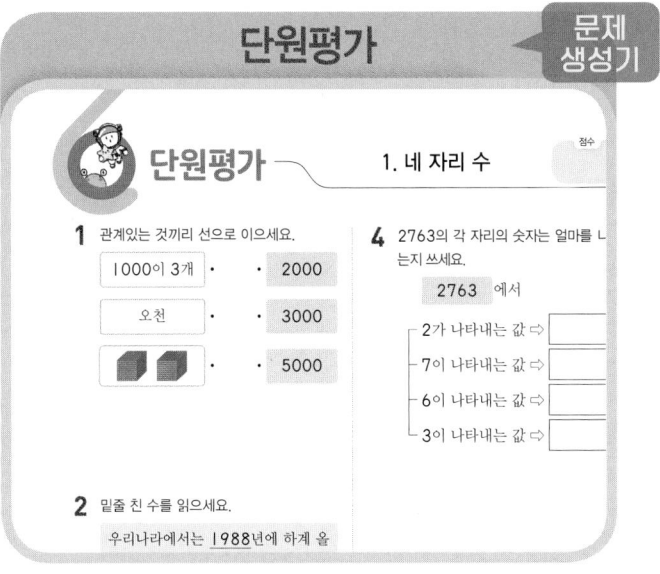

단원평가로 시험 대비

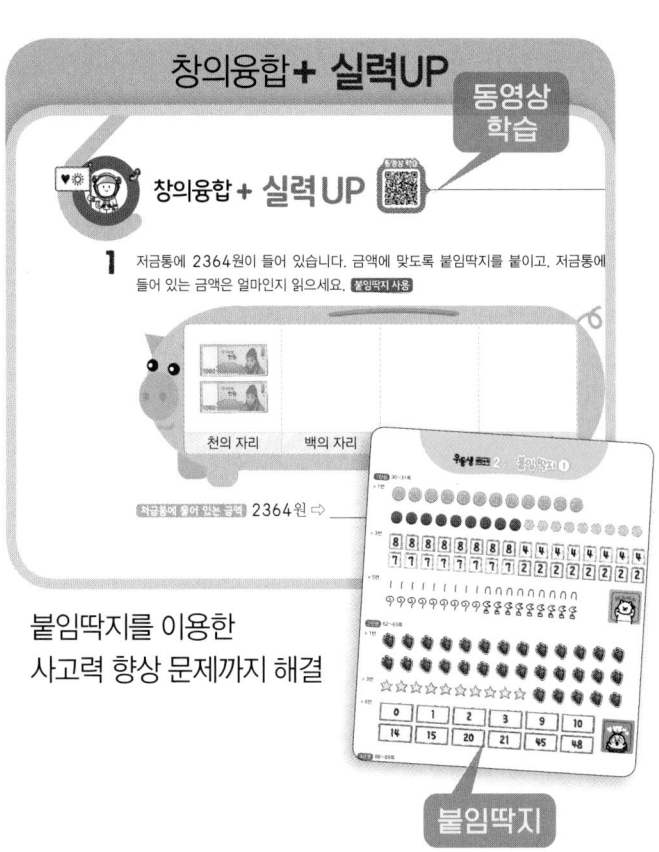

붙임딱지를 이용한
사고력 향상 문제까지 해결

붙임딱지

## 평가 자료집

실력 서술형 문제까지 풀어 보면서 각종 평가를 대비합니다.

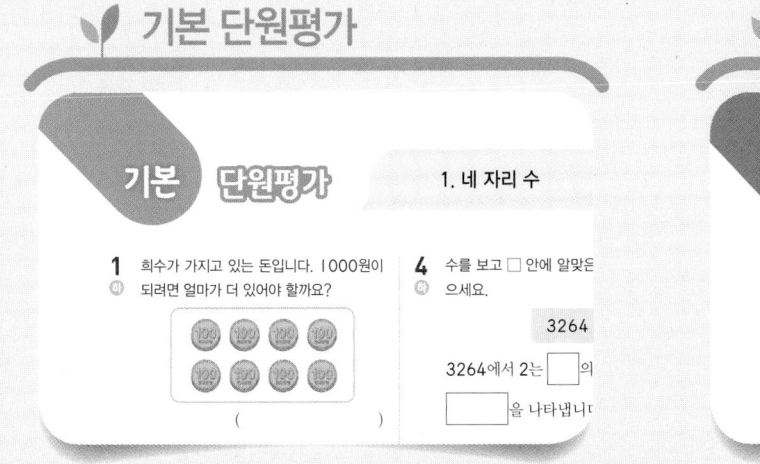

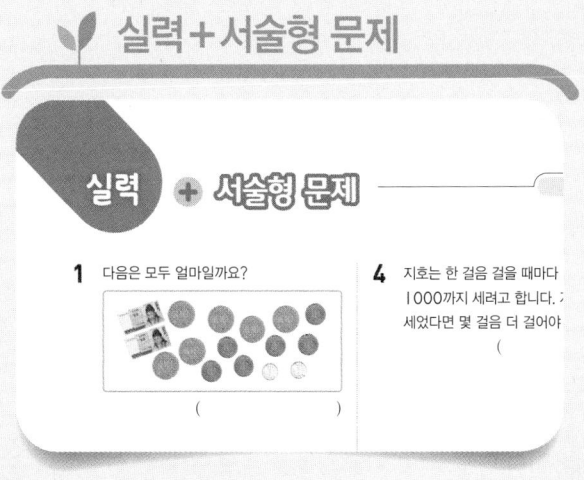

# 차례

**1** 네 자리 수 ...... 6

**2** 곱셈구구 ...... 32

**3** 길이 재기 ...... 64

**4** 시각과 시간 ...... 90

**5** 표와 그래프 ...... 116

**6** 규칙 찾기 ...... 140

# 우등생 수학

## 동영상 강의!

**개념 강의**와 **풀이 강의!**
동영상 강의 QR코드를
스캔하면 우등생 홈스쿨링
사이트에서 영상을
볼 수 있어.

## 스케줄 관리!

진도 완료 체크 QR코드를
스캔하면 우등생 홈스쿨링
사이트의 스케줄표로
**슝~** 갈 수 있어.

**1 단원**

진도 완료 체크

## 틀린 문제 저장! 출력!

**오답노트**에 어떤 문제를 틀렸는지 표시해.
나중에 틀린 문제만 모아서 다시 풀 수 있어.

1. 오답노트 앱을 설치 후 로그인
2. **책 표지의 홈스쿨링 QR코드를 스캔**하여 내 교재를 등록
3. 문항 번호를 선택하여 오답노트 만들기

문항번호 선택

날짜별 또는 단원별 보기

틀린 문제는
모르는 채 넘어
가지 말자구!

인쇄 가능

## 문제 생성기로 반복 학습!

문제 생성기를 이용하면
**단원평가 문제**를
더 풀어 볼 수 있어.

## 성취도 평가

1~3단원 1회, 4~6단원 1회

홈페이지에 답을 입력

자동 채점

취약점 분석

취약점을 보완할 처방 문제 풀기

확인평가로 다시 한 번 평가

# 1 네 자리 수

**2학년**

- 천 알아보기
- 몇천 알아보기
- 네 자리 수 알아보기
- 각 자리의 숫자가 나타내는 값 알아보기
- 뛰어 세기
- 네 자리 수의 크기 비교하기

**3~4학년**

- 세 자리 수의 덧셈과 뺄셈
- 큰 수 알아보기
- 큰 수의 자릿값
- 큰 수의 뛰어 세기
- 큰 수의 크기 비교

**5~6학년**

- 자연수의 혼합 계산
- 약수와 배수

내가 탄 차의 번호는 칠천구백사십이야.

7942

부릉부릉~

>> 정답 2쪽

이번 단원을 공부하기 전에 알고 있는지 확인하세요.

**2-1 몇백 알아보기**

**1** 색종이로 꽃을 만들어 100송이씩 2상자에 담았습니다. 꽃의 수를 쓰세요.

(       )

**2-1 세 자리 수 알아보기**

**2** □ 안에 알맞은 수를 써넣으세요.

100이 6개 ⎫
10이 3개 ⎬이면 [    ] 입니다.
1이 4개 ⎭

**2-1 세 자리 수 알아보기**

**3** 단추의 수를 쓰고 읽으세요.

쓰기 (       )

읽기 (       )

**2-1 뛰어 세어 보기**

**4** 100씩 뛰어 세어 보세요.

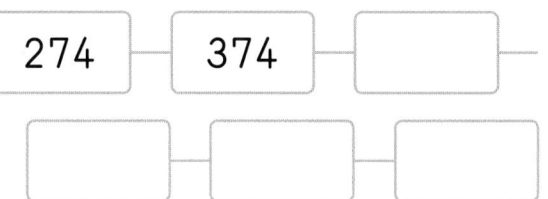

**2-1 세 자리 수의 크기 비교**

**5** 수 모형을 보고 □ 안에 알맞은 수를 써넣고, ○ 안에 > 또는 <를 알맞게 써넣으세요.

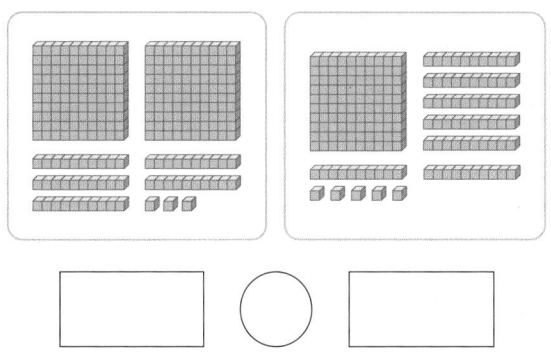

[    ] ○ [    ]

**2-1 세 자리 수의 크기 비교**

**6** 가장 작은 수를 찾아 쓰세요.

| 567 | 657 | 756 |

(       )

1 단원

# 사라진 마법 재료

QR 코드를 찍고 **퀴즈 영상 속** 문제도 함께 풀어 보아요.

퀴즈 영상

## 몇천 알아보기

1000이 4개이면 4000입니다.
4000은 사천이라고 읽습니다.

 **1단계** 교과서 **개념**  동영상 강의

<h1>천, 몇천 알아보기</h1>

**개념1** 천 알아보기

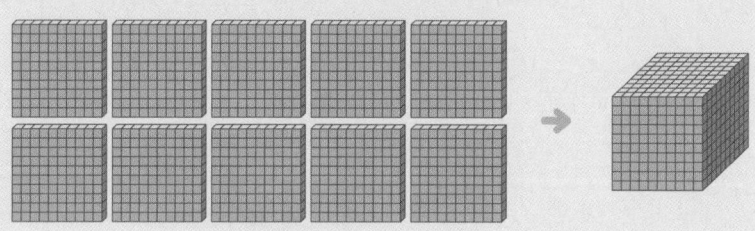

100이 10개이면 **1000**입니다. 1000은 **천**이라고 읽습니다.

· 1000은 900보다 100만큼 더 큰 수입니다.

990보다 □ 만큼 더 큰 수입니다.

999보다 □ 만큼 더 큰 수입니다.

 일이 10개이면 십, 십이 10개이면 백, 백이 10개이면 천이야!

**개념2** 몇천 알아보기

| 1000이 **2**개 | | 1000이 **3**개 | | 1000이 **4**개 | | 1000이 **5**개 | |
|---|---|---|---|---|---|---|---|
| 쓰기 | 읽기 | 쓰기 | 읽기 | 쓰기 | 읽기 | 쓰기 | 읽기 |
| 2000 | 이천 | 3000 | 삼천 | 4000 | 사천 | 5000 | 오천 |

| 1000이 **6**개 | | 1000이 **7**개 | | 1000이 **8**개 | | 1000이 **9**개 | |
|---|---|---|---|---|---|---|---|
| 쓰기 | 읽기 | 쓰기 | 읽기 | 쓰기 | 읽기 | 쓰기 | 읽기 |
| 6000 | 육천 | 7000 | 칠천 | 8000 | 팔천 | 9000 | 구천 |

01. 1

**개념확인** **1** □ 안에 알맞은 수를 써넣으세요.

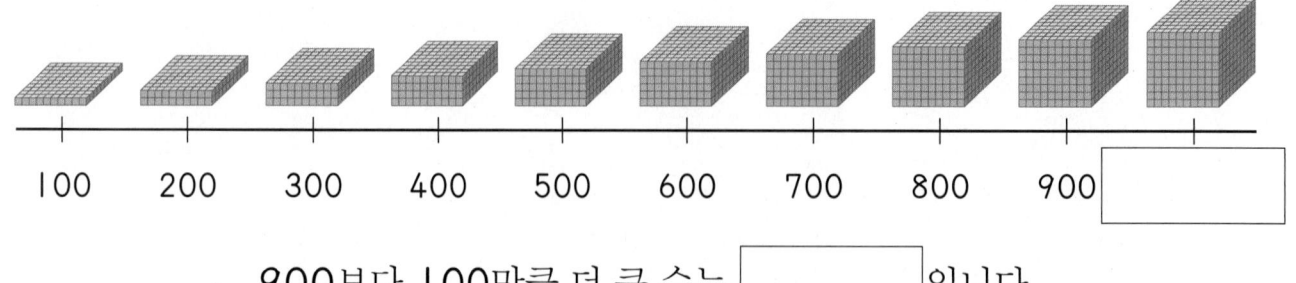

100  200  300  400  500  600  700  800  900  □

900보다 100만큼 더 큰 수는 □ 입니다.

>> 정답 2쪽

**2** 수직선을 보고 □ 안에 알맞은 수를 써넣으세요.

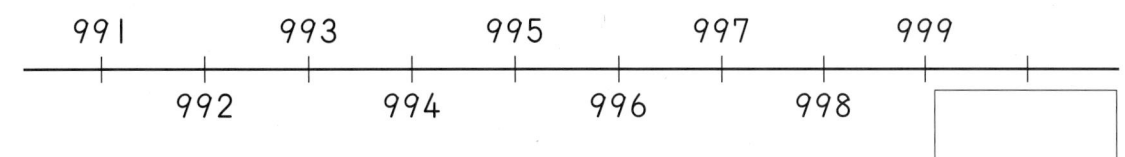

991        993        995        997        999

992        994        996        998        □

999보다 1만큼 더 큰 수는 □ 입니다.

**3** 알맞은 수를 쓰고 읽으세요.

(1)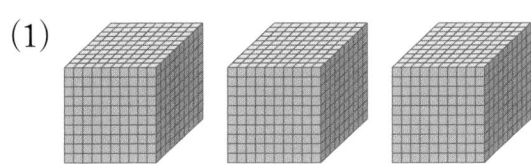

쓰기 _____

읽기 _____

(2)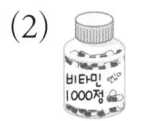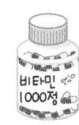

쓰기 _____

읽기 _____

**4** 5000만큼 색칠하세요.

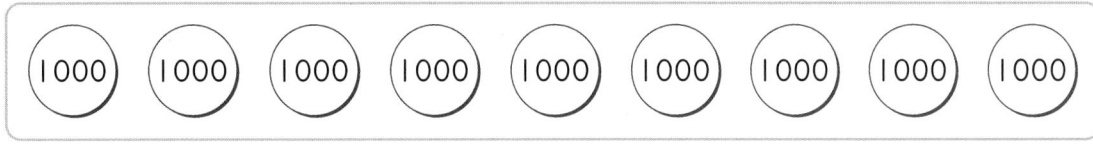

**5** 세 사람 중 다른 수를 말한 사람은 누구인지 찾아 ○표 하세요.

100이
10개인 수야.

990보다 10만큼
더 큰 수야.

900보다 100만큼
더 작은 수야.

태호              미영              준호

(              )        (              )        (              )

# 교과서 개념

네 자리 수,
각 자리의 숫자가 나타내는 값

### 개념 1 네 자리 수 알아보기

| 천 모형 | 백 모형 | 십 모형 | 일 모형 |
|---|---|---|---|

- 1000이 **2**개, 100이 **4**개, 10이 ☐개, 1이 **7**개이면 **2457**입니다.

- ☐은 **이천사백오십칠**이라고 읽습니다.

> 천의 자리부터 차례로 숫자를 읽은 다음에 자릿값을 읽어요.

### 개념 2 각 자리의 숫자가 나타내는 값 알아보기

| 천의 자리 | 백의 자리 | 십의 자리 | 일의 자리 |
|---|---|---|---|
| 2 | 4 | 5 | 7 |
| 2 | 0 | 0 | 0 |
|  | 4 | 0 | 0 |
|  |  | 5 | 0 |
|  |  |  | 7 |

**2457**에서

**2**는 **천**의 자리 숫자이고, **2000**을 나타냅니다.
**4**는 **백**의 자리 숫자이고, **400**을 나타냅니다.
**5**는 **십**의 자리 숫자이고, **50**을 나타냅니다.
**7**은 **일**의 자리 숫자이고, **7**을 나타냅니다.

$$2457 = 2000 + 400 + 50 + 7$$

정답 5, 2457

### 개념확인 1 수 모형이 나타내는 수를 알아보려고 합니다. ☐ 안에 알맞은 수를 써넣으세요.

| 천 모형 | 백 모형 | 십 모형 | 일 모형 |
|---|---|---|---|
| 1000이 ☐개 | 100이 ☐개 | 10이 ☐개 | 1이 ☐개 |

수 모형이 나타내는 수는 ☐입니다.

**2** ☐ 안에 알맞은 수를 써넣으세요.

(1)

5274는
┌ 1000이 ☐ 개
│ 100이 ☐ 개
│ 10이 ☐ 개
└ 1이 ☐ 개

(2)
┌ 1000이 3개
│ 100이 2개
│ 10이 1개
└ 1이 6개
이면 ☐

**3** 지훈이가 나타낸 수를 쓰고 읽으세요.

쓰기 _____

읽기 _____

**4** 각 자리의 숫자가 얼마를 나타내는지 써넣으세요.

7은 얼마를 나타낼까요?  →  ☐

6은 얼마를 나타낼까요?  →  ☐

3은 얼마를 나타낼까요?  →  ☐

8은 얼마를 나타낼까요?  →  ☐

7 6 3 8

| 천의 자리 | 백의 자리 | 십의 자리 | 일의 자리 |
|---|---|---|---|
| 7 | 6 | 3 | 8 |

**5** 보기와 같이 숫자 3은 얼마를 나타내는지 쓰세요.

┌ 보기 ┐
│ 7306  ⇨  300 │
└────────────┘

3이 어느 자리 숫자인지 알아보세요.

(1) 9030  ⇨  _____

(2) 3854  ⇨  _____

**1** □ 안에 알맞은 수를 써넣어 **1000을 만 드세요.**

| 800 | |
|---|---|

**2** **1000원**이 되려면 얼마가 더 필요할까요?

( )

답을 쓸 때 단위(원)도 써야 해요.

**3** 보기와 같이 3245를 나타내시오.

┌ 보기 ┐
4328＝4000＋300＋20＋8

3245
＝ □ ＋ □ ＋ □ ＋ 5

**4** **8033을 바르게 읽은** 사람은 누구인지 찾아 쓰세요.

팔천삼백삼.    미영
팔천삼십삼.    준호

( )

이름을 쓰세요.

**중요**
**5** 예지가 가지고 있는 **돈은 얼마**인지 □ 안에 알맞은 수를 써넣으세요.

내가 가지고 있는 돈은 □ 원이야.

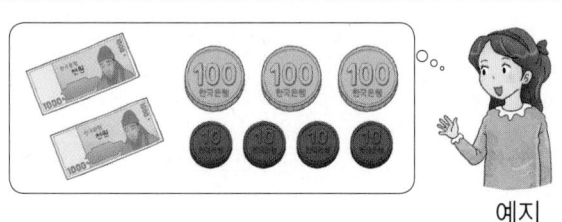

예지

**6** **숫자 5가 500을 나타내는** 수는 어느 것 인지 찾아 ○표 하세요.

| 5697 | 7534 | 4351 |
|---|---|---|

**중요**
**7** **숫자 7이 나타내는 값이 가장 큰 수**를 찾 아 쓰세요.

| 4<u>7</u>38 | 347<u>4</u> | <u>7</u>463 | 831<u>7</u> |
|---|---|---|---|

( )

**8** 다음 중 **다른 수**를 나타낸 것은 어느 것일 까요? ( )
① 1000이 5개인 수    ② 5000
③ 100이 50개인 수    ④ 오천
⑤ 10이 50개인 수

**9** **1000이 되도록** 선으로 이으세요.

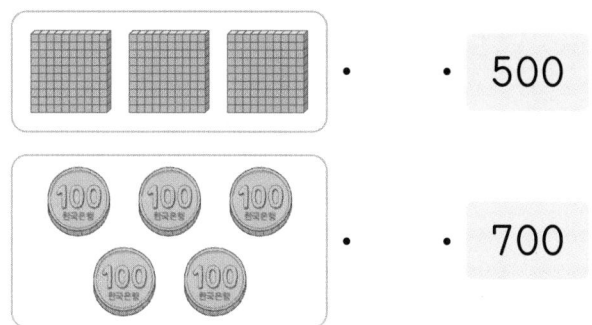

· · 500

· · 700

선으로 이은 두 수의 합이 1000이 되어야 해요.

**10** 주은이가 가진 동전이 책상 위에 놓여 있습니다. **1000원이 되려면** 얼마가 더 있어야 할까요?

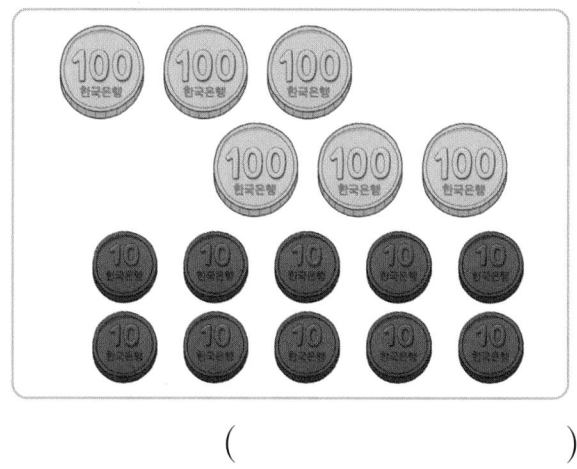

(                    )

**11** 수빈이는 요리 재료를 사면서 **천 원짜리 지폐 8장, 백 원짜리 동전 3개, 십 원짜리 동전 4개**를 냈습니다. 수빈이가 낸 돈은 모두 얼마일까요?

(                    )

답을 쓸 때 단위(원)도 써야 해요.

**12**  을 사용하여 **2530**을 나타내세요.

추론

**1 단원**

진도 완료 체크

**13** 우빈이는 딸기맛 우유와 초콜릿맛 **우유를 한 개씩 사고 아래 그림과 같이 돈을 냈습니다.** 물음에 답하세요.

정보 처리

1300원            원

(1) 우빈이가 낸 돈에서 딸기맛 우유 한 개의 가격만큼 묶으세요.
(2) 초콜릿맛 우유의 가격을 구하세요.

(                    )

**14** 수 카드를 한 번씩만 사용하여 **천의 자리 숫자가 5000, 백의 자리 숫자가 600을 나타내는** 네 자리 수를 만들려고 합니다. 만들 수 있는 네 자리 수를 모두 쓰세요.

문제 해결

3  4  5  6

☐ ☐ ☐ ☐ , ☐ ☐ ☐ ☐

### 개념 1 뛰어 세기

· **1000**씩 뛰어 세면 **천**의 자리 수가 **1**씩 커집니다.

| 4000 | — | 5000 | — | 6000 | — | 7000 | — | 8000 | — | 9000 |

↳ 백, 십, 일의 자리 수는 변하지 않습니다.

· **100**씩 뛰어 세면 **백**의 자리 수가 **1**씩 커집니다.

| 9225 | — | 9325 | — | 9425 | — | 9525 | — | 9625 | — | 9725 |

↳ 천, 십, 일의 자리 수는 변하지 않습니다.

· **10**씩 뛰어 세면 **십**의 자리 수가 ☐씩 커집니다.

| 9810 | — | 9820 | — | 9830 | — | 9840 | — | 9850 | — | 9860 |

↳ 천, 백, 일의 자리 수는 변하지 않습니다.

· **1**씩 뛰어 세면 **일**의 자리 수가 **1**씩 커집니다.

| 9994 | — | 9995 | — | 9996 | — | 9997 | — | ☐ | — | 9999 |

↳ 천, 백, 십의 자리 수는 변하지 않습니다.

정답 1, 9998

개념확인 **1** 콩이 자루 안에 1000개씩 들어 있습니다. 콩의 수를 세면서 빈 곳에 알맞은 수를 써넣으세요.

| 1000 | 2000 | 3000 | ☐ | 5000 | 6000 | ☐ | 8000 | ☐ |

개념확인 **2** 10씩 뛰어 세어 보세요.

| 8930 | — | 8940 | — | 8950 | — | ☐ | — | ☐ | — | ☐ |

**3** 100씩 뛰어 세어 보세요.

| 5207 | 5307 | | | | |

**4** 1씩 뛰어 세어 보세요.

(1) | 5423 | | 5425 | 5426 | | |

(2) | 6238 | | 6240 | | | |

**5** 몇씩 뛰어 센 것인지 □ 안에 알맞게 써넣으세요.

(1) | 2420 | 2430 | 2440 | 2450 | 2460 | 2470 |

⇨ ☐ 씩 뛰어 센 것입니다.

(2) | 2785 | 3785 | 4785 | 5785 | 6785 | 7785 |

⇨ ☐ 씩 뛰어 센 것입니다.

**6** 뛰어 세기를 하였습니다. 빈 곳에 알맞은 수를 써넣으세요.

(1)

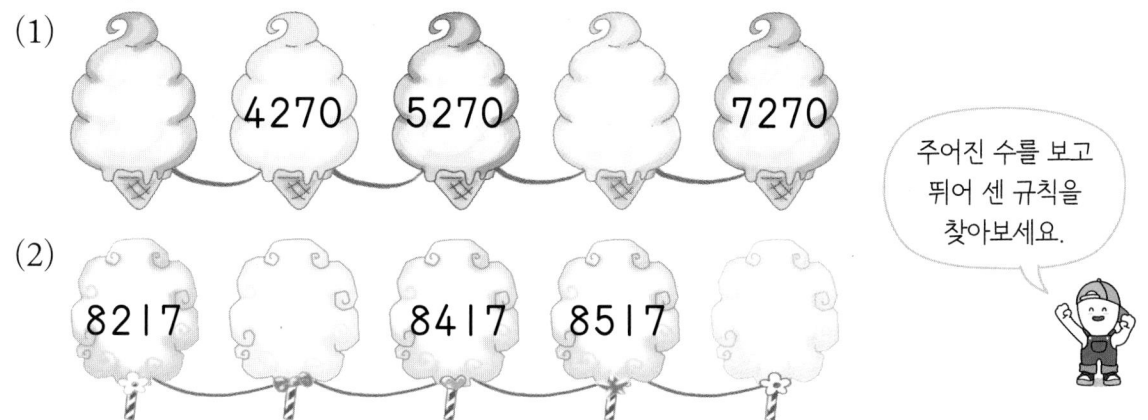

4270   5270       7270

주어진 수를 보고
뛰어 센 규칙을
찾아보세요.

(2)

8217       8417   8517

 단계

# 교과서 개념  네 자리 수의 크기 비교

**개념 1** 수 모형으로 나타내어 네 자리 수의 크기 비교하기

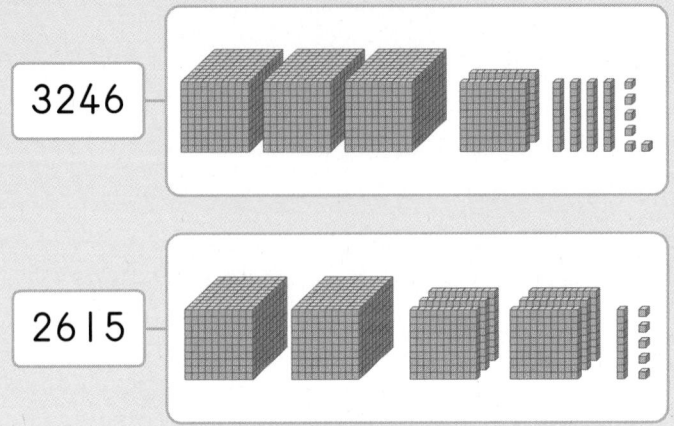

3246

2615

> 3246은 2615보다 큽니다.
> 2615는 3246보다 작습니다.

$$3246 > 2615$$
$$3 > 2$$

**개념 2** 각 자리의 수를 이용하여 네 자리 수의 크기 비교하기

| | |
|---|---|
| 천의 자리 수가 클수록 큰 수입니다. | 6908 ☐ 8150 |
| ↓ 천의 자리 수가 같으면? | 천의 자리 수끼리 비교 |
| 백의 자리 수가 클수록 큰 수입니다. | 7416 > 7317 |
| ↓ 백의 자리 수도 같으면? | 백의 자리 수끼리 비교 |
| ☐의 자리 수가 클수록 큰 수입니다. | 1092 > 1053 |
| ↓ 십의 자리 수도 같으면? | 십의 자리 수끼리 비교 |
| 일의 자리 수가 클수록 큰 수입니다. | 3848 < 3849 |
| | 일의 자리 수끼리 비교 |

됩요 (여러서남)  '>   답

**개념확인 1** 수 모형을 보고 두 수의 크기를 비교하여 ○ 안에 > 또는 <를 써넣으세요.

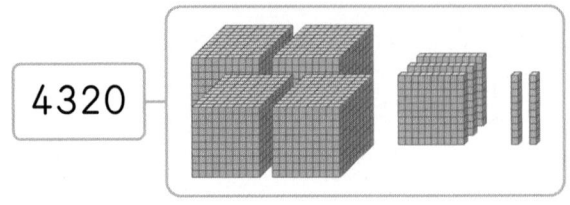

4320

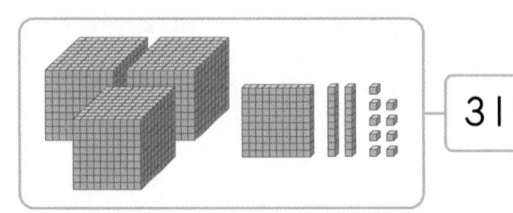

3129

4320 ○ 3129

**2** 수 모형을 보고 □ 안에 알맞은 수를 써넣으세요.

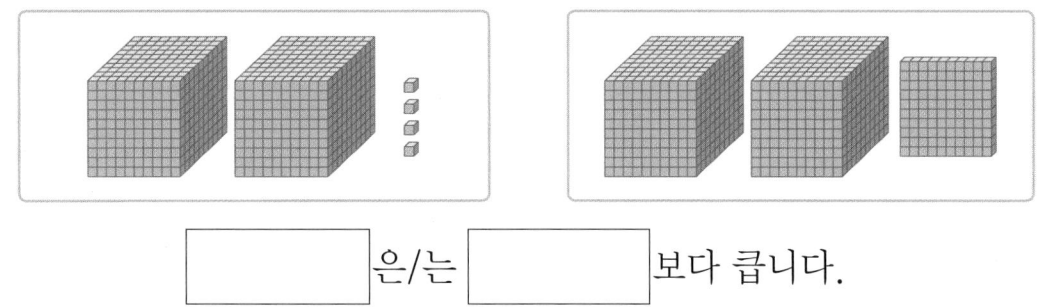

☐ 은/는 ☐ 보다 큽니다.

**3** □ 안에 알맞은 수를 써넣고 두 수의 크기를 비교하여 ○ 안에 > 또는 <를 알맞게 써넣으세요.

| | 천의 자리 | 백의 자리 | 십의 자리 | 일의 자리 |
|---|---|---|---|---|
| 6785 ⇨ | 6 | ☐ | 8 | 5 |
| 6875 ⇨ | 6 | 8 | ☐ | ☐ |

6785 ◯ 6875

**4** 두 수의 크기를 비교하여 ○ 안에 > 또는 <를 알맞게 써넣으세요.

(1) 570 ◯ 1930
(2) 6174 ◯ 6250
(3) 3408 ◯ 3405

**5** 세 수의 크기를 비교하려고 합니다. 표를 완성하고 □ 안에 알맞은 수를 써넣으세요.

| | 천의 자리 | 백의 자리 | 십의 자리 | 일의 자리 |
|---|---|---|---|---|
| 8010 ⇨ | 8 | 0 | 1 | 0 |
| 7899 ⇨ | | | | |
| 7950 ⇨ | | | | |

(1) 가장 큰 수는 ☐ 입니다.

(2) 가장 작은 수는 ☐ 입니다.

**1** 뛰어 세어 보세요.

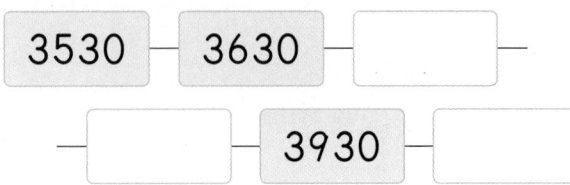

**2** **뛰어 세는 규칙**을 찾아 빈 곳에 알맞은 수를 써넣으세요.

수 배열표를 보고 물음에 답하세요. (3~5)

| 4100 | 4200 | 4300 | 4400 | 4500 |
|------|------|------|------|------|
| 5100 | 5200 | 5300 | 5400 | 5500 |
| 6100 | 6200 | 6300 | ▲ | 6500 |
| 7100 | 7200 | 7300 | 7400 | 7500 |

**3** ▲에 들어갈 수는 얼마일까요?

( )

**4** → 는 몇씩 뛰어 센 것일까요?

( )

중요
**5** ↓ 는 몇씩 뛰어 센 것일까요?

( )

**6** **더 큰 수를 말한 사람**이 누구인지 찾아 쓰세요.

( )

이름을 써야 해요.

**7** **5230부터 10씩** 커지는 수들을 선으로 이으세요.

**8** 두 수 중 **더 작은 수**를 아래에 써넣으세요.

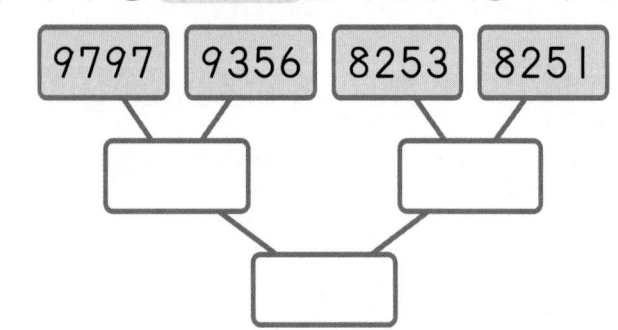

**중요**

**9** 가장 큰 수에 ○표 하세요.

| 2509 | 2514 | 988 |

**10** 창민이가 타야 하는 **버스의 번호**를 찾아 쓰세요.

번호가 가장 큰 버스를 타야 해.

창민

(        )

**11** 혜영이는 한 달에 1000원씩 저금을 합니다. 8월에 저금을 하였더니 3480원이 되었습니다. **9월, 10월, 11월, 12월**에는 각각 얼마가 될까요?

답을 쓸 때 단위(원)도 써야 해요.

9월 (        )

10월 (        )

11월 (        )

12월 (        )

 **수학 역량 키우기 문제**

**12** 수에 해당하는 글자를 찾아 **숨겨진 낱말**을 완성하세요.

**문제 해결**

• 1000씩 뛰어 세어 보세요.

① 3132 4132 독 장 선 초

• 100씩 뛰어 세어 보세요.

② 5719 5819 록 국 미 물

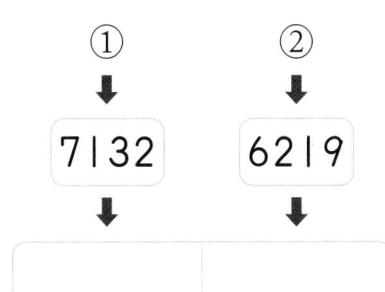

| 7132 | 6219 |

**13** 수 카드 **4장을 한 번씩만 사용하여 네 자리 수를 만들려고** 합니다. □ 안에 알맞은 수를 써넣으세요.

**문제 해결**

| 2 | 5 | 3 | 7 |

가장 큰 네 자리 수 ⇨

가장 작은 네 자리 수 ⇨

**14** 네 자리 수의 크기를 비교했습니다. 1부터 9까지의 수 중에서 □ 안에 들어갈 수 있는 수를 모두 쓰세요.

**추론**

$$7439 < \boxed{\phantom{0}}762$$

(        )

모두 써야 해요.

1. 네 자리 수 • **21**

**1 단원**

진도 완료 체크

**유형 ①** 각 자리의 숫자가 나타내는 값

**1** 숫자 7이 나타내는 값이 가장 큰 수를 찾아 쓰세요.

| 9878 | 7003 | 9507 | 1754 |

( )

**2** 숫자 4가 나타내는 값이 가장 큰 수를 찾아 쓰세요.

| 5470 | 3248 | 4862 | 6254 |

( )

**3** 숫자 6이 나타내는 값이 가장 작은 수를 찾아 쓰세요.

| 7563 | 8691 | 4206 | 6378 |

( )

**실력 문제**
**4** 두 수의 밑줄 친 숫자가 나타내는 값의 차를 구하세요.

| 95<u>7</u>3 | 705<u>6</u> |

( )

**유형 ②** 다른 수 찾기

**5** 다른 수를 나타낸 사람은 누구인지 쓰세요.

> 민철: 900보다 10만큼 더 큰 수
> 서윤: 100이 10개인 수
> 가영: 990보다 10만큼 더 큰 수
> 우현: 10이 100개인 수

( )

**6** 다른 수를 나타낸 사람은 누구인지 쓰세요.

> 준희: 10이 60개인 수
> 현민: 1000이 6개인 수
> 수인: 600이 10개인 수

( )

**실력 문제**
**7** 다른 수를 나타낸 사람은 누구인지 쓰세요.

> 희재: 1000이 1개, 100이 5개인 수
> 은서: 100이 15개인 수
> 소진: 1000이 1개, 10이 5개인 수
> 지훈: 100씩 뛰어 셀 때 1400 다음에 오는 수

( )

유형 **3**  네 자리 수 만들기

**8** 수 카드 4장을 한 번씩만 사용하여 가장 큰 네 자리 수를 만드세요.

**1  3  8  5**

(                              )

**9** 수 카드 4장을 한 번씩만 사용하여 가장 작은 네 자리 수를 만드세요.

**1  9  0  3**

(                              )

실력 문제

**10** 주어진 수 카드 중 4장을 골라 한 번씩만 사용하여 가장 큰 네 자리 수와 가장 작은 네 자리 수를 만드세요.

**6  7  3  1  8**

가장 큰 수 (                        )

가장 작은 수 (                        )

유형 **4**  □ 안에 들어갈 수 있는 수

**11** 1부터 9까지의 수 중에서 □ 안에 들어갈 수 있는 수를 모두 쓰세요.

$$6143 < \square 738$$

(                              )

**12** 0부터 9까지의 수 중에서 □ 안에 들어갈 수 있는 수를 모두 쓰세요.

$$4896 > 489\square$$

(                              )

실력 문제

**13** 0부터 9까지의 수 중에서 □ 안에 들어갈 수 있는 수는 모두 몇 개일까요?

$$5\square 20 < 5412$$

(                              )

# 3단계 서술형 문제 해결

**1** 돼지 저금통에 ❶1000원짜리 지폐 5장, ❷100원짜리 동전 20개, ❸10원짜리 동전 6개가 있습니다. ❹모두 얼마인지 알아보세요.

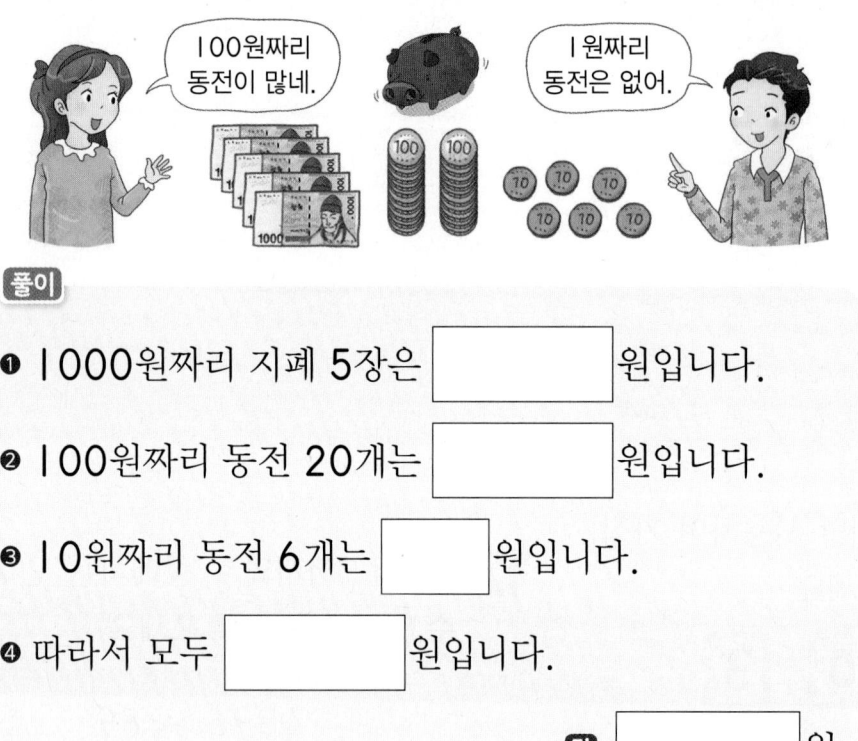

> 100원짜리 동전이 많네.
>
> 1원짜리 동전은 없어.

**풀이**

❶ 1000원짜리 지폐 5장은 [   ] 원입니다.

❷ 100원짜리 동전 20개는 [   ] 원입니다.

❸ 10원짜리 동전 6개는 [   ] 원입니다.

❹ 따라서 모두 [   ] 원입니다.

**답** [   ] 원

> 100원짜리 동전 10개는 1000원이에요.

**쌍둥이 문제**

**2** 과일 가게에 있는 귤을 세어 보니 ❶1000개씩 2상자, ❷100개씩 20상자, ❸10개씩 30봉지가 있습니다. ❹귤은 모두 몇 개인지 풀이 과정을 쓰고 답을 구하세요.

**풀이**

❶ _____

❷ _____

❸ _____

❹ _____

**답** _____

> **참고**
>
> 상자와 봉지에 들어 있는 귤의 수를 각각 알아보고 전체 개수를 구합니다.

**3** ❶세 마을에 사는 사람 수를 나타낸 것입니다. ❷사람 수가 가장 많은 마을은 어느 마을인지 알아보세요.

 가 마을
4193명

 나 마을
4270명

 다 마을
3911명

**풀이**

❶ 4193, 4270, 3911에서 천의 자리 수를 비교하면

[　　　　　]이 가장 작고, 4193과 4270에서 [　]의

자리 수를 비교하면 [　　　　] 이 더 큽니다.

❷ 따라서 사람 수가 가장 많은 마을은 [　] 마을입니다.

답 [　] 마을

> 네 자리 수의 크기를 비교할 때는 천의 자리부터 차례로 비교해야 해요.

1 단원

진도 완료 체크

**쌍둥이 문제**

**4** 수정이는 아버지의 생신 선물을 사려고 합니다. 다음 중에서 ❶가장 비싼 물건을 사려면 ❷어느 것을 사야 하는지 풀이 과정을 쓰고 답을 구하세요.

지갑
8290원

허리띠
8570원

손수건
7900원

**풀이**

❶ _____

_____

❷ _____

답 _____

**참고**

물건값을 나타낸 수가 클수록 비싼 물건입니다.

## 1. 네 자리 수

점수

**1** 관계있는 것끼리 선으로 이으세요.

| 1000이 3개 | • | • | 2000 |
| 오천 | • | • | 3000 |
| 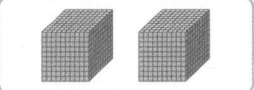 | • | • | 5000 |

**2** 밑줄 친 수를 읽으세요.

우리나라에서는 1988년에 하계 올림픽이 열렸습니다.

(                    )

**3** □ 안에 알맞은 수를 써넣으세요.

2459 는
- 천의 자리 숫자가 □
- 백의 자리 숫자가 □
- 십의 자리 숫자가 □
- 일의 자리 숫자가 □

**4** 2763의 각 자리의 숫자는 얼마를 나타내는지 쓰세요.

2763 에서
- 2가 나타내는 값 ⇨ □
- 7이 나타내는 값 ⇨ □
- 6이 나타내는 값 ⇨ □
- 3이 나타내는 값 ⇨ □

**5** 천의 자리 숫자가 2인 수에 ◯표 하세요.

2516    1254
6020    4012

**6** 숫자 6이 얼마를 나타내는지 쓰세요.

(1) 5006 ⇨ (                )

(2) 6240 ⇨ (                )

**7** 다음은 수빈이가 문구점에서 필통을 사고 낸 돈입니다. 필통의 가격은 얼마일까요?

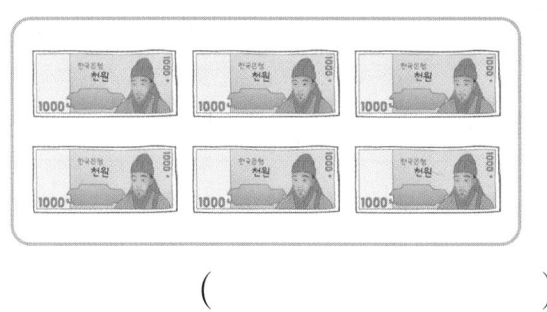

( 　　　　　　　　 )

**8** 100씩 뛰어 세어 보세요.

6015　　6215

**9** 8751부터 10씩 뛰어 세어 보세요.

8811　8791
8751　8761　8781

**10** 두 수의 크기를 비교하여 ○ 안에 > 또는 <를 알맞게 써넣으세요.

6322 ○ 6501

**11** 종훈이와 미정이는 1000 만들기 놀이를 하고 있습니다. 빈 카드에 알맞은 수를 써넣어 1000을 만드세요.

종훈
700

미정
999

**12** 다음 중 다른 수를 나타낸 것은 어느 것일까요? ( 　　　 )

① 1000이 4개인 수
② 100이 40개인 수
③ 10이 40개인 수
④ 1이 4000개인 수
⑤ 사천

1
단
원

**13** 수 배열표를 보고 물음에 답하세요.

| 3245 | 3255 | 3265 | 3275 | 3285 |
|------|------|------|------|------|
| 4245 | 4255 |      |      | 4285 |
| 5245 |      | 5265 |      |      |
| 6245 |      |      | ㉠   |      |

(1) ➡는 몇씩 뛰어 센 것일까요?

( )

(2) ㉠에 알맞은 수는 얼마일까요?

( )

**14** 민영이는 다음과 같이 백 원짜리 동전과 십 원짜리 동전을 가지고 있습니다.
1000원이 되려면 얼마가 더 있어야 할까요?

( )

**15** 자두가 한 상자에 100개씩 들어 있습니다. 80상자에 들어 있는 자두는 모두 몇 개인지 풀이 과정을 쓰고 답을 구하세요.

풀이 _____

_____

_____

답 _____

**16** 태호가 은행에서 뽑은 번호표의 수는 1290입니다. 미영이가 뽑은 번호표의 수는 1297일 때, 태호와 미영이 중 번호표를 먼저 뽑은 사람은 누구일까요?

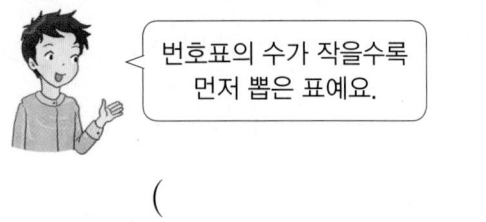

번호표의 수가 작을수록 먼저 뽑은 표예요.

( )

**17** 큰 수부터 차례로 쓰세요.

| 5552 | 4718 | 5294 |

(                              )

**18** 마을에 사는 사람 수를 나타낸 것입니다. 물음에 답하세요.

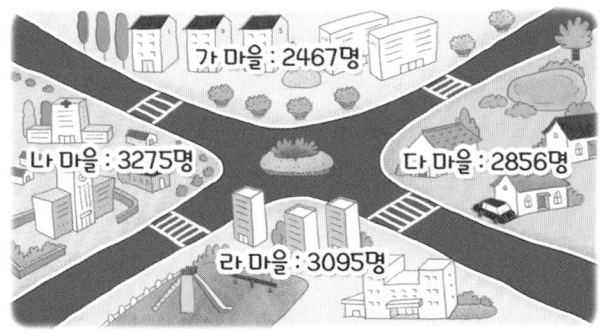

가 마을 : 2467명
나 마을 : 3275명
다 마을 : 2856명
라 마을 : 3095명

(1) 사람이 가장 많이 사는 마을은 어느 마을일까요?

(                              )

(2) 사람이 가장 적게 사는 마을은 어느 마을일까요?

(                              )

서술형 문제

**19** 8746에서 100씩 5번 뛰어 세면 얼마가 되는지 풀이 과정을 쓰고 답을 구하세요.

**풀이** _____

_____

_____

_____

**답** _____

**20** 4장의 수 카드를 한 번씩만 사용하여 네 자리 수를 만들려고 합니다. 백의 자리 숫자가 1인 가장 큰 수를 만드세요.

| 1 | 2 | 5 | 7 |

(                              )

문제 생성기

**1** 저금통에 2364원이 들어 있습니다. 금액에 맞도록 붙임딱지를 붙이고, 저금통에 들어 있는 금액은 얼마인지 읽으세요. [붙임딱지 사용]

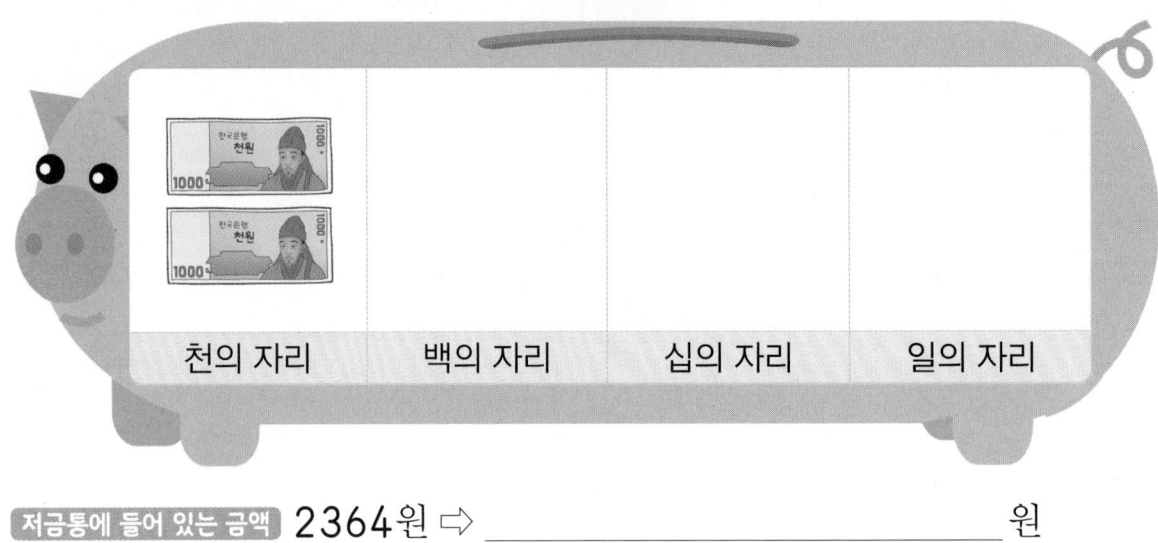

| 저금통에 들어 있는 금액 | 2364원 ⇨ _____ 원 |

**2** 다음 수에서 ㉠이 나타내는 값과 ㉡이 나타내는 값의 차는 얼마일까요?

$$4\ 2\ \underset{\underset{㉠}{\uparrow}}{5}\ \underset{\underset{㉡}{\uparrow}}{3}$$

(                    )

**3** 수 카드 4장을 한 번씩만 사용하여 네 자리 수를 만들려고 합니다. 붙임딱지를 이용하여 천의 자리 숫자가 7인 네 자리 수를 모두 만드세요. [붙임딱지 사용]

**4** 어떤 수에서 100씩 커지도록 4번 뛰어 세었더니 9000이 되었습니다. 어떤 수는 얼마일까요?

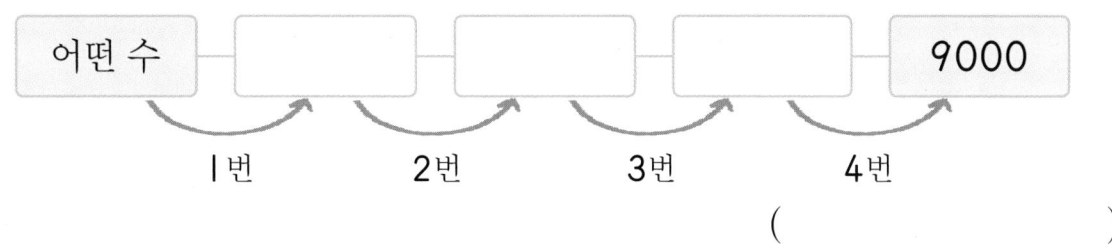

(              )

**5** 다음은 고대 이집트에서 수를 표현한 방법입니다. 물음에 답하세요.

| 수 | 고대 이집트 숫자 | 설명 |
|---|---|---|
| 1 | \| | 막대기 모양 |
| 10 | ∩ | 말발굽 모양 |
| 100 | ᓚ | 밧줄을 둥그렇게 감은 모양 |
| 1000 | 𓆸 | 나일강에 피어 있는 연꽃 모양 |

(1) 고대 이집트 숫자를 **보기**와 같이 수로 나타내세요.

(2) 붙임딱지를 이용하여 주어진 수를 고대 이집트 수로 나타내세요. [붙임딱지 사용]

4163

# 2 곱셈구구

**2학년**

- 2~9단 곱셈구구
- 1단 곱셈구구
- 0과 어떤 수의 곱
- 곱셈표 만들기
- 곱셈구구를 이용하여 문제 해결하기

**3~4학년**

- 나눗셈
- 곱셈
- 곱셈과 나눗셈

**5~6학년**

- 자연수의 혼합 계산
- 약수와 배수
- 약분과 통분
- 분수의 곱셈과 나눗셈
- 소수의 곱셈과 나눗셈

운동 기구 하나에 쇳덩이가
2개씩 있어!
운동 기구 3개에는 쇳덩이가 6개.

$2 \times 3 = 6$

**2**
**단원**

**1-2** 세 수의 덧셈, 세 수의 뺄셈

**1** □ 안에 알맞은 수를 써넣으세요.

(1) $5+2+1=$ ☐

(2) $8-3-4=$ ☐

**1-2** 덧셈하기

**2** 그림을 보고 □ 안에 알맞은 수를 써넣으세요.

8   9   10   ☐

$8+3=$ ☐

**1-2** 덧셈하기

**3** 덧셈을 하세요.

(1) $9+5=$ ☐

(2) $8+4=$ ☐

**2-1** 덧셈하기

**4** 계산을 하세요.

(1) $15+5=$ ☐

(2) $27+9=$ ☐

(3)
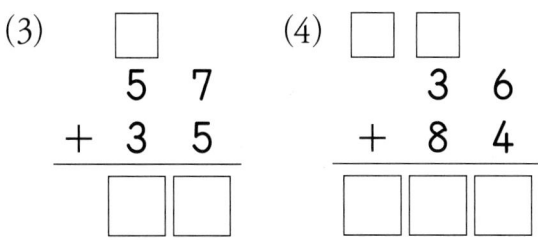
```
    ☐
    5  7
 +  3  5
 ──────
    ☐  ☐
```

(4)
```
 ☐  ☐
    3  6
 +  8  4
 ──────
 ☐  ☐  ☐
```

**2-1** 곱셈식으로 나타내기

**5** 그림을 보고 □ 안에 알맞은 수를 써넣으세요.

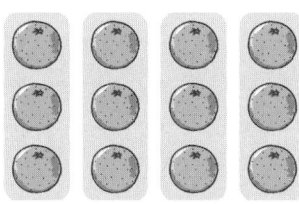

3씩 ☐ 묶음

3의 ☐ 배

$3+3+$ ☐ $+$ ☐ $=$ ☐

$3 \times$ ☐ $=$ ☐

단원 미리보기

# 도둑을 잡으러 출발!

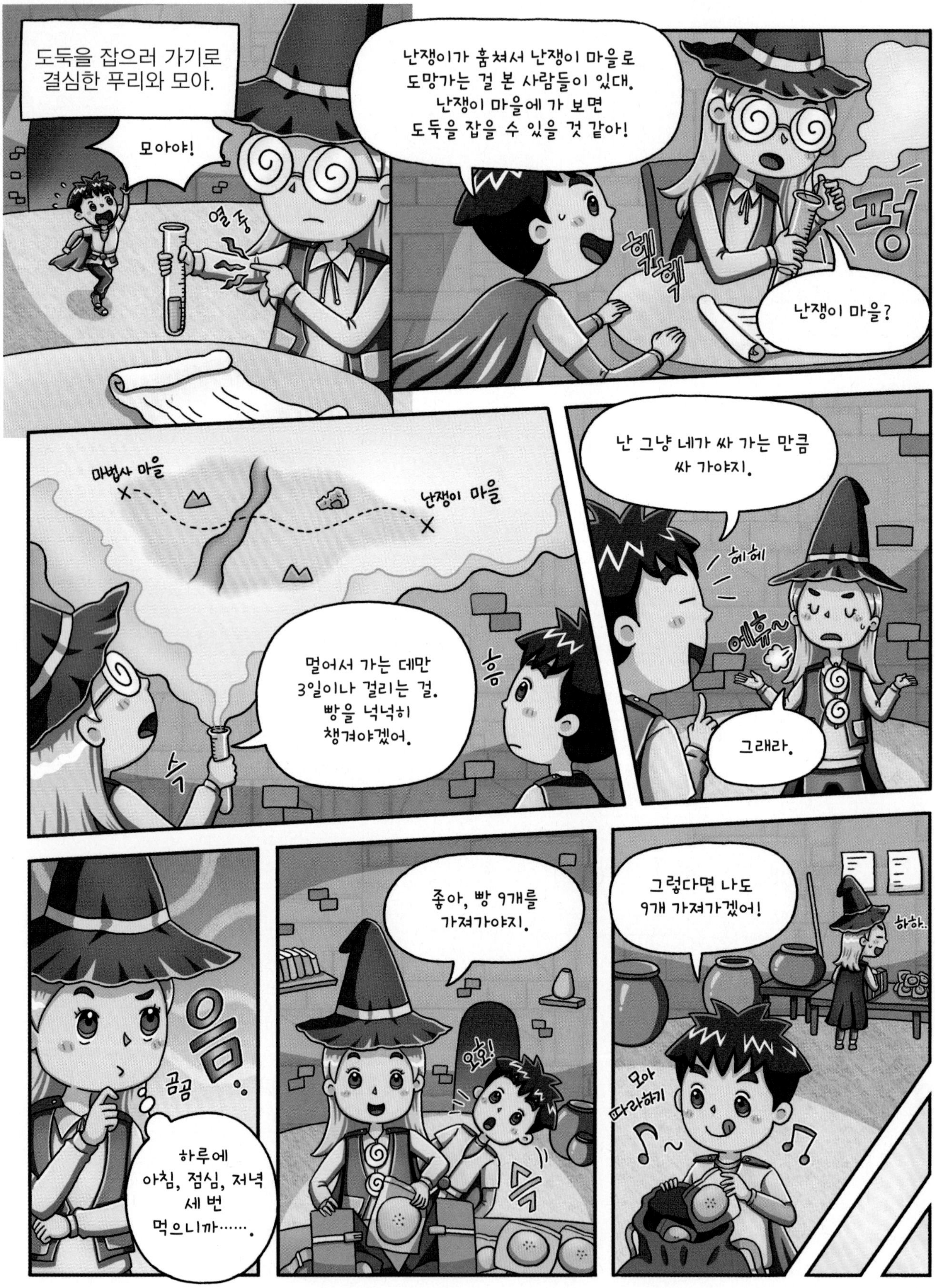

QR 코드를 찍고 **퀴즈 영상 속** 문제도 함께 풀어 보아요.

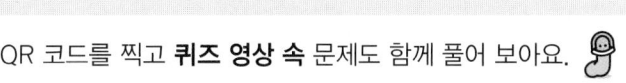

 교과서 **개념**   2단 곱셈구구, 5단 곱셈구구

 **개념 1** 2단 곱셈구구

| | |
|---|---|
| $2 \times 1 = 2$ | |
| $2 \times 2 = 4$ | $+2$ |
| $2 \times 3 = 6$ | $+\square$ |
| $2 \times 4 = 8$ | $+2$ |
| $2 \times 5 = 10$ | $+2$ |
| $2 \times 6 = 12$ | $+2$ |
| $2 \times 7 = 14$ | $+2$ |
| $2 \times 8 = 16$ | $+2$ |
| $2 \times 9 = 18$ | $+2$ |

2×5는 2×4보다 2만큼 더 커요!

**2단 곱셈구구**에서 곱하는 수가 1씩 커지면 그 곱은 **2씩** 커집니다.

**개념 2** 5단 곱셈구구

| | |
|---|---|
| $5 \times 1 = 5$ | |
| $5 \times 2 = 10$ | $+5$ |
| $5 \times 3 = 15$ | $+5$ |
| $5 \times 4 = 20$ | $+5$ |
| $5 \times 5 = 25$ | $+5$ |
| $5 \times 6 = \square$ | $+5$ |
| $5 \times 7 = 35$ | $+5$ |
| $5 \times 8 = 40$ | $+5$ |
| $5 \times 9 = 45$ | $+5$ |

**5단 곱셈구구**에서 곱하는 수가 1씩 커지면 그 곱은 **5씩** 커집니다.

●**참고** ■의 ▲배 ⇨ ■씩 ▲묶음 ⇨ ■를 ▲번 더한 수 ⇨ ■+■+……+■ ⇨ ■×▲

▲번

정답 2, 30

**개념확인** **1** 놀이 기구 한 대에 어린이가 2명씩 타고 있습니다. 어린이의 수를 알아보세요.

한 대에 2명씩 3대가 있어요.

$2 \times 3 = \square$

**개념확인** **2** 자동차 한 대에 사람이 5명씩 타고 있습니다. 사람의 수를 알아보세요.

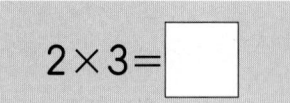

$5 \times 4 = \square$

**3** 그림을 보고 □ 안에 알맞은 수를 써넣으세요.

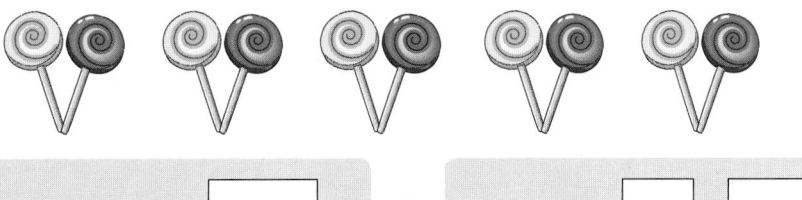

$2+2+2+2+2=$ □  ⇨  $2 ×$ □ $=$ □

**4** 5개씩 묶어 보고 곱셈식으로 나타내세요.

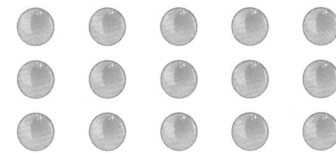

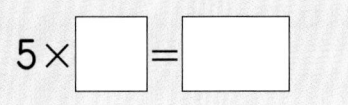

$5 ×$ □ $=$ □

**5** 오리 한 마리의 다리는 2개입니다. 오리의 다리가 모두 몇 개인지 곱셈식으로 나타내세요.

$2 ×$ □ $=$ □

$2 ×$ □ $=$ □

$2 ×$ □ $=$ □

**6** 5단 곱셈구구의 값을 찾아 이으세요.

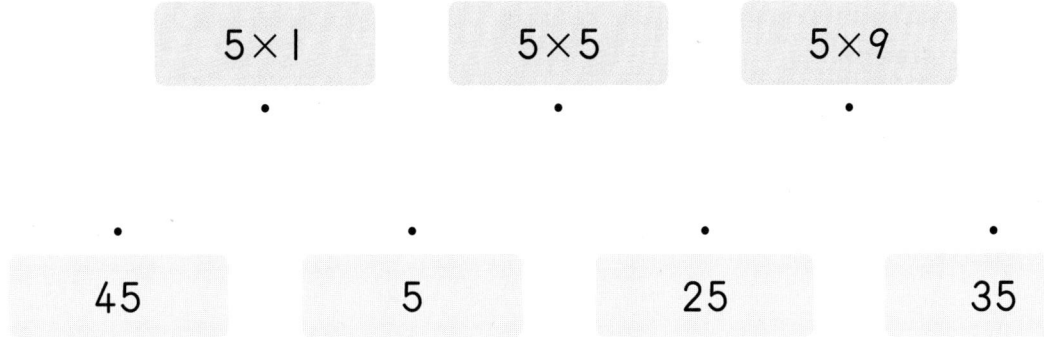

$5 × 1$          $5 × 5$          $5 × 9$

45          5          25          35

**개념 1** 3단 곱셈구구

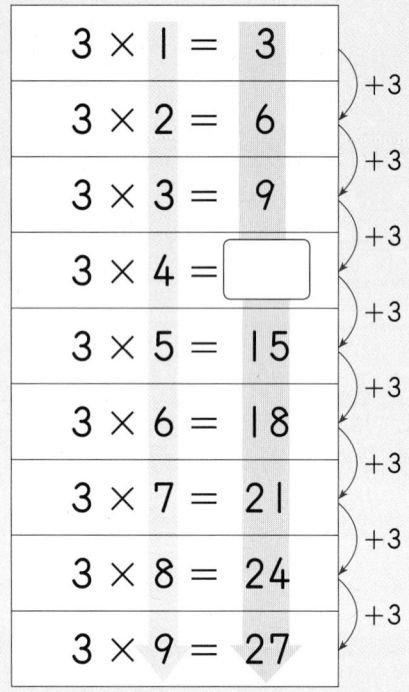

| | | |
|---|---|---|
| $3 \times 1 =$ | 3 | |
| $3 \times 2 =$ | 6 | $+3$ |
| $3 \times 3 =$ | 9 | $+3$ |
| $3 \times 4 =$ | | $+3$ |
| $3 \times 5 =$ | 15 | $+3$ |
| $3 \times 6 =$ | 18 | $+3$ |
| $3 \times 7 =$ | 21 | $+3$ |
| $3 \times 8 =$ | 24 | $+3$ |
| $3 \times 9 =$ | 27 | $+3$ |

**3단 곱셈구구**에서 곱하는 수가
1씩 커지면 그 곱은 **3씩** 커집니다.

**개념 2** 6단 곱셈구구

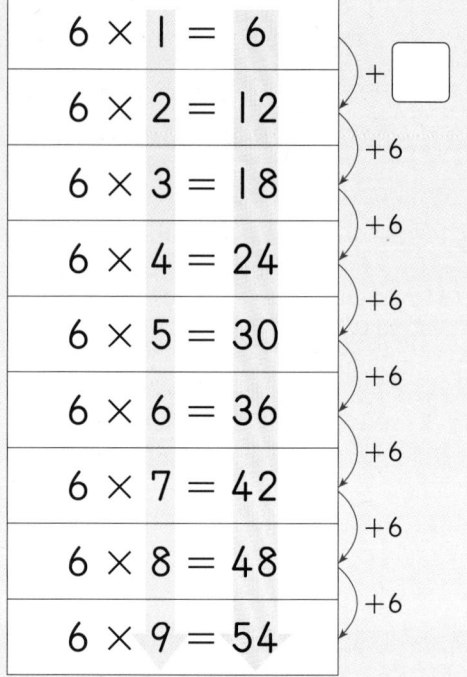

| | | |
|---|---|---|
| $6 \times 1 =$ | 6 | $+\square$ |
| $6 \times 2 =$ | 12 | $+6$ |
| $6 \times 3 =$ | 18 | $+6$ |
| $6 \times 4 =$ | 24 | $+6$ |
| $6 \times 5 =$ | 30 | $+6$ |
| $6 \times 6 =$ | 36 | $+6$ |
| $6 \times 7 =$ | 42 | $+6$ |
| $6 \times 8 =$ | 48 | $+6$ |
| $6 \times 9 =$ | 54 | $+6$ |

**6단 곱셈구구**에서 곱하는 수가
1씩 커지면 그 곱은 **6씩** 커집니다.

정답 6, 12

**개념확인** **1** 보트 한 대에 어린이가 6명씩 타고 있습니다. 어린이의 수를 알아보세요.

(1)

$6 \times 2 = \boxed{\phantom{00}}$

6×3은
6×2보다
6만큼 더 커요.

(2)

$6 \times 3 = \boxed{\phantom{00}}$

**2** □ 안에 알맞은 수를 써넣으세요.

$$6+6+6+6+6+6+6+6=\boxed{\phantom{00}}$$ ⇨ $$6\times\boxed{\phantom{0}}=\boxed{\phantom{00}}$$

**3** □ 안에 알맞은 수를 써넣으세요.

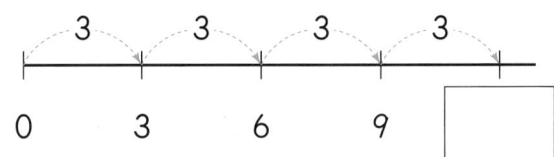

0　　　3　　　6　　　9　　$\boxed{\phantom{00}}$

$$3\times\boxed{\phantom{0}}=\boxed{\phantom{00}}$$

**4** 초콜릿이 모두 몇 개인지 곱셈식으로 나타내세요.

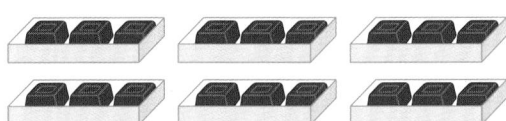

$$3\times\boxed{\phantom{0}}=\boxed{\phantom{00}}$$

**5** 빈칸에 알맞은 수를 써넣으세요.

(1)

| × | 1 | 2 | 3 | 4 | 5 | 6 | 7 | 8 | 9 |
|---|---|---|---|---|---|---|---|---|---|
| 3 | 3 | 6 | | | | | | | |

(2)

| × | 1 | 2 | 3 | 4 | 5 | 6 | 7 | 8 | 9 |
|---|---|---|---|---|---|---|---|---|---|
| 6 | | | | | | | | | |

**1** 그림을 보고 □ 안에 알맞은 수를 써넣으세요.

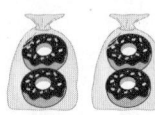

⇨ 2×2=□

⇨ 2×3=□

2×3은 2×2보다 □ 만큼 더 큽니다.

**중요**

**2** □ 안에 알맞은 수를 써넣으세요.

(1) 3×9=□

(2) 2×9=□

(3) 5×5=□

(4) 6×7=□

**3** 곱셈식에 맞게 ◯를 그리고 □ 안에 알맞은 수를 써넣으세요.

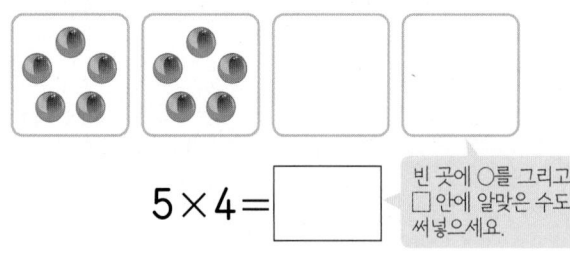

5×4=□

빈 곳에 ◯를 그리고 □ 안에 알맞은 수도 써넣으세요.

**4** 3×5를 **수직선**에 나타내고 □ 안에 **알맞은 수**를 써넣으세요.

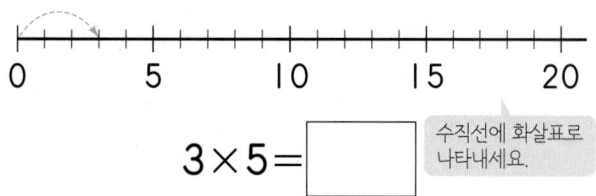

3×5=□

수직선에 화살표로 나타내세요.

**5** 빈 곳에 알맞은 수를 써넣으세요.

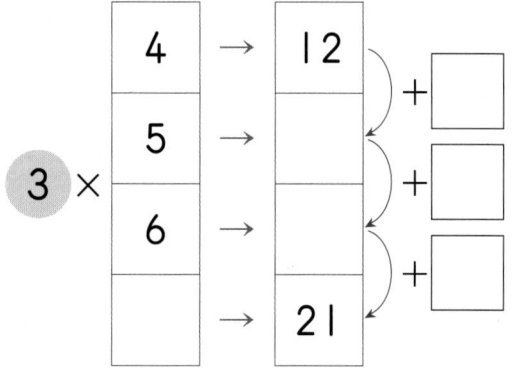

**6** 곱셈식이 **옳게** 되도록 이으세요.

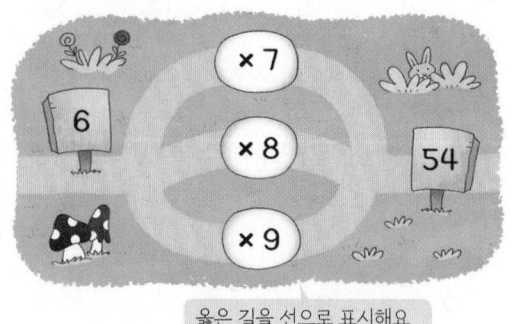

옳은 길을 선으로 표시해요.

**7** □ 안에 알맞은 수를 써넣으세요.

(1) $3 \times$ ☐ $= 24$

(2) $5 \times$ ☐ $= 40$

**8** 상자 한 개의 길이는 5 cm입니다. **상자 6개의 길이는** 몇 cm인지 □ 안에 알맞은 수를 써넣으세요.

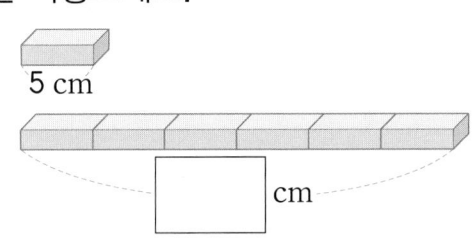

☐ cm

**9** 동물 모양으로 벽걸이를 만들었습니다. 동물 모양이 **모두 몇 개**인지 곱셈식으로 나타내세요.

☐ $\times$ ☐ $=$ ☐

**10** 추론  $2 \times 8$은 $2 \times 5$보다 **얼마나 더 큰지** ○를 그려서 나타내고, □ 안에 알맞은 수를 써넣으세요.

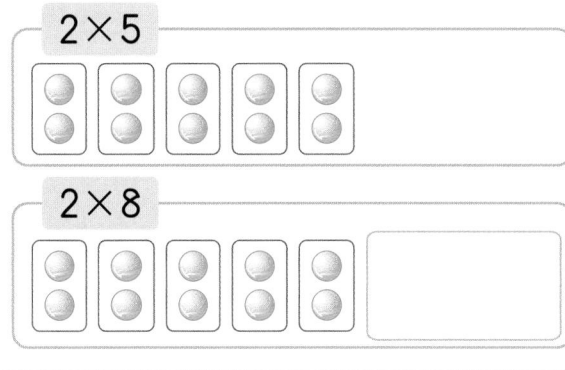

$2 \times 5 =$ ☐ 입니다. $2 \times 8$은

$2 \times 5$보다 2씩 ☐ 묶음 더 많으

므로 ☐ 만큼 더 큽니다.

**11** 문제 해결  그림을 보고 □ 안에 알맞은 수를 써넣으세요.

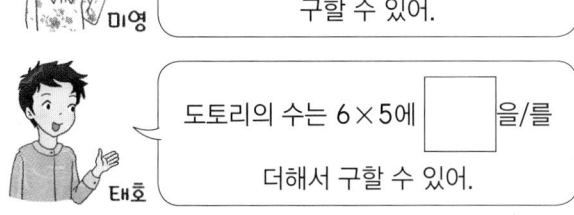
미영: 도토리의 수는 6씩 ☐ 번 더하면 구할 수 있어.

태호: 도토리의 수는 $6 \times 5$에 ☐ 을/를 더해서 구할 수 있어.

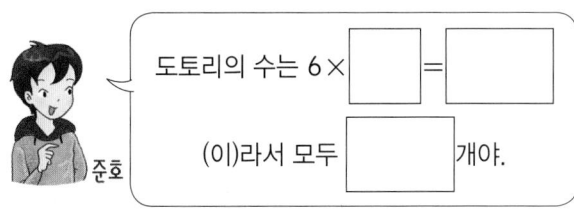
준호: 도토리의 수는 $6 \times$ ☐ $=$ ☐ (이)라서 모두 ☐ 개야.

2 단원

# 교과서 개념 · 4단 곱셈구구, 8단 곱셈구구

**개념 1** 4단 곱셈구구

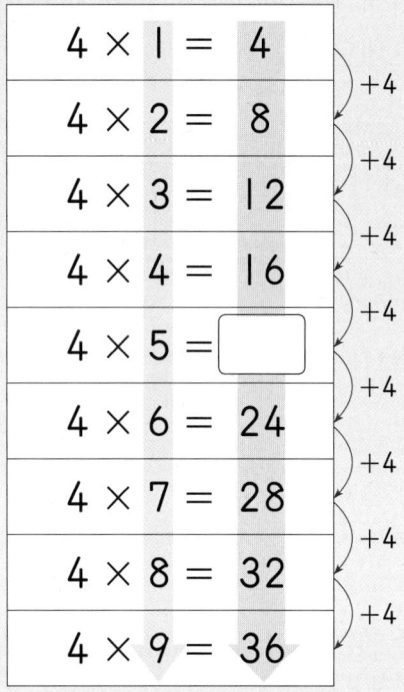

| | |
|---|---|
| $4 \times 1 =$ | $4$ |
| $4 \times 2 =$ | $8$ |
| $4 \times 3 =$ | $12$ |
| $4 \times 4 =$ | $16$ |
| $4 \times 5 =$ | |
| $4 \times 6 =$ | $24$ |
| $4 \times 7 =$ | $28$ |
| $4 \times 8 =$ | $32$ |
| $4 \times 9 =$ | $36$ |

$+4$ 반복

**4단 곱셈구구**에서 곱하는 수가
1씩 커지면 그 곱은 **4씩** 커집니다.

**개념 2** 8단 곱셈구구

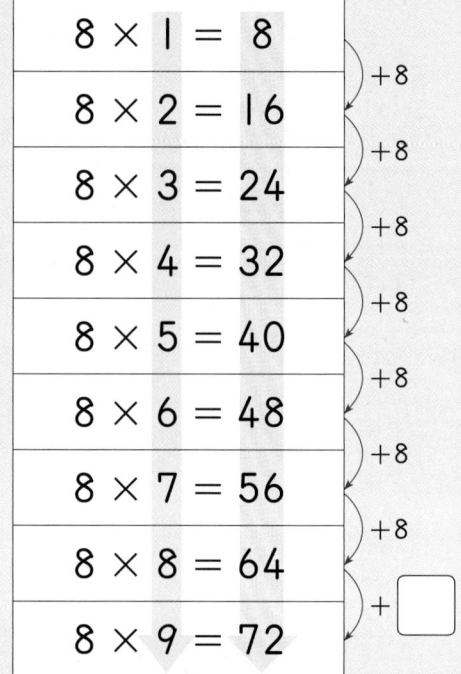

| | |
|---|---|
| $8 \times 1 =$ | $8$ |
| $8 \times 2 =$ | $16$ |
| $8 \times 3 =$ | $24$ |
| $8 \times 4 =$ | $32$ |
| $8 \times 5 =$ | $40$ |
| $8 \times 6 =$ | $48$ |
| $8 \times 7 =$ | $56$ |
| $8 \times 8 =$ | $64$ |
| $8 \times 9 =$ | $72$ |

$+8$ 반복 $+\;\square$

**8단 곱셈구구**에서 곱하는 수가
1씩 커지면 그 곱은 **8씩** 커집니다.

정답 20, 8

**개념확인** **1** 자동차 한 대에 사람이 4명씩 타고 있습니다. 사람의 수를 알아보세요.

$4 \times 3 = \boxed{\phantom{00}}$

$4 \times 4 = \boxed{\phantom{00}}$

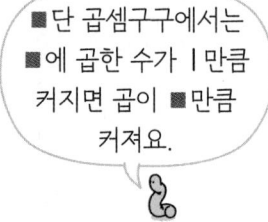
■단 곱셈구구에서는
■에 곱한 수가 1만큼
커지면 곱이 ■만큼
커져요.

**개념확인** **2** 과자가 한 접시에 8개씩 놓여 있습니다. 과자의 수를 알아보세요.

   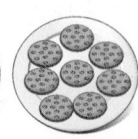

$8 \times 4 = \boxed{\phantom{00}}$

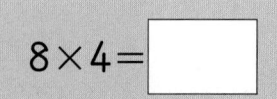

**3** 구슬이 모두 몇 개인지 □ 안에 알맞은 수를 써넣으세요.

$$8+8=\boxed{\phantom{00}}$$  $$8\times\boxed{\phantom{0}}=\boxed{\phantom{00}}$$

**4** 곱셈식을 보고 빈 곳에 ◯를 그리세요.

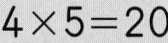

$$4\times5=20$$

**5** 사탕이 모두 몇 개인지 여러 가지 곱셈식으로 나타내세요.

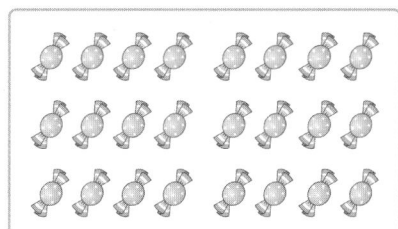

$$4\times\boxed{\phantom{0}}=\boxed{\phantom{00}}$$
$$8\times\boxed{\phantom{0}}=\boxed{\phantom{00}}$$

**6** □ 안에 알맞은 수를 써넣으세요.

(1) $4\times9=\boxed{\phantom{00}}$       (2) $4\times8=\boxed{\phantom{00}}$

(3) $8\times7=\boxed{\phantom{00}}$       (4) $8\times9=\boxed{\phantom{00}}$

4단 곱셈구구와 8단 곱셈구구를 외워 보세요.

 **교과서 개념**  **7단 곱셈구구, 9단 곱셈구구**

**개념 1** 7단 곱셈구구

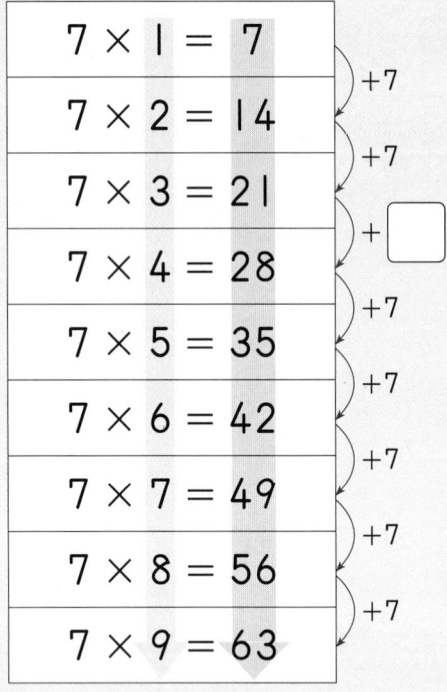

| | |
|---|---|
| 7 × 1 = 7 | +7 |
| 7 × 2 = 14 | +7 |
| 7 × 3 = 21 | + ☐ |
| 7 × 4 = 28 | +7 |
| 7 × 5 = 35 | +7 |
| 7 × 6 = 42 | +7 |
| 7 × 7 = 49 | +7 |
| 7 × 8 = 56 | +7 |
| 7 × 9 = 63 | |

**7단 곱셈구구**에서 곱하는 수가 1씩 커지면 그 곱은 **7씩** 커집니다.

**개념 2** 9단 곱셈구구

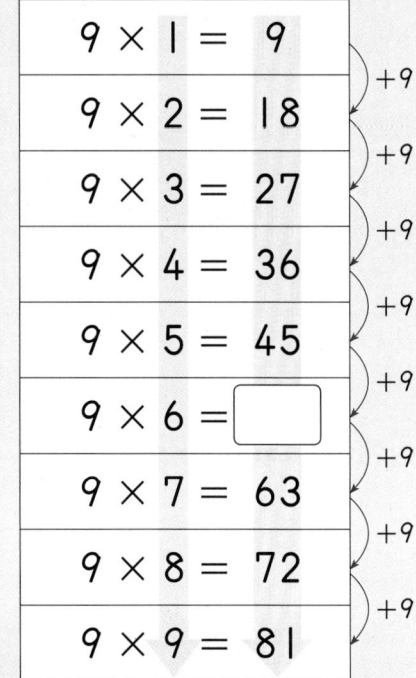

| | |
|---|---|
| 9 × 1 = 9 | +9 |
| 9 × 2 = 18 | +9 |
| 9 × 3 = 27 | +9 |
| 9 × 4 = 36 | +9 |
| 9 × 5 = 45 | +9 |
| 9 × 6 = ☐ | +9 |
| 9 × 7 = 63 | +9 |
| 9 × 8 = 72 | +9 |
| 9 × 9 = 81 | |

**9단 곱셈구구**에서 곱하는 수가 1씩 커지면 그 곱은 **9씩** 커집니다.

정답 7, 54

**개념확인 1** 보트 한 대에 사람이 7명씩 타고 있습니다. 사람의 수를 알아보세요.

(1)

$$7 \times 2 = \boxed{\phantom{00}}$$

(2)

$$7 \times 3 = \boxed{\phantom{00}}$$

**개념확인 2** 구슬이 한 묶음에 9개씩 있습니다. 구슬의 수를 알아보세요.

 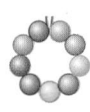  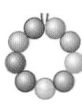  

$$9 \times 6 = \boxed{\phantom{00}}$$

**3** □ 안에 알맞은 수를 써넣으세요.

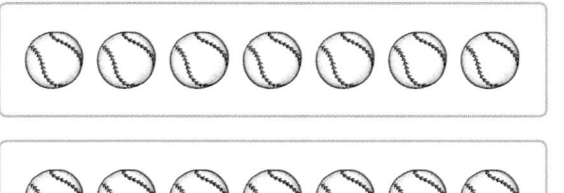
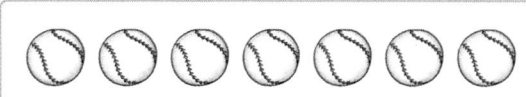

$$7+7+7+7=\boxed{\phantom{00}}$$  ⇨  $$7\times\boxed{\phantom{0}}=\boxed{\phantom{00}}$$

**4** 수직선을 보고 □ 안에 알맞은 수를 써넣으세요.

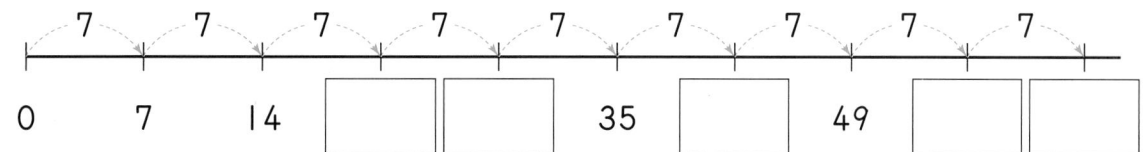

| 0 | 7 | 14 | $\boxed{\phantom{00}}$ | $\boxed{\phantom{00}}$ | 35 | $\boxed{\phantom{00}}$ | 49 | $\boxed{\phantom{00}}$ | $\boxed{\phantom{00}}$ |

**5** 9단 곱셈구구의 값을 찾아 이으세요.

$9\times3$          $9\times5$          $9\times7$

63          27          72          45

**6** 빈칸에 알맞은 수를 써넣으세요.

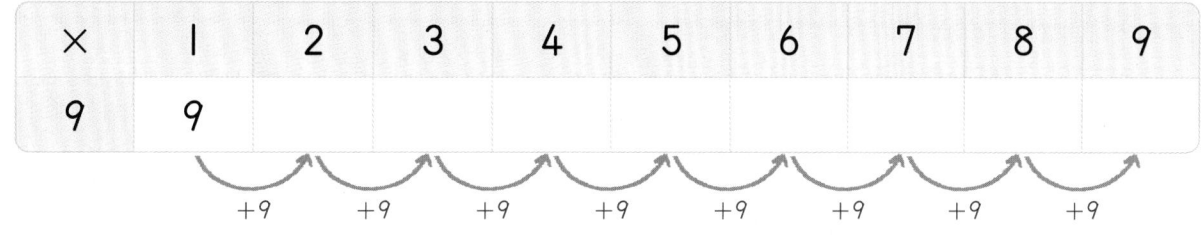

| × | I | 2 | 3 | 4 | 5 | 6 | 7 | 8 | 9 |
|---|---|---|---|---|---|---|---|---|---|
| 9 | 9 | | | | | | | | |

+9  +9  +9  +9  +9  +9  +9  +9

**1** 빈 곳에 알맞은 수를 써넣으세요.

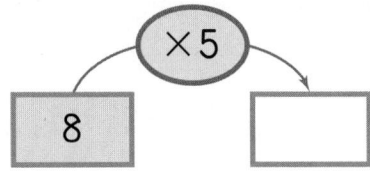

**5** 테이프의 **전체 길이**는 몇 cm인지 곱셈식으로 나타내세요.

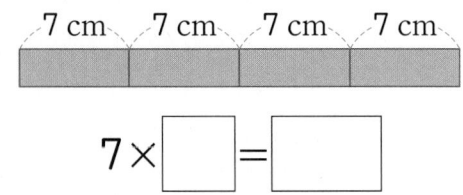

$7 \times \boxed{\phantom{0}} = \boxed{\phantom{0}}$

**중요**

**2** 빈칸에 알맞은 수를 써넣으세요.

| × | I | 4 | 6 | 9 |
|---|---|---|---|---|
| 4 | | | | |
| 8 | | | | |

**6** □ 안에 알맞은 수를 써넣으세요.

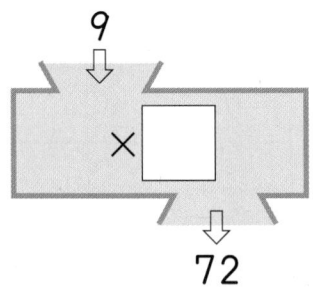

**3** **9단** 곱셈구구의 값을 찾아 선으로 이으세요.

옳은 길을 선으로 표시해요.

**7** 복숭아가 모두 몇 개인지 알아보려고 합니다. **잘못된** 방법을 찾아 기호를 쓰세요.

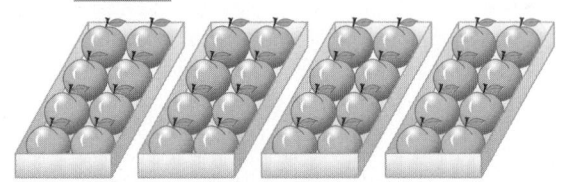

⊙ 8+8+8+8
ⓒ 8×4
ⓒ 3×8
⊜ 8×3에 8을 더합니다.

( )

**중요**

**4** 구슬의 개수를 **곱셈식**으로 나타내세요.

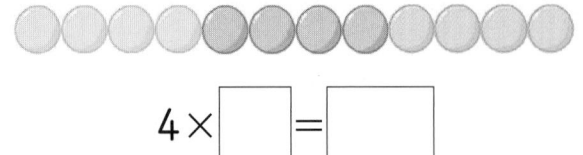

$4 \times \boxed{\phantom{0}} = \boxed{\phantom{0}}$

**8** 8×1부터 차례대로 **8단** 곱셈구구의 값을 찾아 선으로 이으세요.

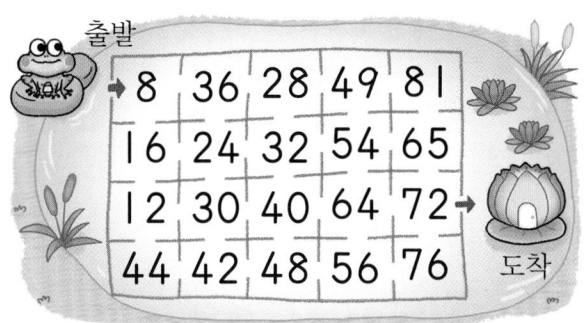

| 8 | 36 | 28 | 49 | 81 |
|---|---|---|---|---|
| 16 | 24 | 32 | 54 | 65 |
| 12 | 30 | 40 | 64 | 72 |
| 44 | 42 | 48 | 56 | 76 |

출발 / 도착

**9** 수진이는 종이배를 매일 **4개씩** 접었습니다. 수진이가 **8일** 동안 접은 종이배는 모두 몇 개인지 곱셈식으로 나타내세요.

□ × □ = □

**10** 만두가 한 판에 **9개씩** 들어 있습니다. **6판**에 들어 있는 만두는 모두 몇 개일까요?

(          )

답을 쓸 때 단위(개)도 써야 해요.

**수학 역량 키우기 문제**

**11** **7단** 곱셈구구의 값을 모두 찾아 **색칠**하고, 완성되는 숫자를 쓰세요.

문제해결

| 49 | 42 | 35 | 56 | 9 |
|---|---|---|---|---|
| 63 | 6 | 8 | 21 | 31 |
| 14 | 12 | 25 | 7 | 24 |
| 3 | 30 | 16 | 28 | 11 |

(          )

**12** □ 안에 알맞은 수를 써넣고, 미영이와 준호의 생각을 완성하세요.

추론

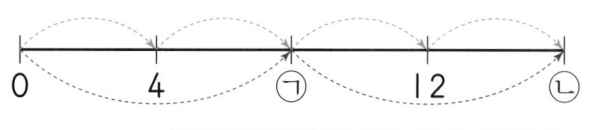

0     4     ㉠     12     ㉡

㉠에 알맞은 수는 □ (이)야.
4단 곱셈구구를 생각해 보면
_____

미영

㉡에 알맞은 수는 □ (이)야.
8단 곱셈구구를 생각해 보면
_____
_____

준호

**13** 보기와 같이 수 카드를 **한 번씩만 사용**하여 □ 안에 알맞은 수를 써넣으세요.

정보처리

보기
**3 4 6** ⇨ 9 × 4 = 3 6

**1 2 8** ⇨ 9 × □ = □ □

**개념 1** **1단 곱셈구구**

→ 1단 곱셈표에서 윗줄의 수와 아랫줄의 수는 모두 같습니다.

| × | 1 | 2 | 3 | 4 | 5 | 6 | 7 | 8 | 9 |
|---|---|---|---|---|---|---|---|---|---|
| 1 | 1 | 2 | ☐ | 4 | 5 | 6 | 7 | 8 | 9 |

- 1과 어떤 수의 곱은 항상 어떤 수가 됩니다. ⇨ 1×■=■
- 어떤 수와 1의 곱은 항상 어떤 수가 됩니다. ⇨ ■×1=■

$$1×(어떤 수)=(어떤 수) \qquad (어떤 수)×1=(어떤 수)$$

**개념 2** **0의 곱**

| × | 1 | 2 | 3 | 4 | 5 | 6 | 7 | 8 | 9 |
|---|---|---|---|---|---|---|---|---|---|
| 0 | 0 | 0 | 0 | 0 | 0 | 0 | 0 | 0 | 0 |

- 0과 어떤 수의 곱은 항상 0입니다. ⇨ 0×■=0
- 어떤 수와 0의 곱은 항상 0입니다. ⇨ ■×0=0

$$0×(어떤 수)=0 \qquad (어떤 수)×0=☐$$

**정답** 3, 0

**개념확인** **1** 상자에 인형이 한 개씩 들어 있습니다. 인형의 수를 세어 ☐ 안에 알맞은 수를 써넣으세요.

$1×5=☐$

**개념확인** **2** 접시에 있는 과일의 수를 알아보려고 합니다. ☐ 안에 알맞은 수를 써넣으세요.

$0×1=☐ \qquad 0×2=☐ \qquad 0×3=☐$

**3** 어항에 있는 금붕어의 수를 곱셈식으로 나타내세요.

(1)

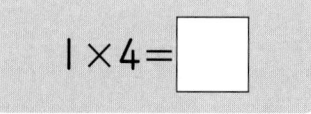

$1 \times 4 = \boxed{\phantom{0}}$

(2)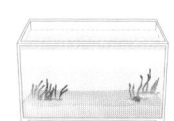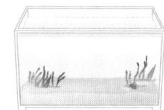

$0 \times 4 = \boxed{\phantom{0}}$

**4** 화분에 있는 꽃은 모두 몇 송이인지 곱셈식으로 나타내세요.

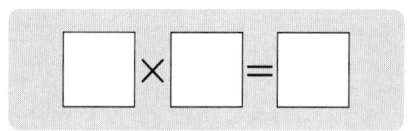

$\boxed{\phantom{0}} \times \boxed{\phantom{0}} = \boxed{\phantom{0}}$

**5** 빈칸에 알맞은 수를 써넣어 1단 곱셈표를 완성하세요.

| × | 1 | 2 | 3 | 4 | 5 | 6 | 7 | 8 | 9 |
|---|---|---|---|---|---|---|---|---|---|
| 1 | 1 |   |   |   |   |   |   |   |   |

**6** 곱셈을 이용하여 빈 곳에 알맞은 수를 써넣으세요.

(1)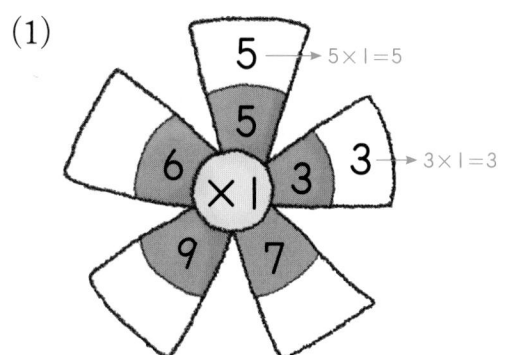

(2)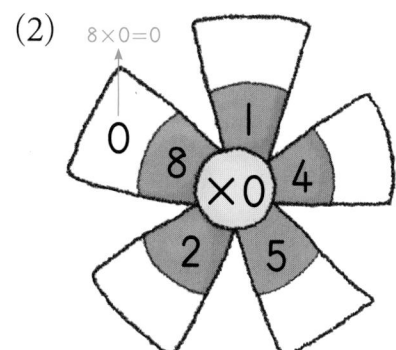

**개념1** 곱셈표 만들기

| × | 1 | 2 | 3 | 4 | 5 | 6 | 7 | 8 | 9 |
|---|---|---|---|---|---|---|---|---|---|
| 1 | 1 | 2 | 3 | 4 | 5 | 6 | 7 | 8 | 9 |
| 2 | 2 | 4 | 6 | 8 | 10 | 12 | 14 | 16 | 18 |
| 3 | 3 | | 9 | 12 | 15 | 18 | 21 | 24 | 27 |
| 4 | 4 | 8 | 12 | 16 | 20 | 24 | 28 | 32 | 36 |
| 5 | 5 | 10 | 15 | 20 | 25 | 30 | 35 | 40 | 45 |
| 6 | 6 | 12 | 18 | 24 | 30 | 36 | 42 | 48 | 54 |
| 7 | 7 | 14 | 21 | 28 | 35 | 42 | 49 | 56 | 63 |
| 8 | 8 | 16 | 24 | 32 | 40 | 48 | 56 | 64 | 72 |
| 9 | 9 | 18 | 27 | 36 | 45 | 54 | 63 | 72 | 81 |

- ■단 곱셈구구에서는 곱이 ■씩 커집니다.
- 곱셈표를 점선을 따라 접었을 때 만나는 수들은 서로 같습니다.
- 곱셈에서 곱하는 두 수의 순서를 서로 바꾸어도 곱은 같습니다.

$$4×7=7×4$$

- 5단 곱셈구구는 곱의 일의 자리 숫자가 ▢, ▢으로 반복됩니다.

**개념2** 곱셈구구를 이용하여 문제 해결하기

책꽂이가 한 줄에 7칸씩 2줄이 있습니다. 책꽂이는 모두 몇 칸일까요?

곱셈식을 만들 때는 ■씩 ▲묶음이 되는지 알아봐요.

답을 쓸 때 단위도 꼭 써야 해요.

(한 줄에 있는 칸 수)×(줄 수)=(책꽂이의 칸 수) ⇨ 7×2=14(칸)

정답 6, 5, 0

**개념확인** **1** 구슬은 모두 몇 개인지 곱셈구구로 알아보세요.

(1)
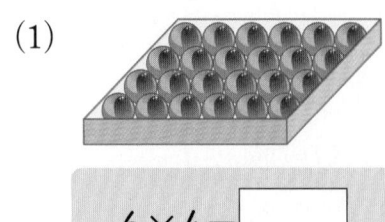

6×4= ▢

(2)
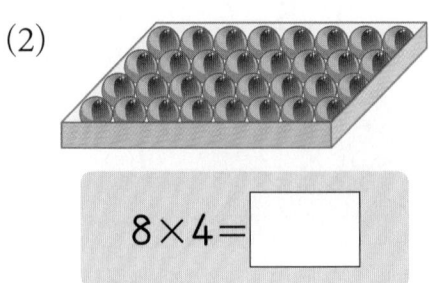

8×4= ▢

**곱셈표를 보고 물음에 답하세요. (2~3)**

| × | 1 | 2 | 3 | 4 | 5 | 6 | 7 | 8 | 9 |
|---|---|---|---|---|---|---|---|---|---|
| 1 | 1 | 2 | 3 | 4 | 5 | 6 | 7 | 8 | 9 |
| 2 | 2 | 4 | 6 |   |   |   |   | 16 | 18 |
| 3 | 3 |   | 9 | 12 | 15 | 18 | 21 | 24 | 27 |
| 4 | 4 | 8 | 12 | 16 |   | 24 | 28 | 32 | 36 |
| 5 | 5 | 10 | 15 | 20 |   | 30 | 35 | 40 | 45 |
| 6 | 6 | 12 | 18 | 24 | 30 |   | 42 | 48 | 54 |
| 7 | 7 | 14 | 21 | 28 | 35 | 42 | 49 |   |   |
| 8 | 8 | 16 | 24 | 32 | 40 |   |   |   |   |
| 9 | 9 | 18 | 27 | 36 | 45 |   |   |   | 81 |

곱셈표는 색칠된
세로줄에 있는 수를 곱해지는 수,
가로줄에 있는 수를 곱하는 수로 하여
두 줄이 만나는 칸에 두 수의 곱을
써넣은 표입니다.

**2** 위의 곱셈표를 완성하세요.

**3** 곱셈표에서 곱셈구구를 살펴보고 □ 안에 알맞은 수를 써넣으세요.

(1) 2단 곱셈구구에서는 곱이 □씩 커집니다.

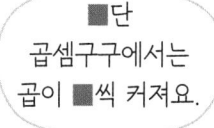
■단
곱셈구구에서는
곱이 ■씩 커져요.

(2) 곱이 4씩 커지는 곱셈구구는 □단입니다.

(3) 8단에서 곱이 16인 곱셈구구를 찾아보면 8×□입니다.

(4) 4단에서 곱이 16인 곱셈구구를 찾아보면 4×□입니다.

**4** 사탕이 한 접시에 6개씩 놓여 있습니다. 접시 6개에 놓여 있는 사탕은 모두 몇 개일까요?

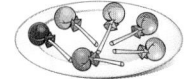 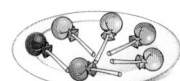 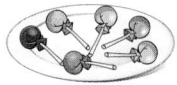 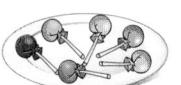 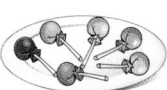 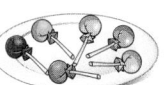

(한 접시에 놓여 있는 사탕의 수)×(접시의 수)=(사탕의 수)

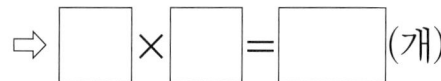
⇨ □ × □ = □ (개)

**1** 빈 곳에 알맞은 수를 써넣으세요.

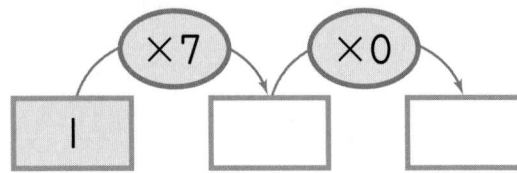

**2** 다음 중 곱이 **다른** 것은 어느 것일까요?

(      )

① 1×0      ② 0×3
③ 7×0      ④ 0×4
⑤ 1×1

**3** 곱셈표를 완성하세요.

| × | 4 | 5 | 6 |
|---|---|---|---|
| 7 | 28 | | |
| 8 | | 40 | |
| 9 | 36 | | 54 |

**4** 6×0과 곱이 같은 것에 모두 ○표 하세요.

| 4×0 | 2×1 | 2×0 |
|---|---|---|
| 6×1 | 3×2 | 0×6 |

**곱셈표를 보고 물음에 답하세요. (5~6)**

| × | 1 | 2 | 3 | 4 | 5 | 6 | 7 | 8 | 9 |
|---|---|---|---|---|---|---|---|---|---|
| 1 | | 2 | | | 5 | | | 8 | |
| 2 | | | 6 | | | 12 | | | |
| 3 | 3 | | | | | | | | |
| 4 | | | | | | | | 32 | 36 |
| 5 | | 15 | 20 | | | | | | |
| 6 | | | | 36 | 42 | | | | |
| 7 | | | | | | | | | |
| 8 | | | | | | | 56 | 64 | |
| 9 | | 18 | | 36 | 45 | | | | |

중요
**5** 위의 빈칸에 알맞은 수를 써넣어 **곱셈표를 완성**하세요.

**6** 곱셈표에서 **2×9와 곱이 같은** 곱셈구구를 모두 찾아 식을 쓰세요.

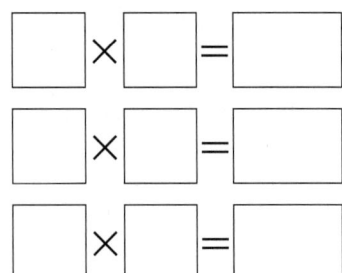

**7** ㉠에 **알맞은 수는 얼마일까요?**

9×㉠=0

(      )

**8** 빈칸에 알맞게 써넣고, 주사위 눈의 수의 **전체 합**을 구하세요.

| 주사위 눈 | · | ·. | .·. | :: | ·.·. | :: |
|---|---|---|---|---|---|---|
| 나온 횟수(번) | 2 | 1 | 0 | 3 | 2 | 1 |
| 곱셈식 | 1×2 | | | 4×3 | | |
| 주사위 눈의 수 | 2 | | | 12 | | |

( 　　　　　 )

**9** 사과가 한 상자에 **7**개씩, 복숭아가 한 상자에 **9**개씩 들어 있습니다. **사과 3상자**와 **복숭아 2상자**에 들어 있는 과일은 **모두 몇 개**일까요?

( 　　　　　 )

답을 쓸 때 단위(개)도 써야 해요.

**10** 민서의 나이는 **9**살입니다. 민서 어머니는 **민서 나이의 4배보다 1살 더 많다**고 합니다. 민서 어머니의 나이는 몇 살일까요?

( 　　　　　 )

답을 쓸 때 단위(살)도 써야 해요.

**11** 곱셈구구를 이용하여 **구슬의 수**를 구하세요.

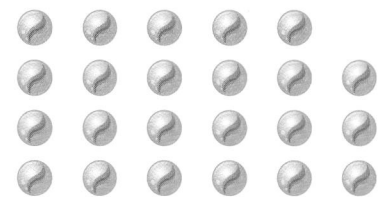

6×◻ 에서 1을 빼면 모두 ◻ 개입니다.

진도 완료 체크

**2** 단원

**12** 원판을 돌려 멈췄을 때 가 가리키는 수만큼 점수를 얻는 놀이를 했습니다. 빈칸에 알맞은 식을 써넣고, 민호가 얻은 점수의 전체 합을 구하세요.

| 원판에 적힌 수 | 0 | 1 | 2 |
|---|---|---|---|
| 멈춘 횟수(번) | 2 | 2 | 1 |
| 점수(점) | | | 1×2=2 |

( 　　　　　 )

답을 쓸 때 단위(점)도 써야 해요.

**13** **어떤 수**인지 구하세요.

추론

- 짝수입니다.
- 7단 곱셈구구의 수입니다.
- 십의 자리 숫자는 40을 나타냅니다.

( 　　　　　 )

# 3단계 잘 틀리는 문제 해결

동영상 강의

---

**유형 1** □ 안에 알맞은 수 구하기

**1** □ 안에 알맞은 수를 써넣으세요.

$$3 \times \boxed{\phantom{0}} = 21$$

**2** □ 안에 알맞은 수를 써넣으세요.

$$\boxed{\phantom{0}} \times 7 = 49$$

**3** ㉠과 ㉡에 알맞은 수의 합을 구하세요.

$$6 \times \boxed{㉠} = 54$$
$$\boxed{㉡} \times 9 = 36$$

(                              )

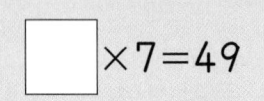 실력 문제

**4** ㉠과 ㉡에 알맞은 수의 곱을 구하세요.

$$\boxed{㉠} \times 5 = 30$$
$$1 \times \boxed{㉡} = 8$$

(                              )

---

**유형 2** 곱의 크기 비교하기

**5** 곱의 크기를 비교하여 ○ 안에 >, =, < 를 알맞게 써넣으세요.

$$3 \times 5 \quad \bigcirc \quad 6 \times 4$$

**6** 곱의 크기를 비교하여 ○ 안에 >, =, < 를 알맞게 써넣으세요.

$$5 \times 7 \quad \bigcirc \quad 7 \times 6$$

**7** 곱이 가장 큰 것을 찾아 기호를 쓰세요.

| ㉠ $7 \times 3$ | ㉡ $4 \times 5$ |
| ㉢ $4 \times 9$ | ㉣ $3 \times 9$ |

(                              )

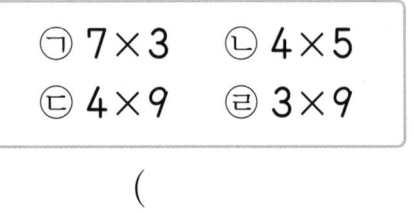 실력 문제

**8** 곱이 작은 것부터 차례로 기호를 쓰세요.

| ㉠ $3 \times 4$ | ㉡ $6 \times 4$ |
| ㉢ $0 \times 7$ | ㉣ $9 \times 4$ |

(                              )

**유형 3** 곱이 같은 곱셈구구 찾기

**9** ★과 곱이 같은 곳에 색칠하세요.

| × | 3 | 4 | 5 | 6 |
|---|---|---|---|---|
| 3 |   | ★ |   |   |
| 4 |   |   |   |   |
| 5 |   |   |   |   |

**10** ★과 곱이 같은 곳에 색칠하세요.

| × | 6 | 7 | 8 | 9 |
|---|---|---|---|---|
| 6 |   |   |   |   |
| 7 |   |   |   |   |
| 8 |   |   |   |   |
| 9 |   | ★ |   |   |

실력 문제
**11** 곱셈표에서 3×8과 곱이 같은 곱셈구구를 모두 찾아 식을 쓰세요.

| × | 3 | 4 | 5 | 6 | 7 | 8 |
|---|---|---|---|---|---|---|
| 3 | 9 |   | 15 |   |   |   |
| 4 |   |   |   |   |   |   |
| 5 |   |   |   |   | 35 |   |
| 6 |   |   |   |   |   |   |
| 7 |   |   |   | 42 |   |   |
| 8 |   |   |   |   |   | 64 |

☐ × ☐ = ☐ ,  ☐ × ☐ = ☐ ,

☐ × ☐ = ☐

**유형 4** 수 카드로 곱셈식 만들기

**12** 수 카드를 한 번씩만 사용하여 ☐ 안에 알 맞은 수를 써넣으세요.

6 × ☐ = ☐ ☐

**13** 수 카드를 한 번씩만 사용하여 ☐ 안에 알 맞은 수를 써넣으세요.

8 × ☐ = ☐ ☐

**14** 3장의 수 카드 중에서 2장을 뽑아 곱셈을 할 때, 나올 수 있는 가장 큰 곱을 구하세요.

9  2  7

(                    )

실력 문제
**15** 4장의 수 카드 중에서 2장을 뽑아 곱셈을 할 때, 나올 수 있는 가장 작은 곱을 구하 세요.

(                    )

**1** 지은이는❶화살 6개를 쏘아 다음과 같이 과녁을 맞혔습니다.
❷지은이가 얻은 점수는 모두 몇 점인지 알아보세요.

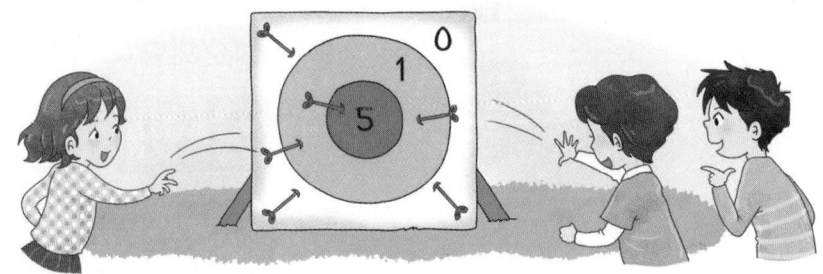

풀이

❶

| 과녁에 적힌 수 | 0 | 1 | 5 |
|---|---|---|---|
| 맞힌 화살(개) | 3 | 2 | 1 |
| 점수(점) | 0×3=0 | | |

❷ 지은이가 얻은 점수는 모두 0+ ☐ + ☐ = ☐ (점)
입니다.

0과 어떤 수의 곱은 항상 0이고, 1과 어떤 수의 곱은 항상 어떤 수예요.

답 ☐ 점

**2** 달리기 경기에서❶1등은 2점, 2등은 1점, 3등은 0점을 얻습니다.
지석이네 모둠은 1등이 2명, 2등이 3명, 3등이 1명입니다.
❷지석이네 모둠의 달리기 점수는 모두 몇 점인지 풀이 과정을
쓰고 답을 구하세요.

풀이

❶ _____

_____

❷ _____

_____

참고

각 등수별로 얻은 점수를 구한 다음 전체 점수를 구합니다.

답 _____

>> 정답 14쪽

**3** 곤충 박물관에서 곤충 전시회를 하고 있습니다. ●나비는 5마리씩 3줄, ●벌은 4마리씩 4줄 있을 때, ●나비와 벌은 모두 몇 마리인지 알아보세요.

 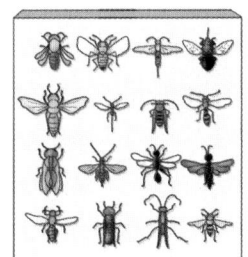

**풀이**

● 나비는 5 × ☐ = ☐ (마리)입니다.

● 벌은 4 × ☐ = ☐ (마리)입니다.

● 따라서 나비와 벌은 모두

☐ + ☐ = ☐ (마리)입니다.

**답** ☐ 마리

먼저 나비의 수와 벌의 수를 구한 후 두 수의 합을 구하세요.

**2 단원**

진도 완료 체크

---

쌍둥이 문제

**4** 젤리를 ●서연이는 하루에 3개씩 7일 동안 먹었고, ●지현이는 하루에 4개씩 6일 동안 먹었습니다. ●서연이와 지현이가 먹은 젤리는 모두 몇 개인지 풀이 과정을 쓰고 답을 구하세요.

**풀이**

● _____

● _____

● _____

**주의**

젤리를 서연이는 7일 동안, 지현이는 6일 동안 먹었습니다.

**답** _____

2. 곱셈구구

점수

**1** 그림을 보고 □ 안에 알맞은 수를 써넣으세요.

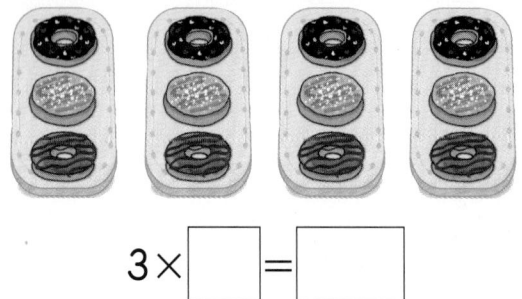

3× □ = [    ]

**2** □ 안에 알맞은 수를 써넣으세요.

(1) 5×7= [    ]

(2) 8×8= [    ]

**3** 빈 곳에 알맞은 수를 써넣으세요.

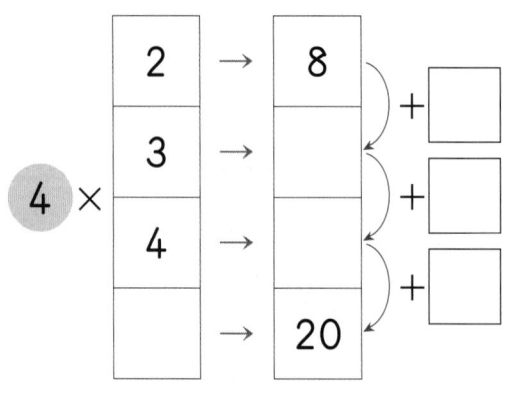

**4** 보기와 같이 □ 안에 알맞은 수를 써넣으세요.

● 보기 ●

2×8= 8 × 2 = 16
5×8= 8 × 5 = 40

7×9= [    ] × [    ] = [    ]

**5** 곱을 바르게 나타낸 것은 어느 것일까요?

(     )

① 9×3=25    ② 1×6=1
③ 1×0=1    ④ 7×7=14
⑤ 4×7=28

**6** 빈 곳에 알맞은 수를 써넣으세요.

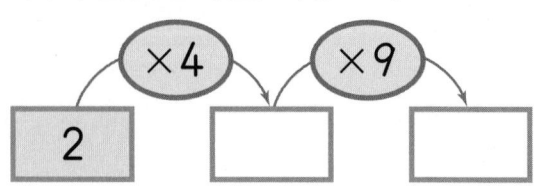

**7** 곱의 크기를 비교하여 ○ 안에 >, =, < 를 알맞게 써넣으세요.

$$5 \times 8 \bigcirc 4 \times 9$$

**8** 곱이 가장 큰 것을 찾아 기호를 쓰세요.

ㄱ $8 \times 7$    ㄴ $9 \times 6$
ㄷ $9 \times 7$    ㄹ $8 \times 9$

(                    )

**9** $4 \times 1$부터 차례대로 4단 곱셈구구의 값을 찾아 선으로 이으세요.

**10** 곱셈표를 보고 물음에 답하세요.

| × | 6 | 7 | 8 | 9 |
|---|---|---|---|---|
| 6 | 36 |  |  |  |
| 7 |  | 49 |  |  |
| 8 |  |  |  |  |
| 9 |  |  |  |  |

(1) 곱셈표를 완성하고 곱이 60보다 큰 곳에 모두 색칠하세요.

(2) 곱셈표에서 $7 \times 8$과 곱이 같은 곱셈구구를 쓰세요.

☐ × ☐ = ☐

**11** 초콜릿은 모두 몇 개인지 두 가지 곱셈식으로 나타내세요.

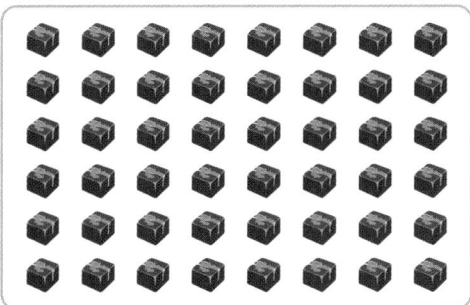

식1 _____

식2 _____

**12** 연필이 모두 몇 자루인지 알아보는 방법으로 옳은 것을 모두 찾아 기호를 쓰세요.

> ㉠ 4×7에 4를 더해서 구합니다.
> ㉡ 8×3을 계산하여 구합니다.
> ㉢ 4를 8번 더해서 구합니다.
> ㉣ 4×7에 7을 더해서 구합니다.

(          )

**13** □ 안에 알맞은 수가 가장 큰 것은 어느 것일까요? (      )

① □×8=24

② 6×□=30

③ 7×□=28

④ □×9=18

⑤ □×5=35

**14** 곱셈표에서 곱이 가장 큰 것을 찾아 기호를 쓰세요.

| × | 2 | 4 | 5 | 9 |
|---|---|---|---|---|
| 4 |   | ㉠ |   |   |
| 6 |   |   |   | ㉡ |
| 7 | ㉢ |   | ㉣ |   |
| 8 |   | ㉤ |   |   |

(          )

**15** □ 안에 공통으로 들어갈 수 있는 수를 구하세요.

> 3×□=0
> □×7=0
> 6×□=0

(          )

**16** 3장의 수 카드 중 2장을 뽑아 곱셈을 할 때, 나올 수 있는 가장 큰 곱을 구하세요.

5   7   8

(          )

>> 정답 14쪽

**서술형 문제**

**17** 사탕이 8개 있습니다. 껌은 사탕 수의 7배 보다 8개 더 적게 있습니다. 껌은 몇 개인 지 풀이 과정을 쓰고 답을 구하세요.

풀이 _____

_____

_____

_____

답 _____

**18** 제과점에서 케이크와 쿠키를 다음과 같이 팔고 있습니다. 지수가 케이크 5상자와 쿠키 3상자를 샀다면 어떤 것을 몇 개 더 많이 샀 는지 알아보세요.

(1) 케이크를 몇 개 샀을까요?
(          )

(2) 쿠키를 몇 개 샀을까요?
(          )

(3) 케이크와 쿠키 중에서 어떤 것을 몇 개 더 많이 샀을까요?
(      ), (      )

**서술형 문제**

**19** 재인이는 상자에서 공을 꺼내어 공에 적힌 수만큼 점수를 얻는 놀이를 하였습니다. 공을 6번 꺼냈을 때 재인이가 얻은 점수는 모두 몇 점인지 풀이 과정을 쓰고 답을 구하 세요.

| 공에 적힌 수 | 1 | 2 | 3 |
|---|---|---|---|
| 꺼낸 횟수(번) | 3 | 0 | 3 |

풀이 _____

_____

_____

_____

답 _____

진도 완료 체크

**2** 단원

**20** 달리기 경기에서 공책을 1등은 3권, 2등은 2권, 3등은 1권을 받고 4등부터는 받지 않습니다. 원석이네 반의 경기 결과가 다음과 같다면 공책을 모두 몇 권 받을 수 있을까요?

| 등수 | 1등 | 2등 | 3등 | 4등 |
|---|---|---|---|---|
| 사람 수(명) | 6 | 7 | 6 | 9 |

(          )

문제 생성기

# 창의융합 + 실력UP

**1** 3×5를 나타내도록 각 접시에 딸기 붙임딱지를 붙이세요. 붙임딱지 사용

**곱셈표를 보고 물음에 답하세요. (2~3)**

| × | 1 | 2 | 3 | 4 | 5 | 6 | 7 | 8 | 9 |
|---|---|---|---|---|---|---|---|---|---|
| 1 |  |  |  |  |  |  |  |  |  |
| 2 |  |  |  |  |  |  | 🐴 |  |  |
| 3 | 🐷 |  |  |  |  |  |  |  |  |
| 4 |  |  |  |  |  |  |  |  |  |
| 5 |  |  |  |  |  |  |  | 🐄 |  |
| 6 |  |  |  |  | 🐓 |  |  |  |  |
| 7 |  |  |  |  |  |  |  |  |  |
| 8 |  |  |  |  |  |  |  |  |  |
| 9 |  |  | 🐑 |  |  |  |  |  |  |

**2** 곱셈표를 점선을 따라 접었을 때 각 동물이 있는 칸과 만나는 곳에 알맞은 수를 써 넣으세요.

**3** 곱셈표에서 24가 들어가는 칸을 모두 찾아 ⭐을 붙이세요. 붙임딱지 사용

>> 정답 15쪽

**4** 곱셈구구를 이용하여 모형의 수를 계산하려고 합니다. 모형 26개를 계산할 수 있는 <u>다른</u> 방법을 한 가지 써 보세요.

4×2와 6×3을 더해서 알았어.

_____

_____

**5** □ 안에 들어갈 수 있는 수는 모두 몇 개일까요?

$$4 \times 4 < \boxed{\phantom{0}} < 7 \times 3$$

(              )

**6** 어린이들이 들고 있는 종이에 곱을 알맞게 붙이세요. 붙임딱지 사용

8×6        5×4        1×2

곱이 적힌 붙임딱지를 붙이세요.

7×3        9×5        0×9

학습 게임

# 3 길이 재기

**2학년**

- cm보다 더 큰 단위 알아보기
- 자로 길이 재기
- 길이의 합 구하기
- 길이의 차 구하기
- 길이 어림하기

**3~4학년**

- 길이와 시간
- 들이와 무게
- 각도

**5~6학년**

- 다각형의 둘레와 넓이
- 수의 범위와 어림하기
- 직육면체의 부피와 겉넓이
- 원의 넓이

몸 길이가 무려
2 m나 되지!

너 왜 이렇게
커졌어?

$2 \text{ m} = 200 \text{ cm}$

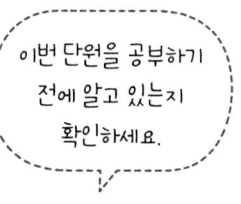 
**2-1** 여러 가지 단위로 길이 재기

**1** 주어진 길이는 클립()으로 몇 번인지 알아보세요.

클립으로 [ ] 번

**2-1** 1 cm 알아보기

**2** □ 안에 알맞은 수를 써넣고, 주어진 길이를 쓰고 읽으세요.

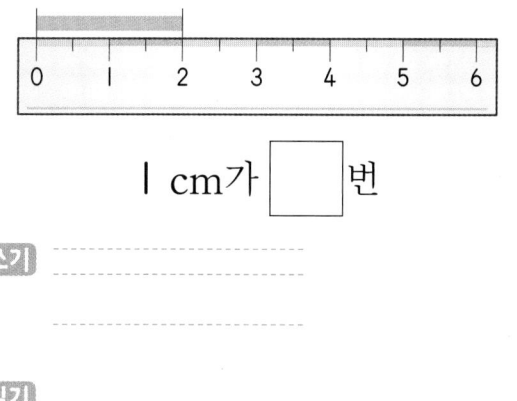

Ⅰ cm가 [ ] 번

쓰기 ----------------------------------------

읽기 _____

**2-1** 자로 길이 재기

**3** 빨간 선의 길이는 몇 cm일까요?

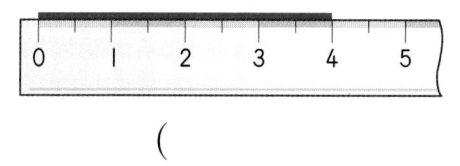

( )

**2-1** 자로 길이 재기

**4** 벽돌의 길이를 자로 재어 □ 안에 알맞은 수를 써넣으세요.

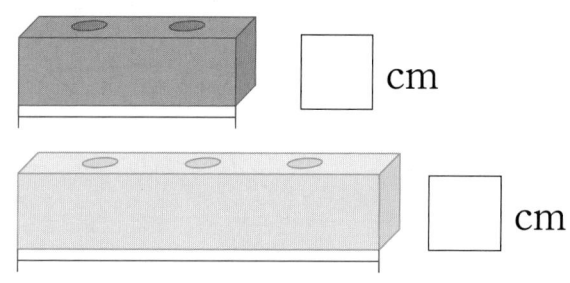

[ ] cm

[ ] cm

**2-1** 자로 길이 재기

**5** 색연필의 길이는 몇 cm일까요?

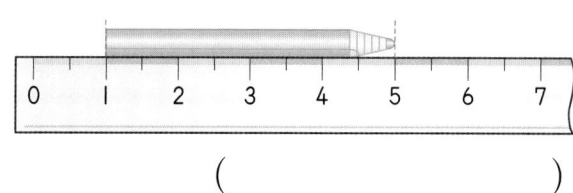

( )

**2-1** 길이 어림하기

**6** 연필의 길이를 어림하고 자로 재어 보세요.

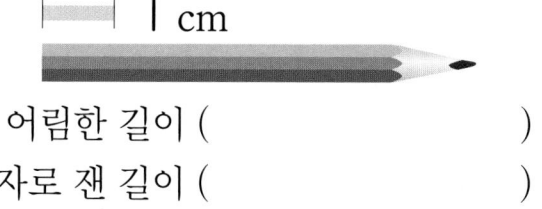

Ⅰ cm

어림한 길이 ( )
자로 잰 길이 ( )

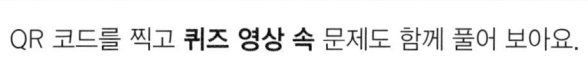

**3 단원**

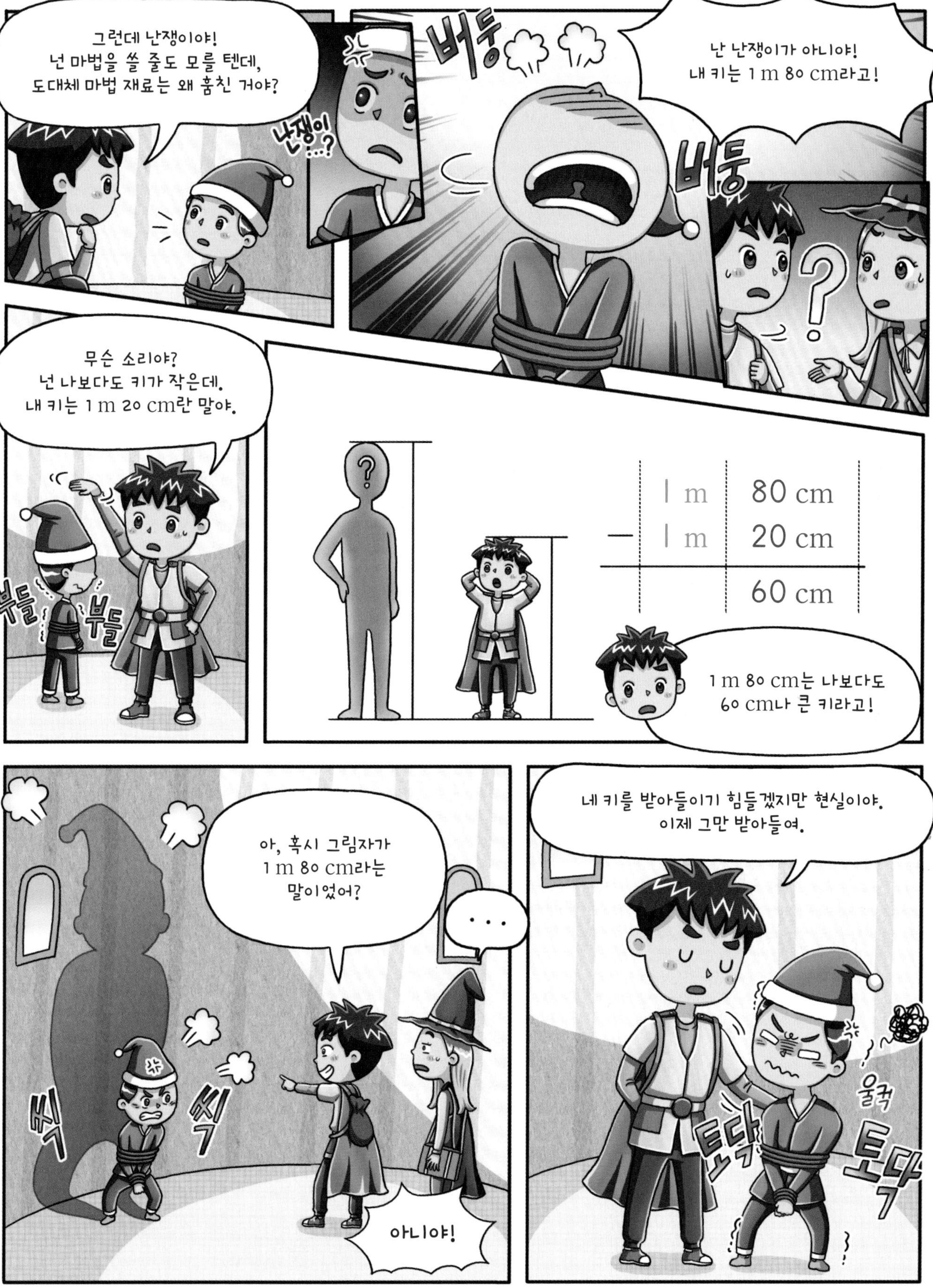

 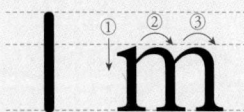
**개념1** | m 알아보기

**100 cm**는 **1 m**와 같습니다. **1 m**는 **1 미터**라고 읽습니다.

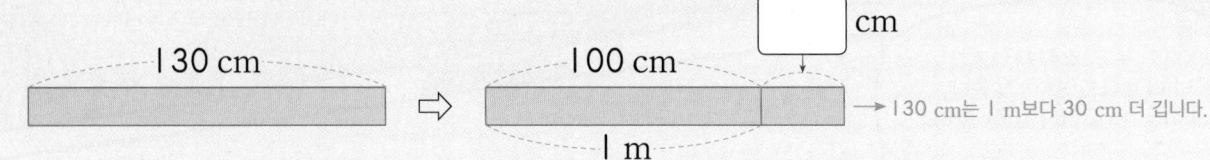

$$100 \text{ cm} = 1 \text{ m}$$

① ② ③
| m

**개념2** | m보다 긴 길이 알아보기

|30 cm

⇨

|00 cm

☐ cm

→ |30 cm는 | m보다 30 cm 더 깁니다.

| m

**130 cm**를 **1 m 30 cm**라고도 씁니다.

**1 m 30 cm**를 **1 미터 30 센티미터**라고 읽습니다.

$$130 \text{ cm} = 1 \text{ m } 30 \text{ cm}$$

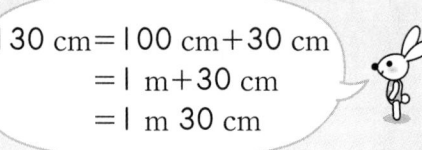

|30 cm = |00 cm + 30 cm
= | m + 30 cm
= | m 30 cm

**참고**
· ■00 cm = ■ m이고 ■ 미터라고 읽습니다.
· ■▲● cm = ■ m ▲● cm, ■ m ▲● cm = ■▲● cm
· 길이가 너무 길어서 cm 단위로 나타내기 불편할 때 m 단위를 사용하면 편리합니다.

정답 30

**개념확인** **1**  길이를 바르게 쓰고 읽으세요.

(1) | m  | 미터 ⇨ ☐

(2) 2 m  2 미터 ⇨ ☐

숫자는 크게,
m는 작게 써요!

**개념확인** **2**  ☐ 안에 알맞은 수를 써넣으세요.

(1) |00 cm = ☐ m

(2) 8 m = ☐ cm

**3** 길이를 바르게 읽으세요.

(1)

4 m 90 cm

읽기 _____

(2)

3 m 5 cm

읽기 _____

m는 미터,
cm는 센티미터라고
읽어요.

**4** 걸리버의 키는 180 cm입니다. □ 안에 알맞은 수를 써넣으세요.

(1) 걸리버의 키는 1 m보다 [ ] cm 더 큽니다.

(2) 걸리버의 키는 [ ] m [ ] cm입니다.

**5** □ 안에 알맞은 수를 써넣으세요.

(1) 604 cm=600 cm+[ ] cm=[ ] m+[ ] cm=[ ] m [ ] cm

(2) 5 m 7 cm=[ ] m+[ ] cm=[ ] cm+[ ] cm=[ ] cm

**6** □ 안에 알맞은 수를 써넣으세요.

(1)

215 cm=[ ] m [ ] cm

(2)

4 m 72 cm=[ ] cm

**개념 1** 줄자를 사용하여 길이를 재는 방법 알아보기

• 줄자를 사용하여 책상의 길이를 재는 방법

줄자의 눈금이 0에 맞추어져 있습니다.

줄자의 눈금이 120입니다.

① 책상의 한끝을 줄자의 **눈금 0**에 맞춥니다.

② 책상의 다른 쪽 끝에 있는 줄자의 눈금을 읽습니다.

⇨ 눈금이 **120**이므로 책상의 길이는 ☐ m ☐ cm입니다.

120 cm=100 cm+20 cm
= 1 m 20 cm

**참고** 줄자는 길이가 길고, 접히거나 휘어지기 때문에 길이가 긴 물건의 길이를 잴 때 사용하면 편리합니다.

정답 1, 20

**개념확인 1** 자에서 화살표(↓)가 가리키는 눈금을 읽으세요.

☐ cm   ☐ m ☐ cm

99  100  101  102  103  104  105  106

1 m

**개념확인 2** 그림을 보고 ☐ 안에 알맞은 수를 써넣으세요.

0 1   245

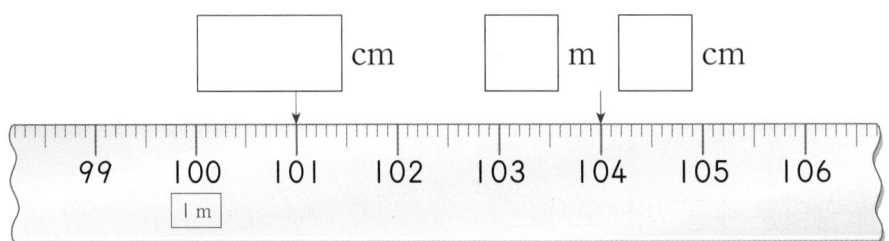

사물함의 한끝을 줄자의 눈금 ☐ 에 맞추고 다른 쪽 끝에 있는 줄자의 눈금을 읽으면 ☐ 이므로 사물함의 길이는 ☐ m ☐ cm입니다.

**3** 그림을 보고 □ 안에 알맞은 수를 써넣으세요.

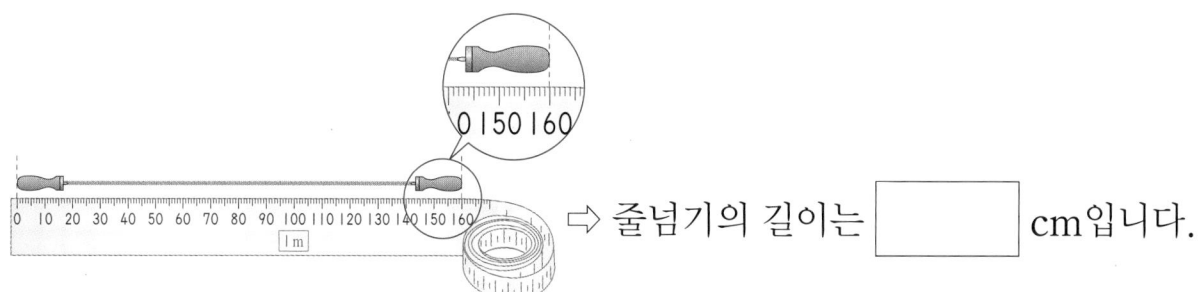

➡ 줄넘기의 길이는 [ ] cm입니다.

**4** 허리띠의 길이를 두 가지 방법으로 나타내세요.

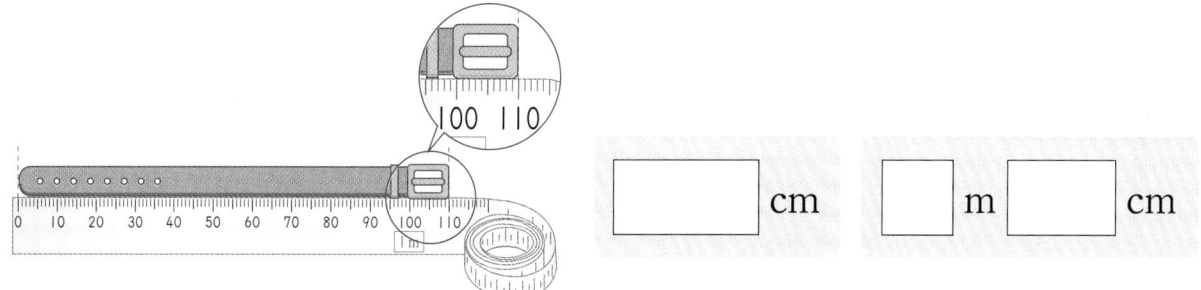

[ ] cm      [ ] m [ ] cm

**5** 그림을 보고 민수의 키는 몇 m 몇 cm인지 □ 안에 알맞은 수를 써넣으세요.

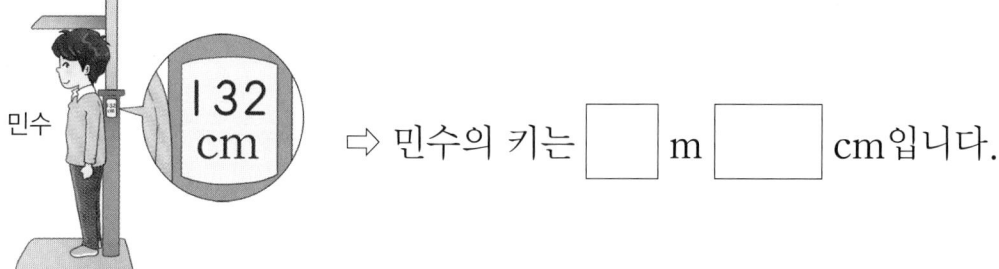

➡ 민수의 키는 [ ] m [ ] cm입니다.

**6** 길이가 약 1 m인 물건을 찾아보고 자로 재어 보세요.

주변에서 길이가
약 1 m인 물건을 찾고,
줄자를 사용하여
재어 봐요!

| 물건 | 실제 길이 |
|---|---|
| 예  화분의 높이 | 1 m 12 cm |
|  | [ ] m [ ] cm |

**1** 관계있는 것끼리 선으로 이으세요.

| 400 cm | · | · | 6 m |
| 600 cm | · | · | 4 m |
| 500 cm | · | · | 5 m |

**2** 보기에서 **알맞은 수**를 찾아 □ 안에 써넣으세요.

┌─ 보기 ─┐
| 1    10    100    1000 |
└────────┘

(1) 1 m는 1 cm를 □ 번 이은 것과 같습니다.

(2) 1 m는 10 cm를 □ 번 이은 것과 같습니다.

**중요**
**3** □ 안에 알맞은 수를 써넣으세요.

(1) 832 cm = □ m □ cm

(2) 2 m 4 cm = □ cm

**4** 길이가 **더 긴 것**에 ○표 하세요.

| 605 cm | 6 m 50 cm |

(     )    (      )

**5** □ 안에 **cm**와 **m** 중 알맞은 단위를 써넣으세요.

(1) 교과서 긴 쪽의 길이는 약 27 □ 입니다.

(2) 도서관 건물의 높이는 약 16 □ 입니다.

(3) 지우개 길이는 약 5 □ 입니다.

**6** 긴 쪽의 길이가 1 m보다 긴 물건을 찾아 자로 길이를 재었습니다. 잰 길이를 **두 가지 방법**으로 나타내세요.

| 물건 | □ cm | □ m □ cm |
|------|------|----------|
| 냉장고 | | 1 m 85 cm |
| 자동차 | 470 cm | |

**7** ○ 안에 >, =, <를 알맞게 써넣으세요.

(1) 500 cm ◯ 4 m 95 cm

(2) 706 cm ◯ 7 m 6 cm

**8** 수빈이의 키는 **몇 m 몇 cm**일까요?

수빈이의 키는 109 cm네.

수빈

( 　　　　　 )

**중요**

**9** **긴 길이부터** 차례로 기호를 쓰세요.

| ㉠ 230 cm | ㉡ 3 m 20 cm |
|---|---|
| ㉢ 2 m 3 cm | ㉣ 302 cm |

( 　　　　　 )

기호를 모두 써야 해요.

**10** 자동차 긴 쪽의 길이를 재어 보니 **4 m보다 83 cm 더 길었습니다.** 자동차 긴 쪽의 길이는 몇 cm일까요?

( 　　　　　 )

---

**수학 역량 키우기 문제**

**11** 색칠된 길이 중 **잘못 나타낸 것**을 찾아 ○ 표 하고, **바르게** 쓰세요.

**추론**

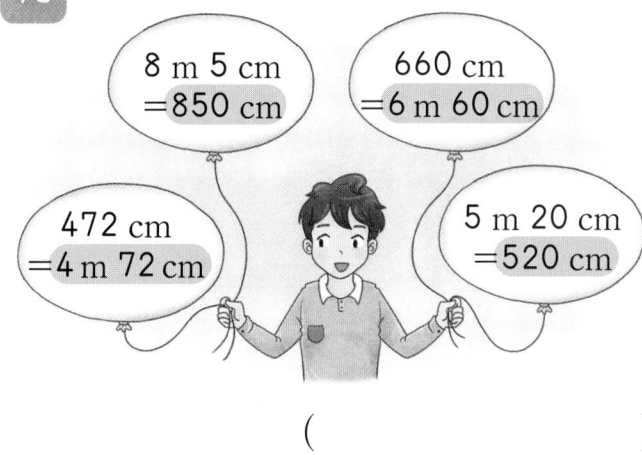

8 m 5 cm =850 cm　　660 cm =6 m 60 cm

472 cm =4 m 72 cm　　5 m 20 cm =520 cm

( 　　　　　 )

**3 단원**

진도 완료 체크

**서술형 문제**

**12** 길이 재기가 **잘못된 까닭**을 쓰세요.

**의사 소통**

책상의 길이는 1 m 35 cm야.　　아니야! 길이를 잘못 재었어.

_____

_____

**13** 수 카드 3장을 한 번씩만 사용하여 **가장 긴 길이**를 쓰세요.

**문제 해결**

5 3 9

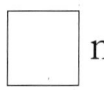

☐ m ☐ ☐ cm

 **1단계** 교과서 **개념**

**길이의 합 구하기,
길이의 차 구하기**

---

**개념 1** 길이의 합 구하기

• m와 cm 단위로 각각 나누어 더하기

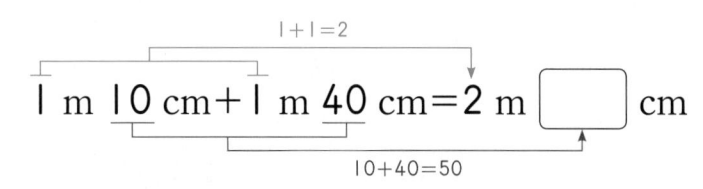

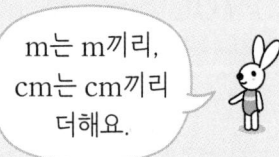

m는 m끼리,
cm는 cm끼리
더해요.

• 세로로 계산하기

|   | 1 m | 10 cm |
|---|-----|-------|
| + | 1 m | 40 cm |
|   |     |       |

⇨

|   | 1 m | 10 cm |
|---|-----|-------|
| + | 1 m | 40 cm |
|   |     | 50 cm |

⇨

|   | 1 m | 10 cm |
|---|-----|-------|
| + | 1 m | 40 cm |
|   | 2 m | 50 cm |

---

**개념 2** 길이의 차 구하기

• m와 cm 단위로 각각 나누어 빼기

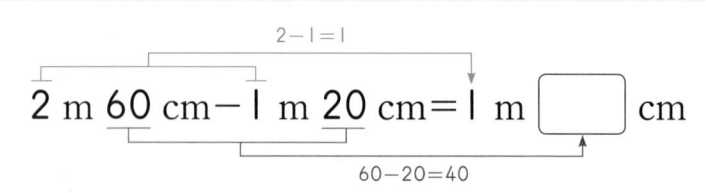

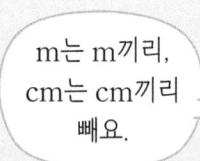

m는 m끼리,
cm는 cm끼리
빼요.

• 세로로 계산하기

|   | 2 m | 60 cm |
|---|-----|-------|
| − | 1 m | 20 cm |
|   |     |       |

⇨

|   | 2 m | 60 cm |
|---|-----|-------|
| − | 1 m | 20 cm |
|   |     | 40 cm |

⇨

|   | 2 m | 60 cm |
|---|-----|-------|
| − | 1 m | 20 cm |
|   | 1 m | 40 cm |

정답 50, 40

---

**개념확인 1** □ 안에 알맞은 수를 써넣으세요.

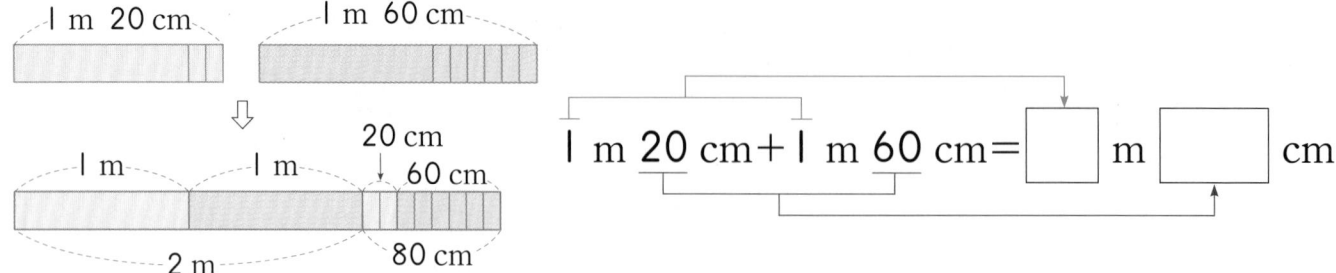

1 m 20 cm + 1 m 60 cm = □ m □ cm

**2** □ 안에 알맞은 수를 써넣으세요.

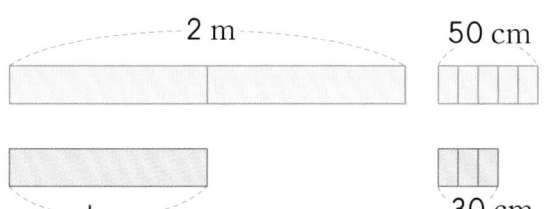

2 m    50 cm

1 m    30 cm

2 m 50 cm − 1 m 30 cm
= □ m □ cm

**3** 길이의 합을 구하세요.

(1) 1 m 56 cm + 3 m 10 cm = □ m □ cm

(2)
```
    3 m   4 0 cm
 +  5 m   3 5 cm
 ───────────────
   □ m  □ cm
```

(3)
```
    6 m   3 0 cm
 +  1 m     5 cm
 ───────────────
   □ m  □ cm
```

**4** 길이의 차를 구하세요.

(1) 5 m 75 cm − 2 m 25 cm = □ m □ cm

(2)
```
    8 m   5 5 cm
 −  4 m   3 0 cm
 ───────────────
   □ m  □ cm
```

(3)
```
    6 m   7 0 cm
 −  5 m     8 cm
 ───────────────
   □ m  □ cm
```

**5** 색 테이프의 전체 길이는 몇 m 몇 cm인지 구하세요.

1 m 70 cm        2 m 28 cm

두 색 테이프의
길이의 합을
구해 보세요.

(                                    )

**개념 1** 몸의 부분을 이용하여 길이 어림하기

• 몸의 부분을 이용하여 1 m 재기

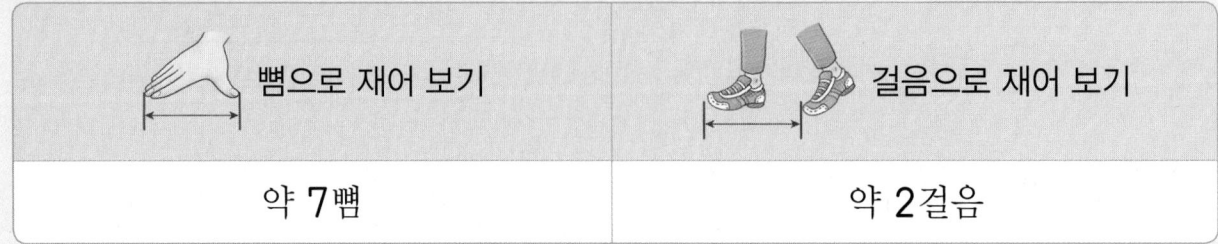

| 뻠으로 재어 보기 | 걸음으로 재어 보기 |
|---|---|
| 약 7뻠 | 약 2걸음 |

➪ 뻠은 걸음에 비해 짧은 길이와 위쪽에 있는 물건의 길이를 잴 때 좋고,
걸음은 뻠에 비해 긴 길이와 아래쪽에 있는 물건의 길이를 잴 때 좋습니다.

• 몸에서 약 1 m인 부분 찾기

발에서 어깨까지의 길이

한쪽 손 끝에서 다른 쪽 손목까지의 길이

키에서 1 m는 물건의 높이를 잴 때 좋고, 양팔을 벌린 길이에서 1 m는 긴 길이를 여러 번 잴 때 좋아요.

**개념 2** 다양한 방법으로 길이 어림하기

• **축구 골대**의 긴 쪽의 길이 어림하기

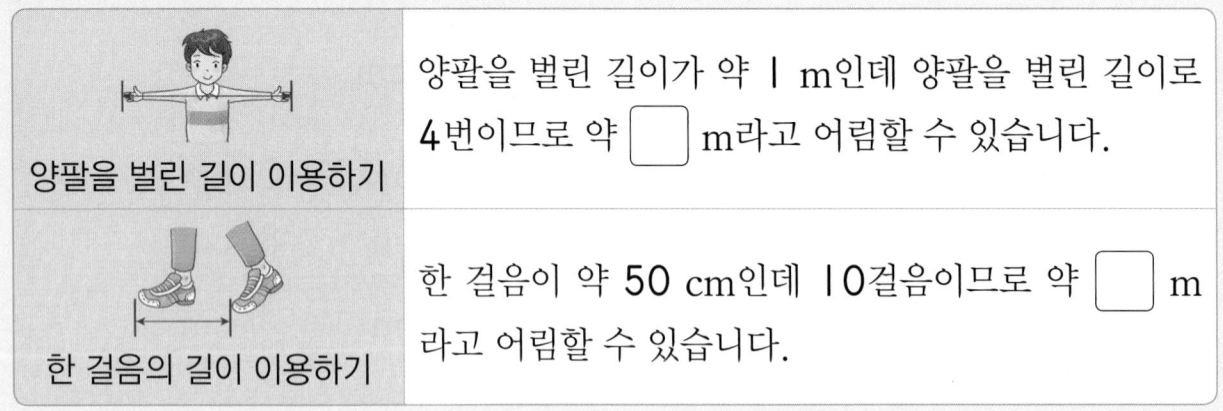

| 양팔을 벌린 길이 이용하기 | 양팔을 벌린 길이가 약 1 m인데 양팔을 벌린 길이로 4번이므로 약 □ m라고 어림할 수 있습니다. |
|---|---|
| 한 걸음의 길이 이용하기 | 한 걸음이 약 50 cm인데 10걸음이므로 약 □ m 라고 어림할 수 있습니다. |

정답 4, 5

**개념확인 1** 몸의 부분을 이용하여 1 m를 잰 것입니다. 알맞은 수에 ○표 하세요.

1 m는 걸음으로 약 ( 2 , 20 )걸음입니다.

**2** 소민이 동생의 키가 1 m일 때 버스의 높이는 약 몇 m일까요?

약 ☐ m

**3** 주어진 1 m로 끈의 길이를 어림하였습니다. 어림한 끈의 길이는 약 몇 m일까요?

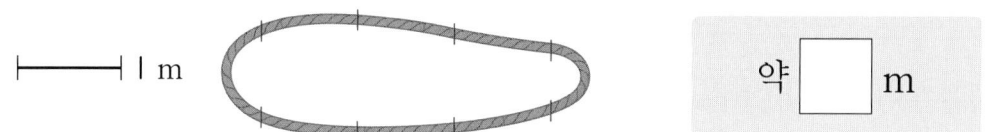

약 ☐ m

**4** 실제 길이에 가까운 것을 찾아 이으세요.

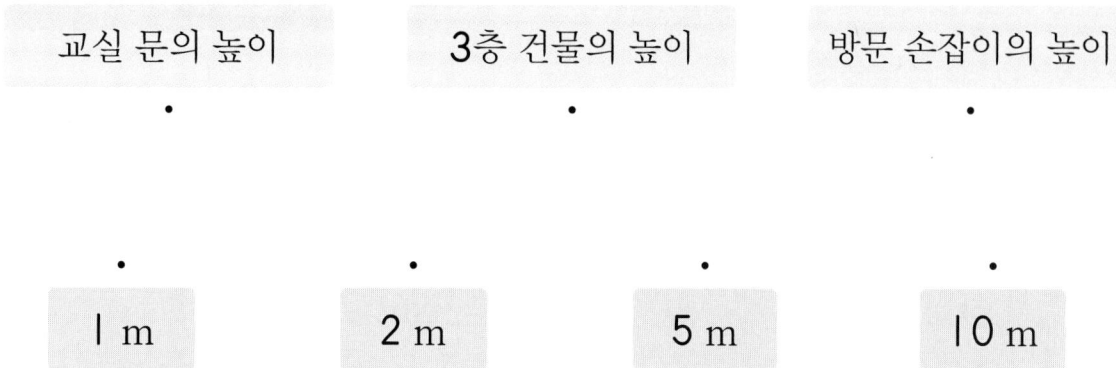

| 교실 문의 높이 | 3층 건물의 높이 | 방문 손잡이의 높이 |
|:---:|:---:|:---:|
| · | · | · |

|  |  |  |  |
|:---:|:---:|:---:|:---:|
| · | · | · | · |
| 1 m | 2 m | 5 m | 10 m |

**5** 양팔을 벌린 길이가 약 1 m일 때 10 m에 더 가까운 길이를 만든 모둠을 찾아 쓰세요.

| 수지네 모둠 | 준서네 모둠 |
|:---:|:---:|

(                              )

**1** 알맞은 길이를 골라 문장을 완성하세요.

| 2 m | 10 m | 70 m |
|---|---|---|

(1) 냉장고의 높이는 약 ☐ 입니다.

(2) 학교 운동장 긴 쪽의 길이는 약 ☐ 입니다.

**2** 민주의 발 길이는 20 cm입니다. 책상의 긴 쪽의 길이는 **약 몇 m**일까요?

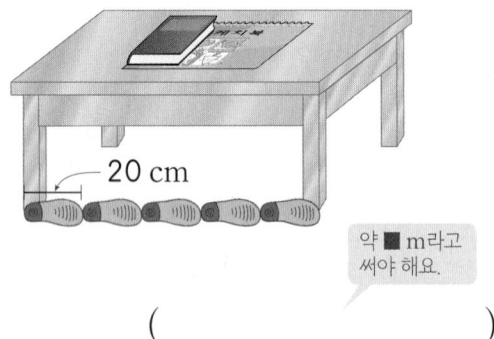

20 cm

약 ■ m라고 써야 해요.

( )

**중요**

**③** 길이가 **1 m보다 긴 것을 모두** 고르세요.

( )

번호를 쓰세요.

① 공책의 긴 쪽의 길이
② 빨대의 길이
③ 버스의 길이
④ 수학책의 긴 쪽의 길이
⑤ 교실 칠판의 긴 쪽의 길이

**4** ☐ 안에 알맞은 수를 써넣으세요.

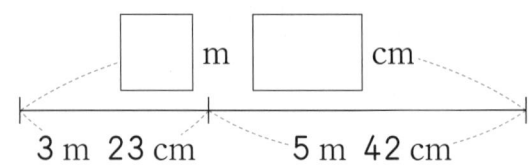

☐ m ☐ cm

3 m 23 cm    5 m 42 cm

**5** ☐ 안에 알맞은 수를 써넣으세요.

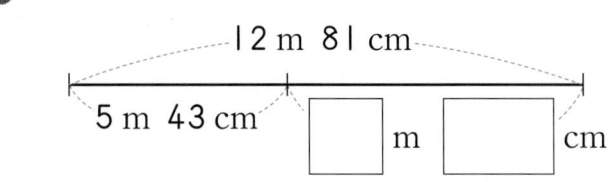

12 m 81 cm

5 m 43 cm    ☐ m ☐ cm

**6** 울타리 **한 칸의 길이가 약 2 m**일 때 두 트럭 사이의 거리를 구하세요.

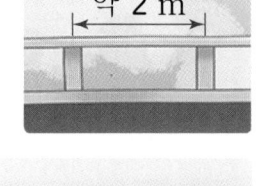

약 2 m

( )

**7** **사용한 색 테이프의 길이**는 몇 m 몇 cm 인지 구하세요.

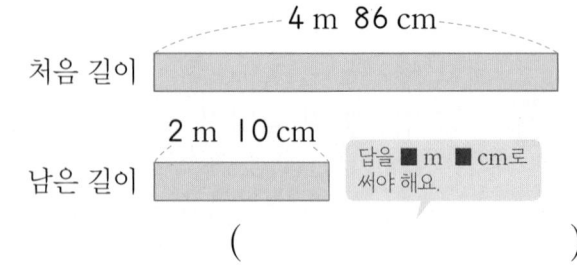

처음 길이    4 m 86 cm

남은 길이    2 m 10 cm

답을 ■ m ■ cm로 써야 해요.

( )

**8** 세미의 **두 걸음이** l m라면 책장의 길이는 약 몇 m일까요?

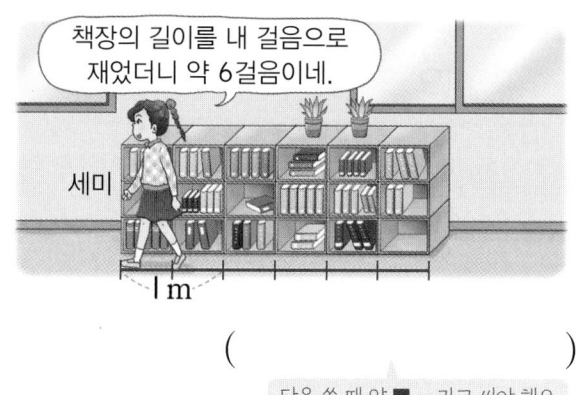

책장의 길이를 내 걸음으로 재었더니 약 6걸음이네.

세미

l m

( )

답을 쓸 때 약 ■ m라고 써야 해요.

**9** 길이가 **5 m보다** 긴 것을 **모두** 찾아 기호를 쓰세요.

㉠ 옷장의 높이
㉡ 비행기의 길이
㉢ 교실 문의 높이
㉣ 축구 경기장 긴 쪽의 길이

( )

**서술형 문제**

**10** 세 사람이 각자 어림하여 2 m 70 cm가 되도록 끈을 잘랐습니다. 자른 끈의 길이가 **2 m 70 cm에 가장 가까운 친구**의 이름과 그렇게 생각한 **까닭**을 쓰세요.

| 이름 | 윤아 | 민지 | 지혁 |
|------|------|------|------|
| 끈의 길이 | 2 m 50 cm | 2 m 85 cm | 2 m 60 cm |

이름 ( )

까닭 _____

_____

**수학 역량 키우기 문제**

**중요**

**11** 가장 긴 길이와 가장 짧은 길이의 합을 구하세요.

**문제 해결**

3 m 3 cm     330 cm     3 m 13 cm

답을 ■ m ■ cm로 써야 해요. ( )

**12** 이서는 운동장에서 굴렁쇠 굴리기 연습을 하였습니다. 출발점에서 도착점까지 **굴렁쇠가 굴러간 거리**는 몇 m 몇 cm일까요?

**문제 해결**

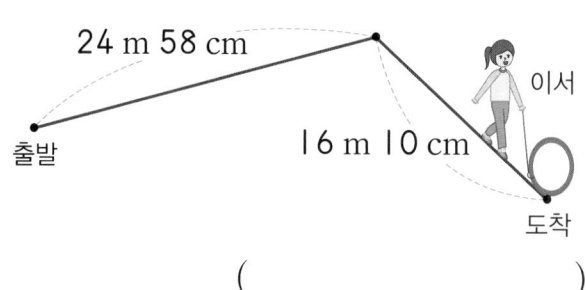

24 m 58 cm

이서

16 m 10 cm

출발

도착

( )

**13** **긴 길이를 어림한 사람**부터 순서대로 이름을 쓰세요.

**추론**

태리

내 양팔을 벌린 길이가 약 l m인데 양팔로 3번 잰 길이와 소파의 길이가 같았어.

지훈

내 두 걸음이 약 l m인데 시소의 길이가 8걸음과 같았어.

윤서

내 7뼘이 약 l m인데 잠자리채의 길이가 14뼘과 같았어.

( )

유형 1 m와 cm의 관계 알아보기

**1** 바르게 말한 사람을 모두 찾아 이름을 쓰세요.

> 지민: 4 m 2 cm는 420 cm야.
> 형기: 192 cm는 1 m 92 cm야.
> 소현: 3 m 40 cm는 340 cm와 같아.

( )

**2** 길이를 바르게 나타낸 것을 모두 찾아 기호를 쓰세요.

> ㉠ 1 m 8 cm=108 cm
> ㉡ 201 cm=2 m 10 cm
> ㉢ 951 cm=9 m 51 cm

( )

실력 문제
**3** 잘못 말한 사람을 찾아 이름을 쓰세요.

> 수원: 7 m 90 cm는 790 cm야.
> 어진: 536 cm는 53 m 6 cm와 같아.
> 아현: 8 m 7 cm는 807 cm야.

( )

유형 2 길이에 해당하는 것 찾기

**4** 길이가 1 m보다 긴 것을 모두 찾아 기호를 쓰세요.

> ㉠ 칫솔의 길이
> ㉡ 시소의 길이
> ㉢ 컴퓨터 짧은 쪽의 길이
> ㉣ 교실 바닥에서 천장까지의 높이

( )

**5** 길이가 1 m보다 짧은 것을 모두 찾아 기호를 쓰세요.

> ㉠ 3단 우산의 길이
> ㉡ 운동장 짧은 쪽의 길이
> ㉢ 버스 긴 쪽의 길이
> ㉣ 소화기의 길이

( )

실력 문제
**6** 길이가 5 m보다 긴 것을 모두 찾아 기호를 쓰세요.

> ㉠ 컴퓨터 키보드 긴 쪽의 길이
> ㉡ 어른 5명이 팔을 벌린 길이
> ㉢ 4층 건물의 높이
> ㉣ 아버지의 키

( )

**3**
단
원

**유형 3**  길이 어림하기

**7**  칠판 긴 쪽의 길이는 성훈이가 양팔을 벌린 길이의 약 **5**배입니다. 칠판 긴 쪽의 길이는 약 몇 m일까요?

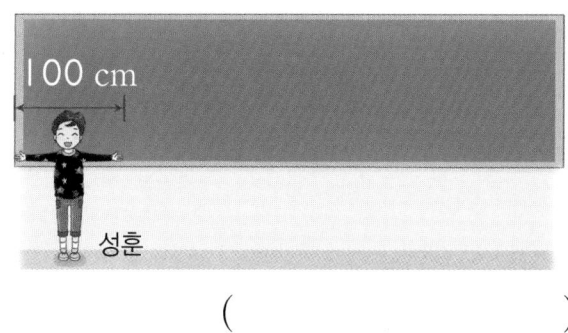

100 cm

성훈

(                    )

**8**  민호는 길이가 **2** m인 막대기를 갖고 있습니다. 민호가 기차 한 칸의 길이를 재었더니 막대기 길이의 약 **4**배였습니다. 기차 한 칸의 길이는 약 몇 m일까요?

(                    )

실력 문제
**9**  소은이의 한 걸음은 **40** cm입니다. 소은이가 교실에서 화장실까지의 거리를 재었더니 약 **10**걸음이었습니다. 교실에서 화장실까지의 거리는 약 몇 m일까요?

(                    )

**유형 4**  길이의 합과 차 구하기

**10**  수 카드 **3**장을 한 번씩 사용하여 가장 긴 길이를 만들고, 그 길이와 **6** m **31** cm의 차를 구하세요.

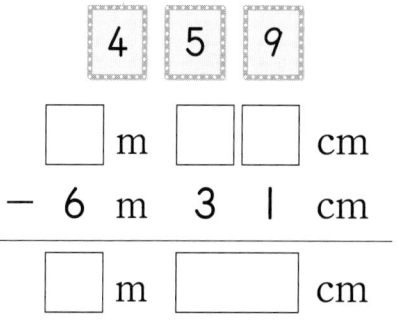

4    5    9

☐ m ☐☐ cm
−  6 m  3 1 cm
☐ m ☐ cm

**11**  수 카드 **3**장을 한 번씩 사용하여 가장 짧은 길이를 만들고, 그 길이와 **7** m **48** cm의 차를 구하세요.

2    6    3

7 m  4 8 cm
− ☐ m ☐☐ cm
☐ m ☐ cm

실력 문제
**12**  수 카드 **3**장을 한 번씩 사용하여 가장 긴 길이를 만들고, 그 길이와 **1** m **24** cm의 합을 구하세요.

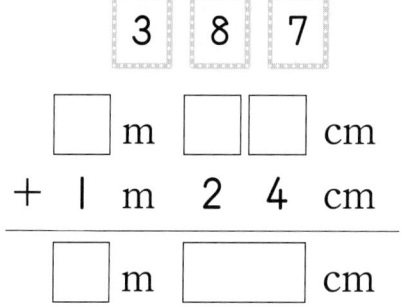

3    8    7

☐ m ☐☐ cm
+  1 m  2 4 cm
☐ m ☐ cm

**1** 재단사가 셔츠를 만드는 데 실 3 m 55 cm를 사용했고, ❶조끼를 만드는 데 실 135 cm를 사용했습니다. ❷옷을 만드는 데 사용한 실의 길이는 모두 몇 m 몇 cm인지 알아보세요.

3 m 55 cm

135 cm

풀이

❶ (조끼를 만드는 데 사용한 실의 길이)

= 135 cm = 100 cm + 35 cm = ☐ m ☐ cm

❷ (옷을 만드는 데 사용한 실의 길이)

= 3 m 55 cm + ☐ m ☐ cm

= ☐ m ☐ cm

답 ☐ m ☐ cm

'몇 cm'를 '몇 m 몇 cm'로 나타낸 다음 m는 m끼리, cm는 cm끼리 더해서 구해요.

**2** ❶큰 상자를 포장하는 데 테이프 363 cm를 사용했고, 작은 상자를 포장하는 데 테이프 2 m 19 cm를 사용했습니다. ❷두 상자를 포장하는 데 사용한 테이프의 길이는 모두 몇 m 몇 cm인지 풀이 과정을 쓰고 답을 구하세요.

풀이

❶ _____

_____

❷ _____

_____

답 _____

참고

길이의 합을 구할 때 m는 m끼리, cm는 cm끼리 더합니다.

**3** 나무 막대 2 m 70 cm 중에서 ❶배를 고치는 데 146 cm를 사용하려고 합니다. ❷배를 고치고 남는 나무 막대의 길이는 몇 m 몇 cm인지 알아보세요.

2 m  70 cm

풀이

❶ (배를 고치는 데 사용하려는 나무 막대의 길이)

= 146 cm = 100 cm + 46 cm = ☐ m ☐ cm

❷ (배를 고치고 남는 나무 막대의 길이)

= 2 m 70 cm − ☐ m ☐ cm

= ☐ m ☐ cm

답 ☐ m ☐ cm

**3**
단원

(배를 고치고 남는
나무 막대의 길이)
=(처음 길이)
−(사용하려는 길이)

진도 완료
체크

**쌍둥이 문제**

**4** 정혜는 리본 5 m 86 cm 중에서 ❶선물을 포장하는 데 257 cm를 사용했습니다. ❷선물을 포장하고 남은 리본의 길이는 몇 m 몇 cm인지 풀이 과정을 쓰고 답을 구하세요.

풀이

❶ _____

_____

❷ _____

_____

답 _____

참고

'몇 cm'를 '몇 m 몇 cm'로 바꾼 후 길이의 차를 구합니다.

**1** 길이를 바르게 쓴 것은 어느 것일까요?
(      )

① 2m  ② 3m
③ 4m  ④ 5ᴍ
⑤ 6m

**2** □ 안에 알맞은 수를 써넣으세요.

(1) 627 cm= ☐ m ☐ cm

(2) 5 m 14 cm= ☐ cm

(3) 170 cm= ☐ m ☐ cm

(4) 3 m 7 cm= ☐ cm

**3** 길이를 m 단위로 나타내기에 알맞지 <u>않은</u> 것은 어느 것일까요? (      )

① 소파 긴 쪽의 길이
② 현관문의 높이
③ 컴퓨터 모니터 짧은 쪽의 길이
④ 비행기의 길이
⑤ 학교 체육관의 높이

**4** 계산을 하세요.

(1) 3 m 27 cm+4 m 61 cm

(2) 9 m 65 cm−4 m 23 cm

(3)     4 m  34 cm
    + 2 m  46 cm
    ⎯⎯⎯⎯⎯⎯⎯⎯⎯

(4)    16 m  42 cm
    −  9 m  27 cm
    ⎯⎯⎯⎯⎯⎯⎯⎯⎯

**5** 길이가 1 m보다 긴 것에 ○표, 1 m보다 짧은 것에 △표 하세요.

(1) 바이올린의 길이      (      )
(2) 피아노 긴 쪽의 길이   (      )
(3) 교실의 높이         (      )
(4) 한 뼘의 길이        (      )

**6** ○ 안에 >, =, <를 알맞게 써넣으세요.

(1) 524 cm ◯ 5 m 30 cm

(2) 8 m 90 cm ◯ 809 cm

**7** 두 길이의 차를 구하세요.

| 8 m 75 cm | 4 m 32 cm |

( )

**8** 선인장의 높이가 1 m일 때 낙타의 키는 약 몇 m일까요?

( )

**9** 보기에서 알맞은 길이를 골라 문장을 완성하세요.

> **보기**
>
> 120 cm      15 cm      9 m

(1) 연필의 길이는 약 ☐ 입니다.

(2) 교실 긴 쪽의 길이는 약 ☐ 입니다.

(3) 진열장의 높이는 약 ☐ 입니다.

**3**
단
원

**10** 식탁 긴 쪽의 길이는 몇 m 몇 cm일까요?

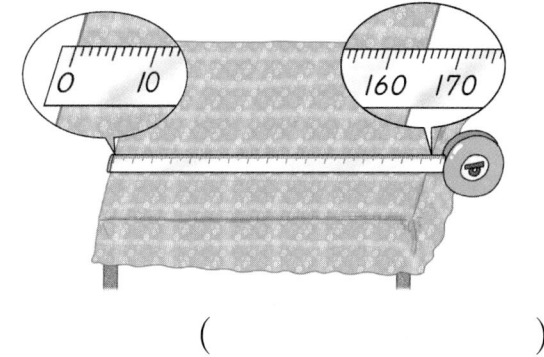

( )

**11** 몸에서 길이가 약 1 m인 것을 찾아 기호를 쓰세요.

> ㉠ 한 뼘의 길이
> ㉡ 양팔을 벌린 길이
> ㉢ 손가락 너비
> ㉣ 발 길이

( )

서술형 문제

**12** 진수의 키는 1 m 30 cm이고 현진이의 키는 123 cm입니다. 누구의 키가 더 큰지 풀이 과정을 쓰고 답을 구하세요.

풀이 _____

_____

_____

답 _____

**13** 준서의 줄넘기 줄은 아버지의 줄넘기 줄보다 몇 m 몇 cm 더 짧은지 구하세요.

준서의 줄넘기 줄        아버지의 줄넘기 줄
1 m 65 cm            2 m 80 cm

( )

**14** 다음 중 가장 긴 길이와 가장 짧은 길이의 차는 몇 m 몇 cm일까요?

> ㉠ 102 cm          ㉡ 117 cm
> ㉢ 1 m 23 cm       ㉣ 2 m 8 cm

( )

**15** 학교에서 도서관을 거쳐 집까지 가는 거리는 몇 m 몇 cm일까요?

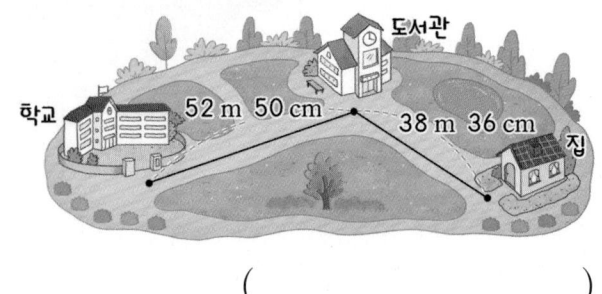

( )

**16** 책꽂이 한 칸의 높이는 30 cm입니다. 연우의 키는 약 몇 m 몇 cm일까요?

30 cm

연우

(          )

**서술형 문제**

**17** 막대 두 개를 겹치지 않게 한 줄로 이어 붙였을 때 이어 붙인 막대의 전체 길이는 몇 m 몇 cm인지 식을 쓰고 답을 구하세요.

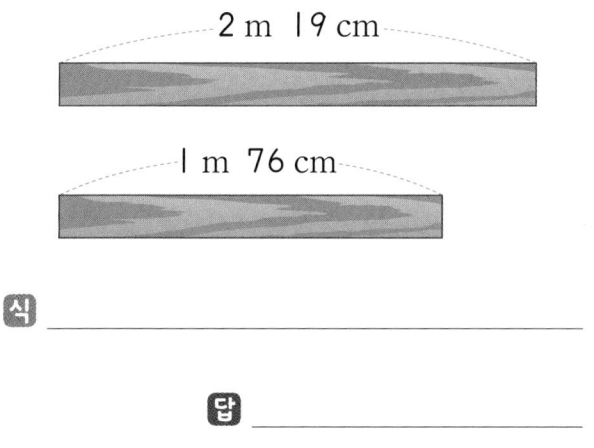

2 m 19 cm

1 m 76 cm

**식** _____

**답** _____

**18** 화단 긴 쪽의 길이는 4 m 65 cm이고 짧은 쪽의 길이는 127 cm입니다. 화단 긴 쪽과 짧은 쪽의 길이의 차는 몇 m 몇 cm일까요?

(          )

**서술형 문제**

**19** 길이가 2 m 35 cm에 가장 가까운 줄을 가진 친구의 이름과 그렇게 생각한 까닭을 쓰세요.

> 경수: 내 줄은 228 cm야.
> 미나: 내 줄은 2 m 40 cm야.
> 은우: 내 줄은 2 m 25 cm야.

**이름** (          )

**까닭** _____

_____

_____

_____

**3 단원**

진도 완료 체크

**20** 색 테이프 두 장을 그림과 같이 겹치게 이어 붙였습니다. 이어 붙인 색 테이프의 전체 길이는 몇 m 몇 cm인지 구하세요.

2 m 24 cm

5 m 24 cm       3 m 63 cm

(          )

문제 생성기

# 창의융합 + 실력UP

**1** 그림을 보고 잘못 설명한 것을 찾아 기호를 쓰세요.

몸이 되는 부분의 길이

㉠ 악어의 몸길이는 약 **3** m입니다.
㉡ 기린의 키는 약 **4** m입니다.
㉢ 사자의 몸길이는 약 **2** m입니다.

( )

**2** 1부터 9까지 쓰여 있는 수 카드가 있습니다. 이 중 서로 다른 카드 6장을 빈 곳에 각각 한 번씩만 붙여서 가장 긴 길이와 가장 짧은 길이를 만들고, 두 길이의 차를 구하세요. 붙임딱지 사용

| 가장 긴 길이 | 가장 짧은 길이 |
|---|---|
| ▢ m ▢▢ cm | ▢ m ▢▢ cm |

( )

**3** ㉮에서 ㉯까지의 길이는 몇 m 몇 cm일까요?

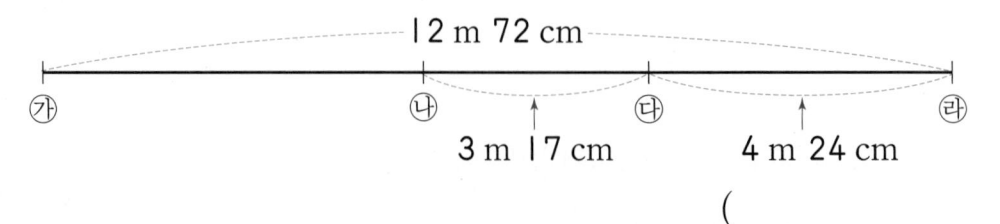

12 m 72 cm

㉮  ㉯  ㉰  ㉱

3 m 17 cm     4 m 24 cm

( )

**4** 집에서 놀이터를 거쳐 문구점까지 가는 거리는 집에서 문구점으로 바로 가는 거리보다 몇 m 몇 cm 더 멀까요?

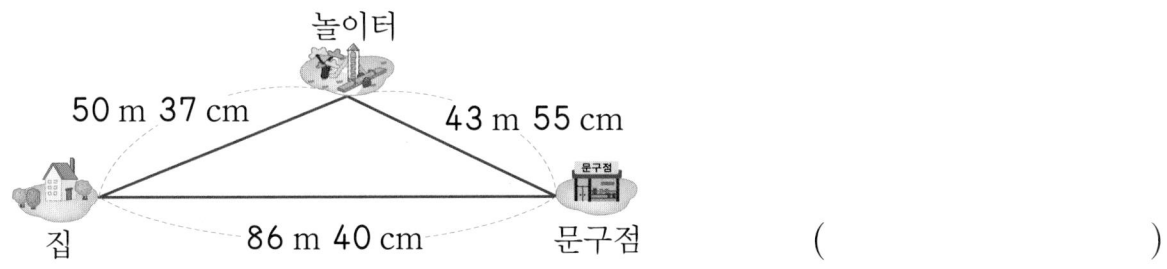

놀이터

50 m 37 cm　　43 m 55 cm

집　　86 m 40 cm　　문구점

(　　　　　　　)

**5** 야구 경기장을 보고 물음에 답하세요.

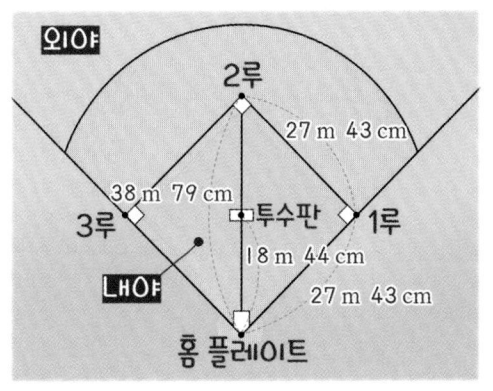

외야

2루

27 m 43 cm

38 m 79 cm

3루　투수판　1루

18 m 44 cm

내야　27 m 43 cm

홈 플레이트

(1) 타자가 공을 친 후 홈 플레이트에서 1루를 거쳐 2루까지 달렸습니다. 이 타자가 달린 거리는 모두 몇 m 몇 cm일까요?

(　　　　　　　)

(2) 투수판과 2루 사이의 거리는 몇 m 몇 cm일까요?

(　　　　　　　)

**6** 친구들이 체육 시간에 달리기를 하고 있습니다. 주혁이는 영은이보다 7 m 앞서 있고, 영은이는 진석이보다 10 m 앞서 있습니다. 또, 진석이는 수연이보다 13 m 뒤쳐져 있습니다. 순서에 맞게 네 친구들을 붙이세요. 붙임딱지 사용

점선 표시가 있는 곳에 붙임딱지를 붙이세요.

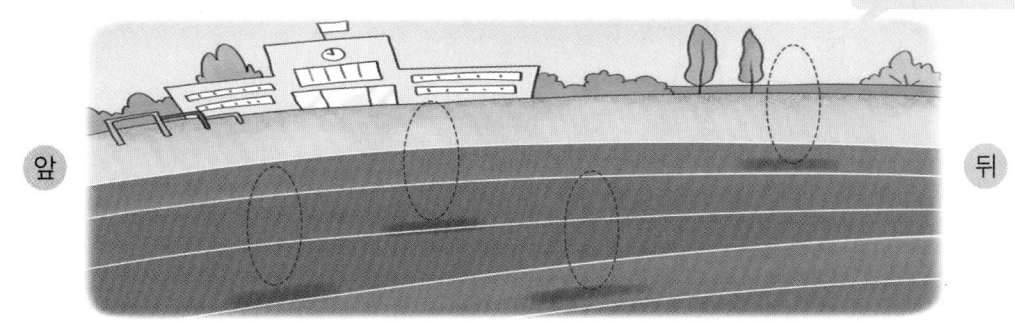

앞　　　　　　　　　　　　뒤

학습 게임

# 4 시각과 시간

## 2학년

- 몇 시 몇 분 알아보기
- 여러 가지 방법으로 시각 읽기
- 1시간 알아보기
- 걸린 시간 알아보기
- 하루의 시간 알아보기
- 달력 알아보기

## 3~4학년

- 초 알아보기
- 시간의 합과 차
- 각도의 합과 차

## 5~6학년

- 다각형의 둘레와 넓이
- 직육면체의 부피와 겉넓이
- 원의 넓이

첼로
연습 시작!

지금 시각은
1시 10분이네~

예예~

>> 정답 22쪽

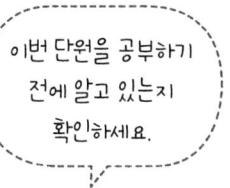

**4 단원**

## 시각을 쓰세요. (1~2)

**1** [1-2] 몇 시 알아보기

☐ 시

**2** [1-2] 몇 시 30분 알아보기

☐ 시 ☐ 분

**3** [1-2] 몇 시 30분 알아보기

시각을 바르게 읽은 것을 찾아 이으세요.

 •

• 9시 30분

 •

• 4시

## 시각에 맞게 짧은바늘을 그려 넣으세요. (4~5)

**4** [1-2] 몇 시 알아보기

 9시 ⇨

**5** [1-2] 몇 시 30분 알아보기

4시 30분 ⇨

**6** [1-2] 몇 시 30분 알아보기

그림을 보고 ☐ 안에 알맞은 수를 써넣으세요.

☐ 시 ☐ 분에 점심 식사를 했습니다.

# 못된 마법사의 저주

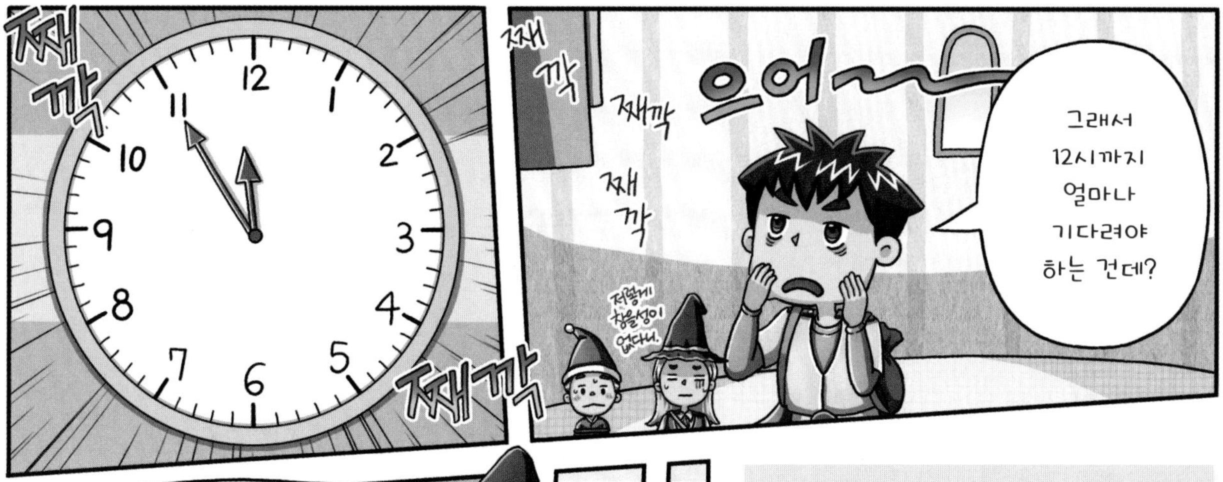

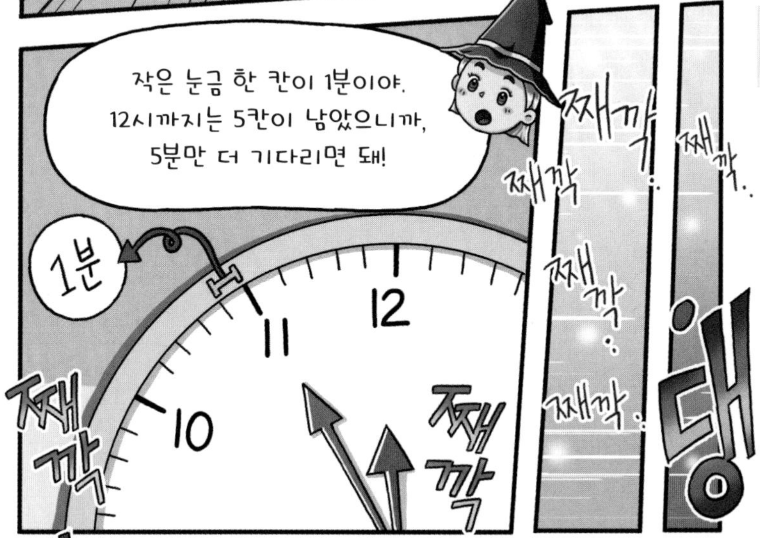

## 몇 시 몇 분 전으로 나타내기

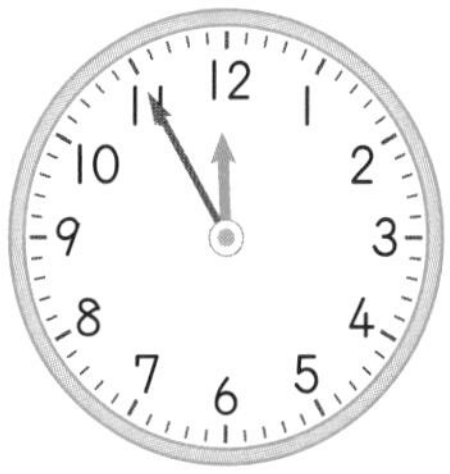

→ ⌈ 11시 55분
  ⌊ 12시 5분 전

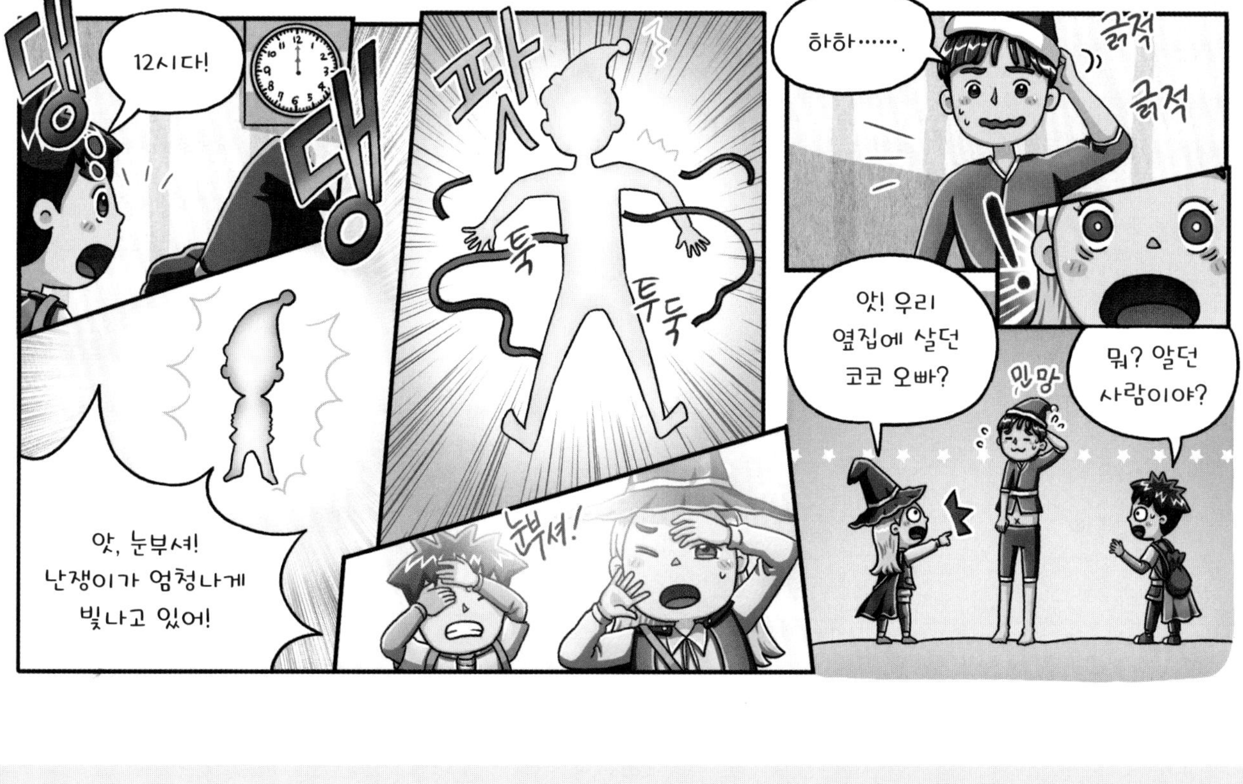

**4**
**단원**

---

**개념 1** 시계의 숫자와 분의 관계

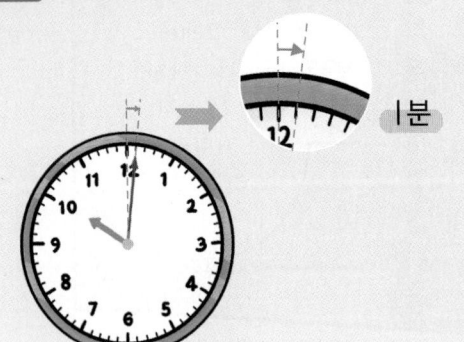

시계에서 **긴바늘**이 가리키는

**작은 눈금 한 칸**은 **1분**을 나타냅니다.

시계의 긴바늘이 가리키는 숫자가
**1**이면 **5분**, **2**이면 **10분**,
**3**이면 ☐ **분**, ...을 나타냅니다.

| 긴바늘이 가리키는 숫자 | 1 | 2 | 3 | 4 | 5 | 6 | 7 | 8 | 9 | 10 | 11 | 12 |
|---|---|---|---|---|---|---|---|---|---|---|---|---|
| 분 | 5 | 10 | 15 | 20 | 25 | 30 | 35 | 40 | 45 | 50 | 55 | 0 |

**개념 2** 몇 시 몇 분 알아보기  짧은바늘은 10과 11 사이를 가리키므로 10시 몇 분입니다.

숫자 8에서 작은 눈금
3칸 가면
**40+3** ⇨ **43분**

10시 43분

10시 12분

숫자 2에서 작은 눈금
2칸 가면
**10+2** ⇨ ☐ **분**

정답 15, 12

---

**개념확인** **1**  시계를 보고 ☐ 안에 알맞은 수를 써넣으세요.

(1) 짧은바늘은 ☐ 과 ☐ 사이를 가리킵니다.

(2) 긴바늘은 ☐ 를 가리킵니다.

(3) 시계가 나타내는 시각은 ☐ 시 ☐ 분입니다.

'시'를 읽을 때는
지나온 숫자를
읽어요.

**2** 시계에 대한 설명입니다. 알맞은 말에 ○표 하세요.

시계에서 긴바늘이 가리키는 작은 눈금 한 칸은 ㅣ( 시간 , 분 )을 나타냅니다.

**3** 시계가 나타내는 시각을 읽으세요.

짧은바늘: **6**과 **7** 사이
긴바늘: **3**에서 작은 눈금으로
2칸 더 간 곳     ⇨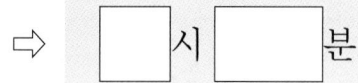

**4** 시각을 읽으세요.

(1)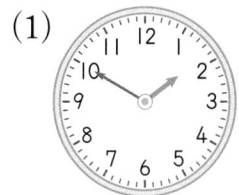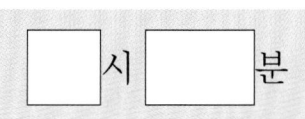

(2)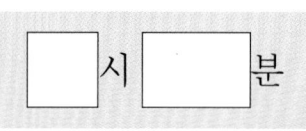

(3)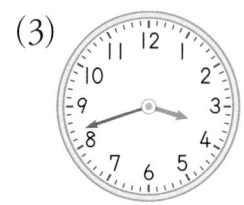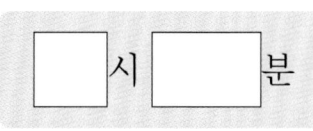

(4)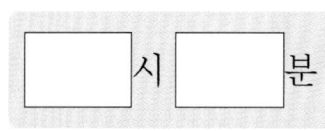

**5** 같은 시각을 나타내는 것끼리 이으세요.

디지털시계에서 :의 왼쪽은 '시',
:의 오른쪽은 '분'을 나타내요.

5:20        9:38        2:35        8:54

개념**1** 몇 시 몇 분 전으로 시각 읽기

## **1시 55분**을 **2시 5분 전**이라고도 합니다.

| 1시 55분 |
| 2시 5분 전 |

1시 55분은 2시가 되기
5분 전의 시각과 같아요.

개념**2** 몇 시 몇 분 전을 시계에 나타내기

## **6시 10분 전**을 시계에 나타내기

① 6시 10분 전은 5시 ☐ 분입니다.

② 5시 50분은 짧은바늘이 5와 6 사이에서 6에 더 가깝게

가리키고, 긴바늘이 ☐ 을 가리키도록 나타냅니다.

참고 ■시를 기준으로 시계의 긴바늘이 시계 반대 방향(↶)으로 작은 눈금 ▲칸을 갔다면
■시 ▲분 전이라고 합니다.

개념확인 **1** 시계를 보고 ☐ 안에 알맞은 수를 써넣으세요.

(1) 시계가 나타내는 시각은 ☐ 시 ☐ 분입니다.

(2) 8시가 되려면 ☐ 분이 더 지나야 합니다.

(3) 이 시각은 ☐ 시 ☐ 분 전입니다.

개념확인 **2** 시각을 두 가지 방법으로 읽으세요.

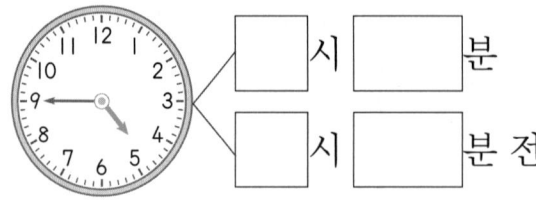

☐ 시 ☐ 분

☐ 시 ☐ 분 전

**3** □ 안에 알맞은 수를 써넣으세요.

(1) 3시 50분은 4시 □ 분 전입니다.

(2) 9시 45분은 □시 15분 전입니다.

(3) 2시 20분 전은 □시 40분입니다.

(4) 8시 5분 전은 7시 □ 분입니다.

3시 50분은 4시가 되기 몇 분 전의 시각과 같을까요?

**4** 같은 시각을 나타내는 것끼리 이으세요.

•          •          •          •


•          •          •          •

9시 20분 전      3시 15분 전      1시 5분 전      12시 10분 전

**5** 시각에 맞게 긴바늘을 그려 넣으세요.

(1)  9시 5분 전              (2)  3시 10분 전

(3)  6시 20분 전              (4)  11시 15분 전

**1** 시계에서 각각의 숫자가 **몇 분**을 나타내는지 써넣으세요.

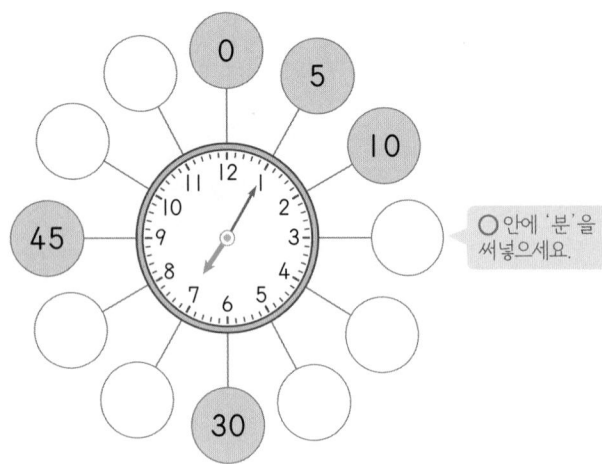

○안에 '분'을 써넣으세요.

**중요**
**2** 시각을 **몇 시 몇 분**으로 읽으세요.

(1)
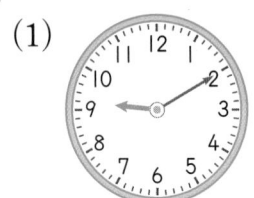
(                    )

(2)

(                    )

(3) `11:38`
(                    )

**3** □ 안에 알맞은 수를 써넣으세요.

(1) 2시 40분은 □시 □분 전입니다.

(2) 5시 5분 전은 □시 □분입니다.

**중요**
**4** 시각에 맞게 **긴바늘**을 그려 넣으세요.

(1)
1시 45분

(2)
6시 13분

**5** □ 안에 알맞은 수나 말을 써넣어 **3시 25분**을 설명하세요.

시계의 짧은바늘이 □과 □ 사이에 있고, □바늘이 □를 가리키면 3시 25분입니다.

**6** 세호의 일기를 읽고 세호가 **몇 시 몇 분에 출발하는 버스**를 탔는지 쓰세요.

| 10월 25일 | ☀ 🌙 ☁ ☂ ⛄ |

아빠와 함께 할머니 댁에 가기 위해

`7:30` 에 일어나 버스 터미널로 갔다.

🕐 에 출발하는 버스를 놓쳐 🕐 에 출발하는 버스를 탔다. 할머니 댁에 도착해서

맛있는 음식을 먹었다.

(                    )

**중요**

**7** 시각을 **몇 시 몇 분 전**으로 읽으세요.

(        )

**8** 다음은 **거울에 비친 시계**의 모습입니다. 시계가 나타내는 시각은 몇 시 몇 분일까요?

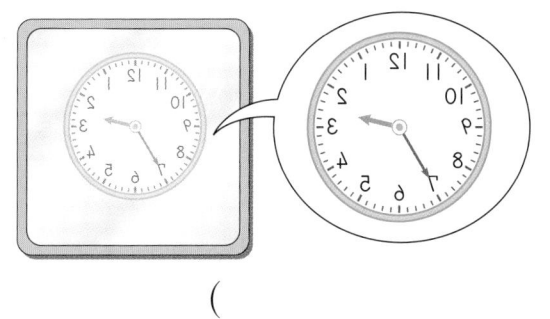

(        )

**서술형 문제**

**9** 지훈이가 **몇 시 몇 분**에 어떤 일을 하였는지 쓰세요.

_____

_____

_____

**10** 수진이가 시각을 **잘못** 읽은 부분을 찾아 바르게 고치세요.

**추론**

5시 3분이야.

수진아, 지금 몇 시 몇 분이야?

바르게 고치기 _____

_____

**4 단원**

진도 완료 체크

**11** 시계를 보고 □ 안에 알맞은 수를 써넣으세요.

**의사 소통**

(1)

벌써 7시 55분인가?

아니야.
□시 □분 전이야.

(2)

벌써 1시 50분인가?

아니야.
□시 □분 전이야.

**1단계** 교과서 **개념**  1시간 알아보기, 걸린 시간 알아보기

**개념1** |시간 알아보기

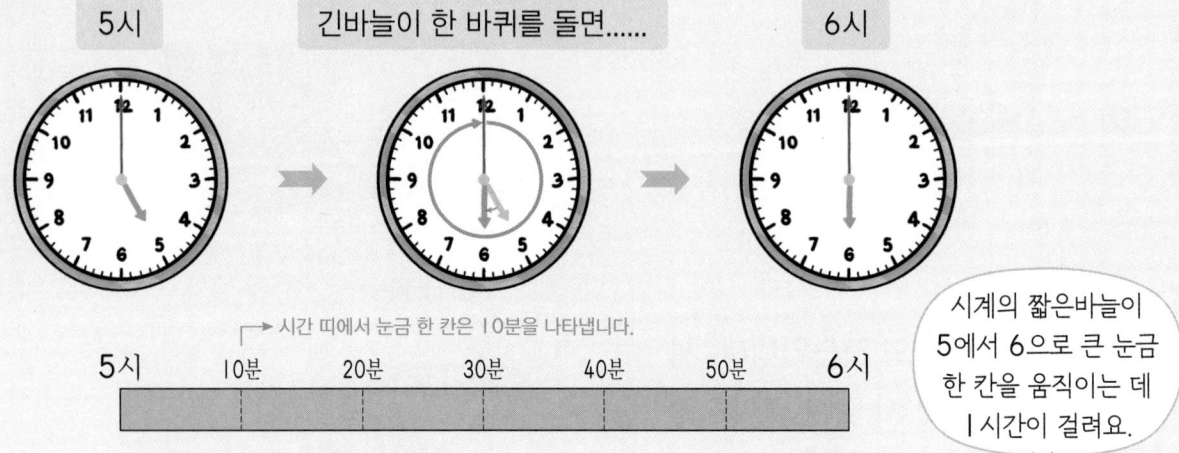

5시       긴바늘이 한 바퀴를 돌면......       6시

→ 시간 띠에서 눈금 한 칸은 10분을 나타냅니다.

5시   10분   20분   30분   40분   50분   6시

시계의 **긴바늘**이 **한 바퀴** 도는 데 걸린 시간은 **60분**입니다.

**60분 = 1시간**

시계의 짧은바늘이 5에서 6으로 큰 눈금 한 칸을 움직이는 데 |시간이 걸려요.

**개념2** 걸린 시간 알아보기

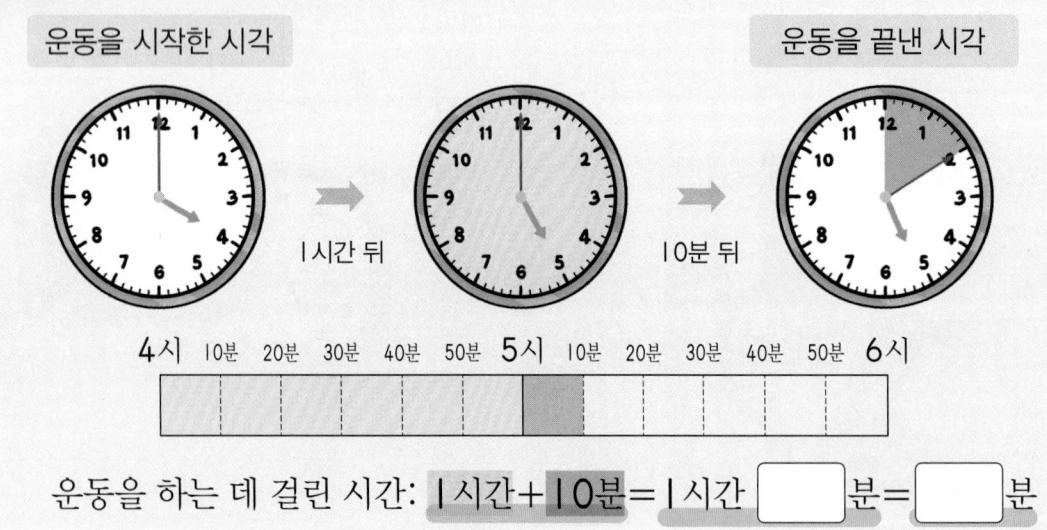

운동을 시작한 시각              운동을 끝낸 시각

|시간 뒤       10분 뒤

4시 10분 20분 30분 40분 50분 5시 10분 20분 30분 40분 50분 6시

운동을 하는 데 걸린 시간: |시간+10분=|시간 ☐ 분=☐ 분

정답 04. '01

**개념확인** **1** 두 시계를 보고 시간이 얼마나 지났는지 시간 띠에 나타내어 구하세요.

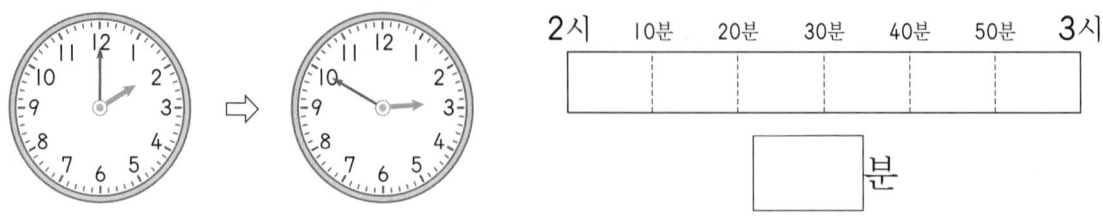

2시   10분   20분   30분   40분   50분   3시

☐ 분

**2** □ 안에 알맞은 수를 써넣으세요.

시계의 긴바늘이 한 바퀴 도는 데 걸린 시간은 [　　] 분입니다.

**3** □ 안에 알맞은 수를 써넣으세요.

(1) 80분 = [　] 시간 [　] 분　　　(2) 100분 = [　] 시간 [　] 분

(3) 1시간 30분 = [　　] 분　　　(4) 2시간 10분 = [　　] 분

**4** 지민이가 영화를 보는 데 걸린 시간을 구하려고 합니다. 물음에 답하세요.

영화가 시작한 시각 　　　영화가 끝난 시각

(1) 지민이가 영화를 보는 데 걸린 시간을 시간 띠에 나타내세요.

3시　10분　20분　30분　40분　50분　4시　10분　20분　30분　40분　50분　5시

(2) 지민이가 영화를 보는 데 걸린 시간을 구하세요.

[　] 시간 [　] 분 = [　] 분

**5** 축제 시간표를 보고 연날리기 체험을 하는 데 걸리는 시간을 알아보세요.

| 시간 | 행사 이름 |
|---|---|
| 9:00~10:30 | 활쏘기 체험 |
| 10:30~12:00 | 전통 놀이 체험 |
| 12:00~1:40 | 전통 음식 만들기 체험 |
| 1:40~3:00 | 연날리기 체험 |

연날리기 체험을 하는 데 시간이 얼마나 걸릴까?

[　] 시간 [　] 분이 걸릴 거야.

**개념 1** 하루의 시간 알아보기

• 하루는 24시간입니다.

**1일 = 24시간**

→ 긴바늘이 24바퀴 도는 데 걸리는 시간과도 같습니다.

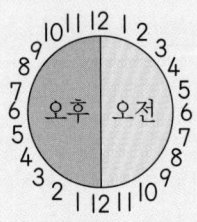

**오전**: 전날 밤 12시부터 낮 12시까지

**오후**: 낮 12시부터 밤 12시까지

1일은 시계의 짧은바늘이 2바퀴 도는 데 걸리는 시간과 같아요.

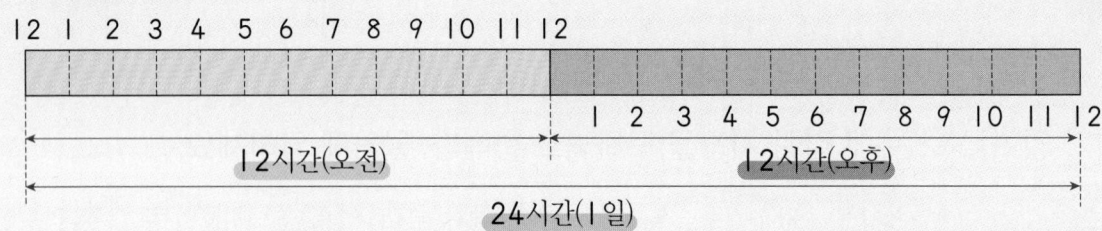

12시간(오전)   12시간(오후)

24시간(1일)

**개념 2** 달력 알아보기

같은 요일은 □일마다 반복됩니다.

1년은 1월부터 □월까지 있습니다.

**1주일 = 7일**

| 일 | 월 | 화 | 수 | 목 | 금 | 토 |
|---|---|---|---|---|---|---|
| | | | 1 | 2 | 3 | 4 |
| 5 | 6 | 7 | 8 | 9 | 10 | 11 |
| 12 | 13 | 14 | 15 | 16 | 17 | 18 |
| 19 | 20 | 21 | 22 | 23 | 24 | 25 |
| 26 | 27 | 28 | 29 | 30 | | |

+7
+7
+7

→ 이달에는 일요일이 4번 있습니다.
→ 24일은 금요일입니다.

**1년 = 12개월**

2월의 날수는 4년마다 29일까지 있습니다.

각 달의 날수

| 월 | 1 | 2 | 3 | 4 | 5 | 6 |
|---|---|---|---|---|---|---|
| 날수(일) | 31 | 28 (29) | 31 | 30 | 31 | 30 |
| 월 | 7 | 8 | 9 | 10 | 11 | 12 |
| 날수(일) | 31 | 31 | 30 | 31 | 30 | 31 |

→ 7월과 8월 모두 31일까지 있습니다.

정답 7, 12

**개념확인** **1** □ 안에 알맞은 수를 써넣으세요.

(1) 하루는 □시간입니다.

(2) 일주일은 □일입니다.

(3) 2주일은 □일입니다.

(4) 1년은 □개월입니다.

**2** 현준이의 토요일 생활 계획표를 보고 □ 안에 알맞은 수를 써넣으세요.

숫자 눈금 한 칸은 1시간을 나타내요.

(1) 아침 식사를 하는 데 걸리는 시간: □ 시간

(2) 독서를 하는 데 걸리는 시간: □ 시간

(3) 잠을 자는 데 걸리는 시간: □ 시간

**3** 성우가 수영 연습을 한 시간을 구하려고 합니다. 물음에 답하세요.

수영 연습을 시작한 시각        수영 연습을 끝낸 시각

오전         오후

(1) 성우가 수영 연습을 한 시간을 시간 띠에 나타내세요.

시간 띠 한 칸은
1시간을 나타내요.

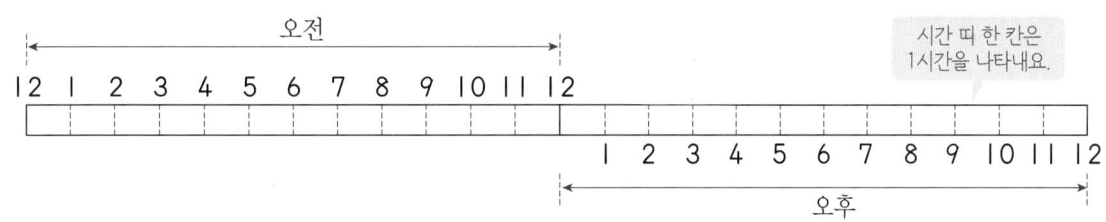

(2) 성우가 수영 연습을 한 시간은 몇 시간일까요?

(                              )

**4** 어느 해의 11월 달력을 보고 □ 안에 알맞은 수나 말을 써넣으세요.

| 11월 | | | | | | |
|---|---|---|---|---|---|---|
| 일 | 월 | 화 | 수 | 목 | 금 | 토 |
| | | | | | 1 | 2 방과 후 학교 |
| 3 | 4 | 5 | 6 | 7 | 8 | 9 방과 후 학교 |
| 10 | 11 | 12 현장 체험 학습 | 13 | 14 | 15 | 16 방과 후 학교 |
| 17 | 18 | 19 | 20 | 21 | 22 | 23 방과 후 학교 |
| 24 | 25 | 26 | 27 | 28 | 29 | 30 방과 후 학교 |

(1) 현장 체험 학습을 가는 날은 □ 일이고

□ 요일입니다.

(2) 방과 후 학교를 가는 날은 모두 □ 일입
니다.

**1** ( ) 안에 **오전과 오후**를 알맞게 쓰세요.

(1) 아침 8시 ( )

(2) 저녁 7시 ( )

(3) 낮 2시 ( )

(4) 새벽 3시 ( )

중요
**2** □ 안에 알맞은 수를 써넣으세요.

(1) 115분= □ 시간 □ 분

(2) 1시간 25분= □ 분

중요
**3** □ 안에 알맞은 수를 써넣으세요.

(1) 25시간은 □ 일 □ 시간입니다.

(2) 2일은 □ 시간입니다.

(3) 1년 9개월은 □ 개월입니다.

**4** **날수가 같은 달끼리** 짝 지은 것에 ○표 하세요.

| 2월, 5월 | 4월, 9월 | 7월, 11월 |

( ) ( ) ( )

**5** **동물원에 있었던 시간**은 몇 시간일까요?

| 동물원에 들어간 시각 | 동물원에서 나온 시각 |

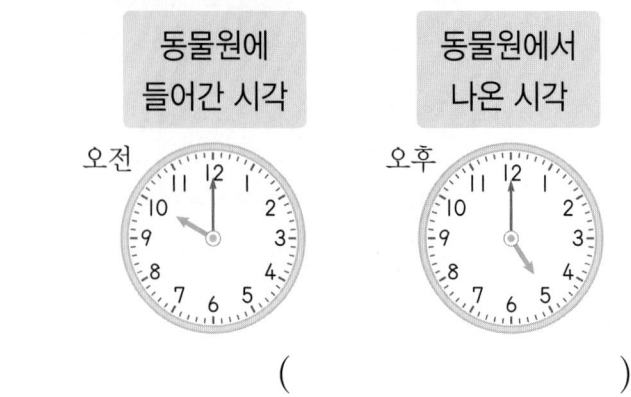

오전              오후

( )

**6** 어느 해 6월 달력을 보고 물음에 답하세요.

6월

| 일 | 월 | 화 | 수 | 목 | 금 | 토 |
|---|---|---|---|---|---|---|
|  | 1 | 2 | 3 | 4 | 5 | 6 |
| 7 | 8 | 9 | 10 | 11 | 12 | 13 |
| 14 | 15 | 16 | 17 | 18 | 19 | 20 |
| 21 | 22 | 23 | 24 | 25 | 26 | 27 |
| 28 | 29 | 30 |  |  |  |  |

(1) 월요일이 몇 번 있나요?

( )

(2) 6월 6일 현충일은 무슨 요일인가요?

( )

(3) 달력을 보고 솔비의 생일을 쓰세요.

| 솔비의 생일은 현충일의 2주일 후야. |

( )

**7** 상우네 가족의 1박 2일 캠프 일정을 보고 물음에 답하세요.

| 첫날 시간 | 일정 |
|---|---|
| 8:00~10:40 | 캠프장으로 이동 |
| 10:40~12:00 | 텐트 치기 |
| 12:00~1:00 | 점심 식사 |
| ⋮ | ⋮ |

| 다음날 시간 | 일정 |
|---|---|
| 8:00~9:00 | 아침 식사 |
| 9:00~12:00 | 자유 시간 |
| 12:00~1:00 | 점심 식사 |
| 1:00~4:20 | 숲속 체험 |
| 4:20~7:00 | 집으로 이동 |

(1) 알맞은 말에 ○표 하세요.

> 첫날 ( 오전 , 오후 )에는 텐트를 치고, 다음날 ( 오전 , 오후 )에는 숲속 체험을 했습니다.

(2) 상우네 가족이 캠프를 다녀오는 데 걸린 시간은 모두 몇 시간일까요?

(                    )

아침 8시부터 다음 날 저녁 7시까지예요.

**8** 희수와 진범이가 책을 읽기 시작한 시각과 끝낸 시각입니다. 책을 **더 오래 읽은 사람**은 누구일까요?

|  | 시작한 시각 | 끝낸 시각 |
|---|---|---|
| 희수 | 4시 20분 | 5시 50분 |
| 진범 | 4시 55분 | 6시 15분 |

(                    )

수학 **역량** 키우기 문제

**9** 시계가 멈춰서 현재 시각으로 맞추려고 합니다. **긴바늘을 몇 바퀴만 돌리면** 되는지 구하세요.

정보처리

| 멈춘 시계 | 현재 시각 |
|---|---|
| 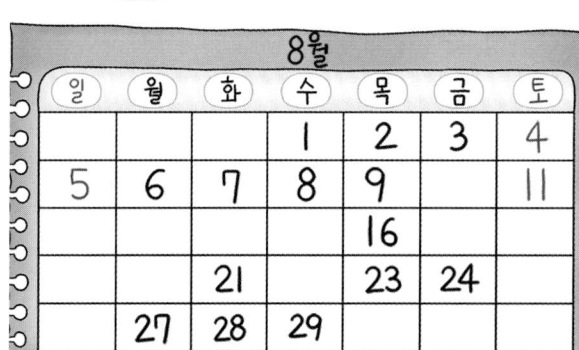 | 9:20 |

(                    )

**10** 어느 해 **8월** 달력을 보고 물음에 답하세요.

추론

| | | | 8월 | | | |
|---|---|---|---|---|---|---|
| 일 | 월 | 화 | 수 | 목 | 금 | 토 |
| | | | 1 | 2 | 3 | 4 |
| 5 | 6 | 7 | 8 | 9 | | 11 |
| | | | | 16 | | |
| | 21 | | 23 | 24 | | |
| 27 | 28 | 29 | | | | |

(1) 달력을 완성하세요.

(2) 대화를 읽고 학예회를 하는 날을 찾아 달력에 ○표 하세요.

 지훈아, 첫째 목요일에 학예회를 하는 거지?

 아니, 둘째 목요일에 하기로 했어.

(3) 8월 24일부터 9월 1일까지 천문 교실을 열기로 했습니다. 천문 교실을 여는 기간은 며칠인가요?

(                    )

4단원

진도 완료 체크

**유형 1** 시계의 시각 알아보기

**1** 은주가 시계를 보았더니 시곗바늘이 다음과 같이 가리키고 있었습니다. 은주가 본 시계의 시각은 몇 시 몇 분일까요?

> 짧은바늘: 1과 2 사이
> 긴바늘: 5에서 작은 눈금 2칸을 더 간 곳

( )

**2** 시계의 짧은바늘은 7과 8 사이를 가리키고 긴바늘은 1에서 작은 눈금 3칸을 더 간 곳을 가리키고 있습니다. 이 시계가 나타내는 시각은 몇 시 몇 분일까요?

( )

실력 문제
**3** 진용이가 시계를 보았더니 짧은바늘은 12와 1 사이를 가리키고 긴바늘은 9에서 작은 눈금 1칸을 덜 간 곳을 가리키고 있습니다. 진용이가 본 시계의 시각은 몇 시 몇 분일까요?

( )

**유형 2** 시작한 시각 구하기

**4** 소현이는 아버지와 함께 1시간 40분 동안 청소를 하였습니다. 청소를 끝낸 시각이 11시 50분이라면 청소를 시작한 시각은 몇 시 몇 분일까요?

끝낸 시각

( )

**5** 희재는 2시간 15분 동안 영화를 봤습니다. 영화가 끝난 시각이 2시 30분이라면 영화가 시작한 시각은 몇 시 몇 분일까요?

끝난 시각

( )

실력 문제
**6** 수찬이는 80분 동안 블록 놀이를 하였습니다. 블록 놀이를 끝낸 시각이 4시 25분이라면 블록 놀이를 시작한 시각은 몇 시 몇 분일까요?

( )

**유형 3** 바늘이 돌았을 때 시각 구하기

**7** 지금은 오전 6시 47분입니다. 짧은바늘이 한 바퀴 돌면 몇 시 몇 분일까요?

( 오전 , 오후 ) ☐ 시 ☐ 분

**8** 지금은 3일 오후 8시입니다. 짧은바늘이 한 바퀴 돌면 며칠 몇 시일까요?

☐ 일 ( 오전 , 오후 ) ☐ 시

**9** 지금은 오전 11시 30분입니다. 긴바늘이 2바퀴 돌면 몇 시 몇 분일까요?

( 오전 , 오후 ) ☐ 시 ☐ 분

*실력 문제*

**10** 지금은 15일 오후 10시입니다. 긴바늘이 4바퀴 돌면 며칠 몇 시일까요?

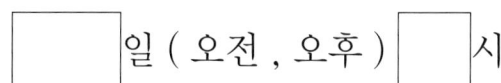

☐ 일 ( 오전 , 오후 ) ☐ 시

**유형 4** 기간 구하기

**11** 현대 미술 작품 전시회를 4월 20일부터 5월 31일까지 한다고 합니다. 전시회를 하는 기간은 며칠일까요?

(                    )

**12** 눈꽃 축제가 열리는 기간은 며칠일까요?

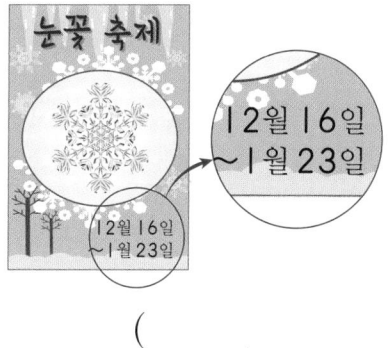

(                    )

*실력 문제*

**13** 민석이는 학교에서 9월 25일부터 11월 25일까지 농구를 배웠습니다. 민석이가 농구를 배운 기간은 며칠일까요?

(                    )

**1** 다음은 수경이가 [1]피아노 연습을 시작한 시각과 끝낸 시각을 나타낸 것입니다. [2]수경이가 피아노 연습을 하는 데 걸린 시간은 몇 시간 몇 분인지 알아보세요.

시작한 시각      끝낸 시각

**풀이**

[1] 수경이가 피아노 연습을 시작한 시각은 □ 시이고,

끝낸 시각은 □ 시 □ 분입니다.

[2] 따라서 수경이가 피아노 연습을 하는 데 걸린 시간은

□ 시간 □ 분입니다.

**답** □ 시간 □ 분

걸린 시간은 시작한 시각과 끝낸 시각 사이의 시간으로 구해요.

쌍둥이 문제
**2** 오른쪽 시계는 영민이가 [1]축구 연습을 시작한 시각과 끝낸 시각을 나타낸 것입니다. [2]영민이가 축구 연습을 하는 데 걸린 시간은 몇 시간 몇 분인지 풀이 과정을 쓰고 답을 구하세요.

시작한 시각      끝낸 시각

**풀이**

[1] _____

_____

[2] _____

**답** _____

**참고**

먼저 축구 연습을 시작한 시각과 끝낸 시각을 알아봅니다.

**3** ① 오늘은 10월 25일 화요일이고, 오늘부터 15일 후는 수미의 생일입니다. ② 수미의 생일은 무슨 요일인지 알아보세요.

풀이

① 같은 요일이 7일마다 반복되고 15는 7+7+☐이 므로 15일 후의 요일은 ☐일 후의 요일과 같습니다.

② 화요일에서 ☐일 후의 요일은 ☐요일이므로 수미의 생일은 ☐요일입니다.

답 ☐요일

같은 요일이 7일마다 반복됨을 이용하여 15일 후의 요일은 며칠 후의 요일과 같은지 구해 보세요.

**4** ① 오늘은 9월 1일 수요일이고, 오늘부터 24일 후는 재현이의 생일입니다. ② 재현이의 생일은 무슨 요일인지 풀이 과정을 쓰고 답을 구하세요.

풀이

①

②

답 _____

주의

같은 요일이 돌아오려면 7일이 지나야 합니다.

# 단원평가

## 4. 시각과 시간

점수

**1** 시계를 보고 □ 안에 알맞은 수를 써넣으세요.

(1) 짧은바늘은 □과 □ 사이에 있습니다.

(2) 긴바늘은 □을/를 가리키고 있습니다.

(3) 시계가 나타내는 시각은 □시 □분입니다.

**2** 시각을 읽으세요.

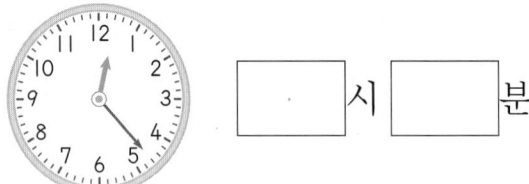

□시 □분

**3** 시각을 두 가지 방법으로 읽으세요.

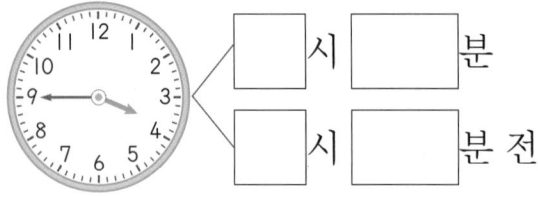

□시 □분

□시 □분 전

**4** 시각에 맞게 긴바늘을 그려 넣으세요.

7시 57분

**5** 그림을 그리는 데 걸린 시간을 구하려고 합니다. 물음에 답하세요.

그림 그리기를 시작한 시각 ⇨ 그림 그리기를 끝낸 시각

(1) 그림을 그리는 데 걸린 시간을 시간 띠에 나타내세요.

7시 10분 20분 30분 40분 50분 8시 10분 20분 30분 40분 50분 9시

(2) 그림을 그리는 데 걸린 시간은 몇 시간 몇 분일까요?

□시간 □분

**6** □ 안에 알맞은 수를 써넣으세요.

(1) 108분= ☐ 시간 ☐ 분

(2) 2시간 33분= ☐ 분

**7** 다음은 성주가 오후에 일기를 쓰기 시작한 시각과 끝낸 시각을 나타낸 것입니다. 일기를 쓰는 데 걸린 시간은 몇 분일까요?

| 시작한 시각 | 끝낸 시각 |
|---|---|
|  |  |

(              )

**8** □ 안에 알맞은 수를 써넣으세요.

(1) 1일 17시간= ☐ 시간

(2) 36개월= ☐ 년

(3) 1년 7개월= ☐ 개월

**9** 모형 시계의 바늘을 움직였을 때 나타내는 시각을 알아보세요.

오전

(1) 긴바늘을 한 바퀴 돌렸을 때의 시각을 쓰세요.

( 오전 , 오후 ) ☐ 시 ☐ 분

(2) 짧은바늘을 한 바퀴 돌렸을 때의 시각을 쓰세요.

( 오전 , 오후 ) ☐ 시 ☐ 분

**10** 다음은 거울에 비친 시계의 모습입니다. 시계가 나타내는 시각은 몇 시 몇 분일까요?

(              )

**11** 미술관은 오전 10시에 문을 열고 오후 8시에 문을 닫습니다. 미술관을 관람할 수 있는 시간은 하루에 몇 시간일까요?

( )

**12** 은지와 현섭이가 약속 장소에 도착한 시각은 다음과 같습니다. 약속 장소에 더 늦게 도착한 사람은 누구일까요?

은지: 오후 4시 47분
현섭: 오후 5시 10분 전

( )

**13** 발레 1부 공연이 오후 8시에 시작되었습니다. 2부 공연이 끝난 시각은 오후 몇 시 몇 분일까요?

| 1부 공연 시간 | 45분 |
|---|---|
| 휴식 시간 | 10분 |
| 2부 공연 시간 | 40분 |

( )

**14** 지금은 오후 6시 25분입니다. 긴바늘이 5바퀴 돌면 오후 몇 시 몇 분인지 풀이 과정을 쓰고 답을 구하세요.

풀이 _____

_____

_____

답 _____

**15** 어느 해 8월 달력의 일부분을 보고 물음에 답하세요.

8월

| 일 | 월 | 화 | 수 | 목 | 금 | 토 |
|---|---|---|---|---|---|---|
|   |   | 1 | 2 | 3 | 4 | 5 |
| 6 | 7 | 8 | 9 | 10 | 11 | 12 |

(1) 8월 7일에서 3주일 후가 현도의 생일입니다. 현도의 생일은 몇 월 며칠일까요?

( )

(2) 8월의 토요일의 날짜를 모두 쓰세요.

( )

(3) 8월의 마지막 날은 무슨 요일일까요?

( )

**16** 혜빈이와 수혁이가 공부를 시작한 시각과 끝낸 시각입니다. 공부를 더 오래 한 사람은 누구일까요?

|  | 시작한 시각 | 끝낸 시각 |
|---|---|---|
| 혜빈 | 2시 35분 | 3시 50분 |
| 수혁 | 3시 10분 | 4시 35분 |

( )

**17** 올해 현주의 생일은 11월 8일 목요일이고, 현주 어머니의 생신은 11월 30일입니다. 올해 현주 어머니의 생신은 무슨 요일일까요?

( )

**18** 세경이는 10월 13일 오전 11시부터 10월 14일 오후 5시까지 현장 체험 학습을 다녀오려고 합니다. 세경이가 현장 체험 학습을 다녀오는 데 걸리는 시간은 모두 몇 시간일까요?

( )

**19** 동준이의 성장 이야기를 보고 물음에 답하세요.

＊돌: 어린아이가 태어난 날로부터 1년이 되는 날.

(1) 동준이는 태어난 날로부터 몇 개월 후에 돌잔치를 하였을까요?

( )

(2) 동준이는 처음으로 눈썰매장에 간 날로부터 몇 년 몇 개월 후에 초등학교에 입학했을까요?

( )

서술형 문제

**20** 승호가 사는 아파트는 매주 화요일마다 분리 배출을 합니다. 7월 2일이 화요일이면 7월에 분리 배출을 하는 날은 모두 몇 번인지 풀이 과정을 쓰고 답을 구하세요.

풀이 _____

_____

_____

_____

답 _____

**1** 수민이는 기차를 타고 가족 여행을 하였습니다. 대전역 출발 시각과 부산역 도착 시각에 맞게 시곗바늘을 그려 넣으세요.

서울역 출발　　1시간 40분 후　　대전역 출발　　1시간 35분 후　　부산역 도착

**2** 지희와 태호는 자신이 가진 카드 3장이 모두 같은 시각을 나타내면 이기는 놀이를 하고 있습니다. 지희와 태호 중 이기는 사람은 누구일까요?

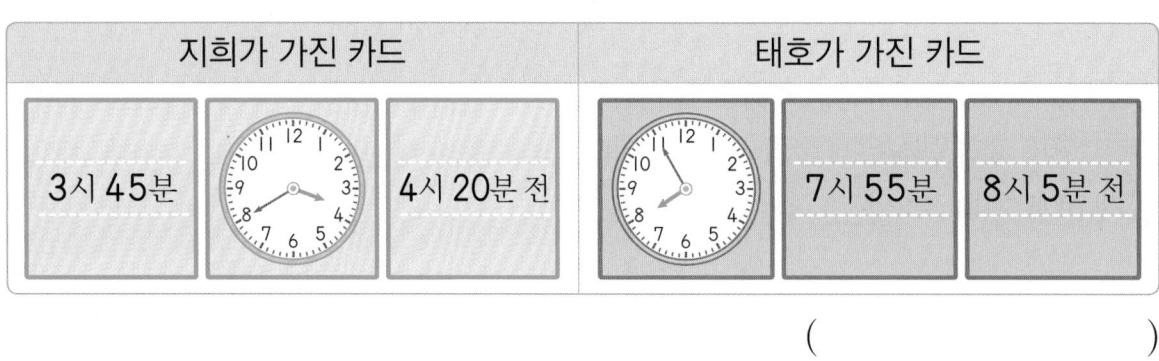

| 지희가 가진 카드 | | | 태호가 가진 카드 | | |
| --- | --- | --- | --- | --- | --- |
| 3시 45분 | | 4시 20분 전 | | 7시 55분 | 8시 5분 전 |

( 　　　　　　　　 )

**3** 빈 곳에 알맞은 시계 붙임딱지를 붙여 보세요. **붙임딱지 사용**

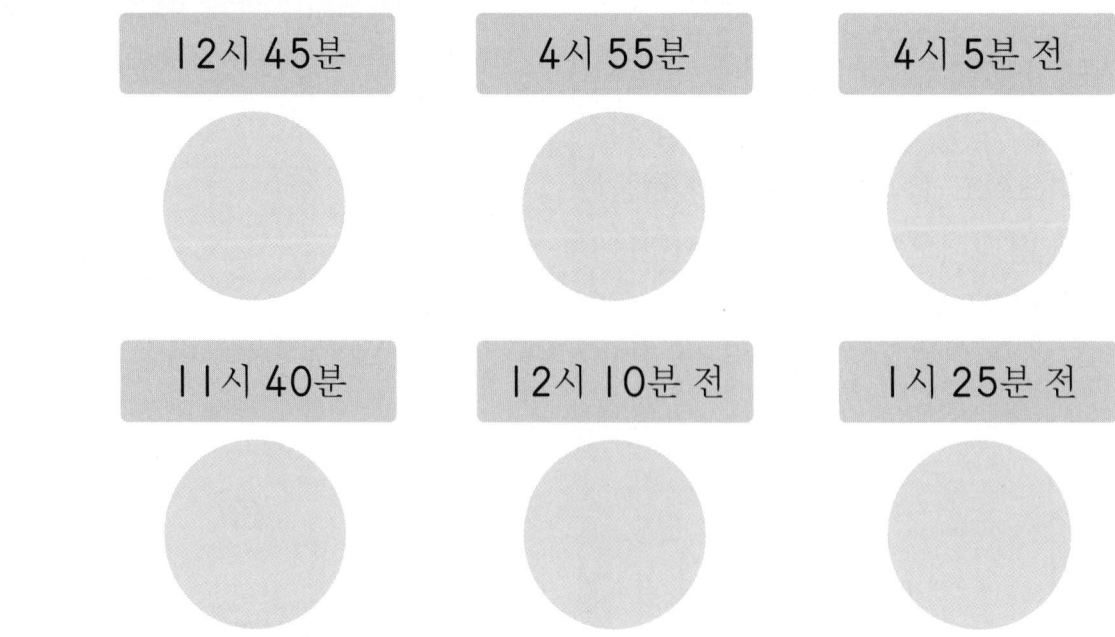

| 12시 45분 | 4시 55분 | 4시 5분 전 |
| --- | --- | --- |

| 11시 40분 | 12시 10분 전 | 1시 25분 전 |
| --- | --- | --- |

**4** 은아의 일기를 보고 알맞은 말에 ○표 하고 □ 안에 알맞은 수를 써넣으세요.

2023년 8월 28일 날씨 맑음

내일은 가족들과 다낭으로 여행을 간다.

내일 오전 9시 비행기로 출발하면 4시간

40분 후에 다낭에 도착한다고 한다.

다낭에 간 날로부터 5일 후 집으로 돌아온다.

너무 설레고 기대된다.

4
단원

진도 완료
체크

(1) 은아네 가족이 다낭에 도착하는 시각은 우리나라 시각으로 ( 오전 , 오후 )

　□ 시 □ 분입니다.

(2) 은아네 가족이 집으로 돌아오는 날은 □ 월 □ 일입니다.

**5** 기차 시간표를 보고 대전역에서 부산역까지 가는 데 걸리는 시간을 각각 구하여 빈칸에 써넣으세요.

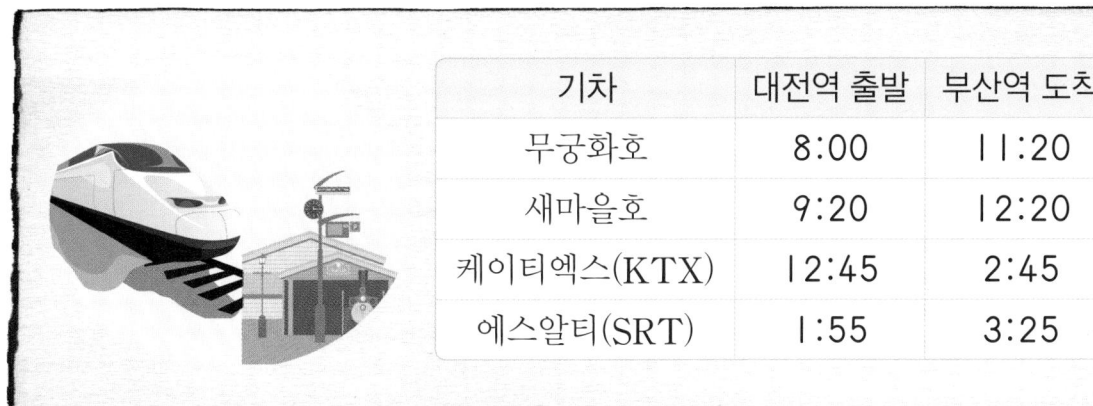

| 기차 | 대전역 출발 | 부산역 도착 |
|---|---|---|
| 무궁화호 | 8:00 | 11:20 |
| 새마을호 | 9:20 | 12:20 |
| 케이티엑스(KTX) | 12:45 | 2:45 |
| 에스알티(SRT) | 1:55 | 3:25 |

| 무궁화호 | 새마을호 | 케이티엑스(KTX) | 에스알티(SRT) |
|---|---|---|---|
|  |  |  |  |

학습 게임

# 5 표와 그래프

**2학년**

- 자료를 분류하여 표로 나타내기
- 자료를 조사하여 표로 나타내기
- 자료를 분류하여 그래프로 나타내기
- 표와 그래프의 내용 알아보기
- 표와 그래프로 나타내기

**3~4학년**

- 자료의 정리
- 막대그래프
- 꺾은선그래프

**5~6학년**

- 평균과 가능성
- 여러 가지 그래프

좋아하는 운동별 학생 수를
조사해서 표로 나타내 봤어!

좋아하는 운동별 학생 수

| 운동 | 야구 | 축구 | 달리기 | 농구 | 합계 |
|------|------|------|--------|------|------|
| 학생 수(명) | 5 | 3 | 3 | 4 | 15 |

야구를 좋아하는
학생들이 제일 많군!

이번 단원을 공부하기 전에 알고 있는지 확인하세요.

**2-1** 분류하기

**1** 단추를 다음과 같이 분류하였습니다. 분류 기준을 쓰세요.

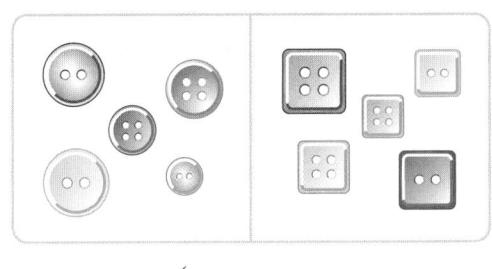

(            )

**모양을 보고 물음에 답하세요. (2~3)**

| ㉠ ▲ | ㉡ ■ | ㉢ ▲ | ㉣ ● |
|---|---|---|---|
| ㉤ ■ | ㉥ ▲ | ㉦ ● | ㉧ ● |

**2-1** 분류하기

**2** 색깔에 따라 분류하세요.

| 빨간색 | |
|---|---|
| 파란색 | |

**2-1** 분류하고 세어 보기

**3** 색깔에 따라 분류하고 그 수를 세어 보세요.

| 색깔 | 빨간색 | 파란색 |
|---|---|---|
| 모양 수(개) | | |

**은수네 반 학생들이 존경하는 위인을 조사하였습니다. 물음에 답하세요. (4~6)**

| 이순신 | 유관순 | 이순신 | 장영실 | 유관순 |
|---|---|---|---|---|
| 안중근 | 이순신 | 이순신 | 유관순 | 이순신 |
| 유관순 | 안중근 | 장영실 | 이순신 | 안중근 |
| 이순신 | 유관순 | 장영실 | 안중근 | 이순신 |

**2-1** 분류하고 세어 보기

**4** 존경하는 위인에 따라 분류하고 그 수를 세어 보세요.

| 위인 | 이순신 | 유관순 | 장영실 | 안중근 |
|---|---|---|---|---|
| 학생 수(명) | | | | |

**2-1** 분류한 결과 말해 보기

**5** 가장 많은 학생들이 존경하는 위인은 누구일까요?

(            )

**2-1** 분류한 결과 말해 보기

**6** 두 번째로 많은 학생들이 존경하는 위인은 누구일까요?

(            )

5 단원

# 훔친 마법 재료

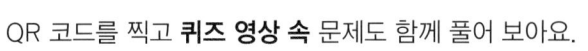
**훔친 물건별 개수**

| 개수(개) / 재료 | 용의 이빨 | 매머드 발톱 | 황금잉어 비늘 | 유니콘 뿔 |
|---|---|---|---|---|
| 10 | | ● | | |
| 9 | | ● | | |
| 8 | | ● | | ● |
| 7 | ● | ● | | ● |
| 6 | ● | ● | | ● |
| 5 | ● | ● | ● | ● |
| 4 | ● | ● | ● | ● |
| 3 | ● | ● | ● | ● |
| 2 | ● | ● | ● | ● |
| 1 | ● | ● | ● | ● |

# 자료를 표로 나타내기

**개념 1** 자료를 보고 표로 나타내기

• 학생들이 좋아하는 운동 알아보기

**도일이네 반 학생들이 좋아하는 운동**

| 도일 | 나린 | 민석 | 은희 | 지호 |
|------|------|------|------|------|
| 새별 | 시윤 | 승우 | 아라 | 가은 |
| 형주 | 도영 | 아름 | 주원 | 다연 |

• 자료 분류하기 → 좋아하는 운동별로 학생을 분류하여 이름을 씁니다.

**도일이네 반 학생들이 좋아하는 운동**

**달리기**: 도일, 아라, 아름
**배구**: 나린, 도영
**야구**: 민석, 지호
**축구**: 은희, 새별, 승우, 가은, 형주, 주원
**줄넘기**: 시윤, 다연

• 자료를 보고 표로 나타내기

→ 자료를 보고 표로 나타낼 때에는 ∭ 또는 正 표시 방법을 이용하여 자료를 빠뜨리지 않고 셉니다.

**도일이네 반 학생들이 좋아하는 운동별 학생 수**

| 운동 | 달리기 | 배구 | 야구 | 축구 | 줄넘기 | 합계 |
|------|--------|------|------|------|--------|------|
| 학생 수(명) | ☐ | 2 | 2 | 6 | 2 | ☐ |

↑ 전체 학생 수를 씁니다.

**참고**

| 자료 | 누가 어떤 운동을 좋아하는지 알 수 있습니다. |
|------|------|
| 표 | 좋아하는 운동별 학생 수와 전체 학생 수를 쉽게 알 수 있습니다. |

정답 3, 15

**개념확인 1** 민정이네 반 학생들이 좋아하는 동물을 조사한 자료를 보고 표로 나타내세요.

**민정이네 반 학생들이 좋아하는 동물**

 **코끼리**: 민정, 영호, 정호
 **원숭이**: 종수, 용민
 **사자**: 은영, 수지, 서연, 지영, 민수
 **토끼**: 영아, 지석

**민정이네 반 학생들이 좋아하는 동물별 학생 수**

| 동물 | 코끼리 | 원숭이 | 사자 | 토끼 | 합계 |
|------|--------|--------|------|------|------|
| 학생 수(명) | | | | | |

 각 동물별 학생 수를 세어 봐요.

**민규네 반 학생들이 좋아하는 색깔을 조사하였습니다. 물음에 답하세요. (2~5)**

민규네 반 학생들이 좋아하는 색깔

| 민규 | 경훈 | 민혜 | 성하 | 주현 | 정민 | 은석 | 준호 | 미진 | 나은 |

| 성훈 | 현지 | 지아 | 다희 | 연우 | 희진 | 정효 | 윤석 | 혜정 | 호선 |

**2** 민규가 좋아하는 색깔은 무엇일까요? (　　　　　)

① 빨강　　　　② 노랑　　　　③ 초록　　　　④ 파랑

**3** 민규네 반 학생은 모두 몇 명일까요?

(　　　　　　　　　　　)

자료에서 학생 이름을
모두 세어 보세요.

**4** 자료를 보고 표로 나타내세요.

민규네 반 학생들이 좋아하는 색깔별 학생 수

| 색깔 | 초록 | 파랑 | 빨강 | 노랑 | 합계 |
|------|------|------|------|------|------|
| 학생 수(명) |  |  |  |  |  |

**5** 다음 중 알맞은 말에 ○표 하세요.

전체 학생 수를 쉽게 알 수 있는 것은 ( 자료 , 표 )입니다.

지호가 한 달 동안 먹은 간식을 조사하였습니다. 물음에 답하세요. (1~4)

| 일 | 월 | 화 | 수 | 목 | 금 | 토 |
|---|---|---|---|---|---|---|
| | | 1 | 2 | 3 | 4 | 5 |
| 6 | 7 | 8 | 9 | 10 | 11 | 12 |
| 13 | 14 | 15 | 16 | 17 | 18 | 19 |
| 20 | 21 | 22 | 23 | 24 | 25 | 26 |
| 27 | 28 | 29 | 30 | | | |

빵  과일  떡볶이  과자

**1** 이달 13일의 간식은 무엇인가요?

( )

**2** 조사한 자료를 보고 **표**로 나타내세요.

한 달 동안 먹은 간식별 날수

| 간식 | 빵 | 과일 | 떡볶이 | 과자 | 합계 |
|---|---|---|---|---|---|
| 날수 (일) | | | | | |

**3** 이달에 간식으로 **과자를 먹은 날**은 모두 며칠일까요?

( )

단위(일)도 써야 해요.

**4** 조사한 날은 모두 **며칠**일까요?

( )

**5** 자료를 조사하여 표로 나타내고 있습니다. **순서대로** □ 안에 기호를 쓰세요.

□ ⇨ □ ⇨ □ ⇨ □

기호를 쓰세요.

중요
**6** 은호네 반 학생들이 좋아하는 계절을 보고 **표**로 나타내세요.

은호네 반 학생들이 좋아하는 계절

| 이름 | 계절 | 이름 | 계절 | 이름 | 계절 |
|---|---|---|---|---|---|
| 은호 | 봄 | 종원 | 여름 | 아라 | 가을 |
| 유진 | 여름 | 동민 | 봄 | 상진 | 겨울 |
| 미영 | 겨울 | 은영 | 가을 | 은솔 | 봄 |
| 수정 | 여름 | 호준 | 여름 | 한성 | 겨울 |

은호네 반 학생들이 좋아하는 계절별 학생 수

| 계절 | 봄 | 여름 | 가을 | 겨울 | 합계 |
|---|---|---|---|---|---|
| 학생 수(명) | | | | | |

**7** 주사위를 **10**번 굴려서 나온 결과입니다. **나온 눈의 횟수**를 표로 나타내세요.

주사위 굴리기 결과

| · | ⋰ | ⊞ | ⊡ | · |
|---|---|---|---|---|
| ⊡⊡ | ⊞ | ⋰ | · | ⋰ |

나온 눈의 횟수

| 눈 | · | ⋰ | ⋰ | ⊡ | ⋰ | ⊞ | 합계 |
|---|---|---|---|---|---|---|---|
| 횟수(번) | | | | | | | 10 |

현아네 모둠 학생들이 동전을 던져서 숫자 면이 나오면 ○표, 그림 면이 나오면 ×표를 하여 나타낸 것입니다. 물음에 답하세요. (8~9)

동전 던지기 결과

| 회<br>이름 | 1회 | 2회 | 3회 | 4회 | 5회 |
|---|---|---|---|---|---|
| 현아 | × | ○ | ○ | × | × |
| 지민 | ○ | ○ | × | ○ | ○ |
| 태준 | ○ | ○ | × | × | ○ |

**8** **현아**는 **숫자** 면이 몇 번 나왔을까요?

(                    )

답을 쓸 때 단위(번)도 써야 해요.

**9** **숫자** 면이 나온 **횟수**를 표로 나타내세요.

숫자 면이 나온 횟수

| 이름 | 현아 | 지민 | 태준 | 합계 |
|---|---|---|---|---|
| 횟수(번) | | | | |

지훈이네 모둠이 가지고 있는 연결 모형입니다. 물음에 답하세요. (10~11)

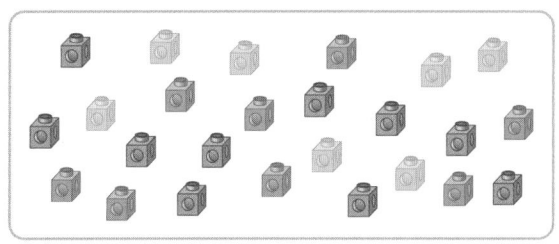

**10** 연결 모형의 수를 표로 나타내세요.

정보
처리

지훈이네 모둠이 가지고 있는 색깔별 연결 모형 수

| 색깔 | 파란색 | 주황색 | 노란색 | 합계 |
|---|---|---|---|---|
| 연결 모형<br>수(개) | | | | |

**11** □ 안에 알맞은 수를 써넣어 이야기를 완성하세요.

의사
소통

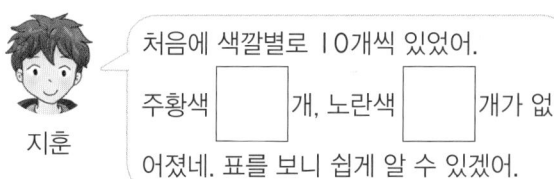

처음에 색깔별로 10개씩 있었어. 주황색 □개, 노란색 □개가 없어졌네. 표를 보니 쉽게 알 수 있겠어.

지훈

**12** 여러 조각으로 모양을 만들었습니다. **사용한 조각의 수**를 표로 나타내세요.

정보
처리

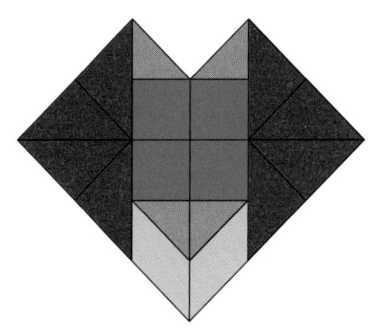

모양을 만드는 데 사용한 조각 수

| 조각 | ◺ | ■ | ▱ | ◣ | 합계 |
|---|---|---|---|---|---|
| 조각 수(개) | | | | | |

## 자료를 분류하여 그래프로 나타내기

### 개념 1 그래프로 나타내기

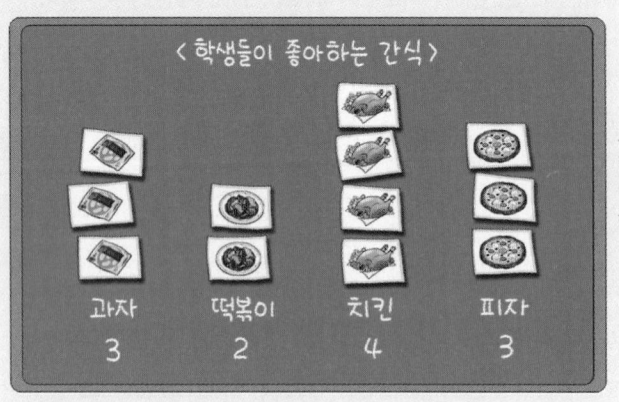

< 학생들이 좋아하는 간식 >

| 과자 | 떡볶이 | 치킨 | 피자 |
|---|---|---|---|
| 3 | 2 | 4 | 3 |

**우빈이네 반 학생들이 좋아하는 간식별 학생 수**

세로에 학생 수를 나타내었습니다.

| 4 | | | ○ | |
|---|---|---|---|---|
| 3 | ○ | | ○ | ○ |
| 2 | ○ | ○ | ○ | ○ |
| 1 | ○ | ○ | ○ | ○ |
| 학생 수 (명) / 간식 | | 떡볶이 | 치킨 | 피자 |

가로에 간식 종류를 나타내었습니다.

**그래프로 나타내는 순서**

① 조사한 자료를 살펴봅니다.
② 가로와 세로에 무엇을 쓸지 정합니다.
③ 가로와 세로를 각각 몇 칸으로 할지 정합니다.
④ 그래프에 ○, ×, / 중 하나를 선택하여 항목별 수만큼 표시합니다.
⑤ 그래프의 제목을 씁니다. ― 처음이나 마지막 모두 가능합니다.

○, ×, / 기호는 아래에서 위로 한칸에 하나씩 빈칸 없이 채워야 해요.

교과서 **요점**

**개념확인** **1** 수미네 모둠 학생들이 좋아하는 새를 조사하여 표로 나타내었습니다. 표를 보고 ○를 이용하여 그래프를 완성하세요.

**수미네 모둠 학생들이 좋아하는 새별 학생 수**

| 새 | 까치 | 참새 | 독수리 | 앵무새 | 합계 |
|---|---|---|---|---|---|
| 학생 수(명) | 2 | 1 | 4 | 2 | 9 |

**수미네 모둠 학생들이 좋아하는 새별 학생 수**

| 4 | | | | |
|---|---|---|---|---|
| 3 | | | | |
| 2 | | ○ | | |
| 1 | | ○ | | |
| 학생 수(명) / 새 | 까치 | 참새 | 독수리 | 앵무새 |

가로에는 새, 세로에는 학생 수를 나타냈어요.

세로로 나타낸 그래프는 ○를 아래에서 위로 빈칸 없이 채워야 해요.

**희정이네 반 학생들이 좋아하는 곤충을 조사하였습니다. 물음에 답하세요. (2~5)**

희정이네 반 학생들이 좋아하는 곤충

| 희정 | 진주 | 범수 | 효진 | 현정 | 준수 | 희수 |
|---|---|---|---|---|---|---|
| → 사슴벌레 | → 무당벌레 | → 잠자리 | → 나비 | | | |

| 동현 | 시원 | 강민 | 혁수 | 예지 | 재민 | 지혜 |

**2** 범수가 좋아하는 곤충은 무엇일까요? (          )

① 사슴벌레          ② 무당벌레          ③ 잠자리          ④ 나비

**3** 사슴벌레를 좋아하는 친구들의 이름을 모두 쓰세요.

(                                          )

**4** 자료를 보고 표로 나타내세요.

희정이네 반 학생들이 좋아하는 곤충별 학생 수

| 곤충 | 사슴벌레 | 무당벌레 | 잠자리 | 나비 | 합계 |
|---|---|---|---|---|---|
| 학생 수(명) | | | | | |

**5** 위의 표를 보고 ×를 이용하여 그래프를 완성하세요.

희정이네 반 학생들이 좋아하는 곤충별 학생 수

| 곤충 \ 학생 수(명) | 1 | 2 | 3 | 4 | 5 |
|---|---|---|---|---|---|
| 나비 | | | | | |
| 잠자리 | | | | | |
| 무당벌레 | | | | | |
| 사슴벌레 | × | × | | | |

가로로 나타낸
그래프는 ×를 왼쪽에서
오른쪽으로 빈칸 없이
채워야 해요.

**개념 1** 표와 그래프의 내용 알아보기

준서네 모둠 학생들이 좋아하는 과일

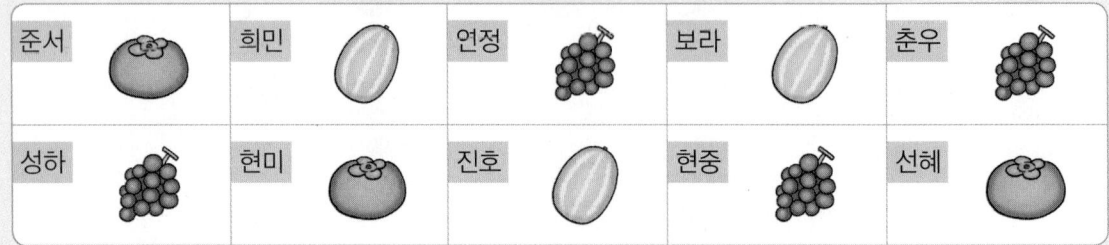

• 표의 내용 알아보기

준서네 모둠 학생들이 좋아하는 과일별 학생 수

| 과일 | 감 | 참외 | 포도 | 합계 |
|---|---|---|---|---|
| 학생 수(명) | 3 | 3 | | 10 |

감을 좋아하는 학생은 3명입니다.

조사한 전체 학생 수는 10명입니다.

• 그래프의 내용 알아보기

준서네 모둠 학생들이 좋아하는 과일별 학생 수

| 4 | | | ○ |
|---|---|---|---|
| 3 | ○ | ○ | ○ |
| 2 | ○ | ○ | ○ |
| 1 | ○ | ○ | ○ |
| 학생 수(명) / 과일 | | 참외 | 포도 |

가장 많은 학생들이 좋아하는 과일은 포도입니다.

**개념 2** 표와 그래프로 나타내면 편리한 점 알아보기

| 표 | 그래프 |
|---|---|
| • 항목별 수를 쉽게 알 수 있습니다.<br>• 조사한 자료의 전체 수를 쉽게 알 수 있습니다. | • 전체적인 비교를 쉽게 할 수 있습니다. |

개념확인 **1** 혜지네 반 학생들이 가 보고 싶은 체험 학습 장소를 조사하여 표로 나타내었습니다. ☐ 안에 알맞은 수를 써넣으세요.

혜지네 반 학생들이 가 보고 싶은 체험 학습 장소별 학생 수

| 장소 | 박물관 | 동물원 | 농장 | 과학관 | 합계 |
|---|---|---|---|---|---|
| 학생 수(명) | 3 | 5 | 2 | 3 | 13 |

(1) 동물원에 가고 싶은 학생은 ☐ 명입니다.

(2) 조사한 학생은 모두 ☐ 명입니다.

>> 정답 29쪽

동우네 반 학생들이 좋아하는 계절을 조사하였습니다. 물음에 답하세요. (2~4)

**동우네 반 학생들이 좋아하는 계절**

| 동우 | 희정 | 경아 | 성운 | 라희 | 세진 | 호진 | 호경 |
|---|---|---|---|---|---|---|---|
| 여름 | 가을 | 여름 | 겨울 | 겨울 | 봄 | 겨울 | 여름 |
| 재우 | 현석 | 동화 | 진영 | 우진 | 주은 | 윤호 | 태영 |
| 가을 | 여름 | 봄 | 여름 | 여름 | 여름 | 가을 | 겨울 |

**2** 조사한 자료를 보고 표로 나타내세요.

**동우네 반 학생들이 좋아하는 계절별 학생 수**

| 계절 | 봄 | 여름 | 가을 | 겨울 | 합계 |
|---|---|---|---|---|---|
| 학생 수(명) | | | | | |

**3** 위의 표를 보고 /를 이용하여 그래프로 나타내세요.

**동우네 반 학생들이 좋아하는 계절별 학생 수**

| 학생 수(명) | 봄 | 여름 | 가을 | 겨울 |
|---|---|---|---|---|
| 7 | | | | |
| 6 | | | | |
| 5 | | | | |
| 4 | | | | |
| 3 | | | | |
| 2 | | | | |
| 1 | | | | |

**4** 그래프를 보고 알 수 있는 내용에 ○표, 알 수 없는 내용에 ×표 하세요.

(1) 동우가 좋아하는 계절 (          )

(2) 가장 많은 학생들이 좋아하는 계절 (          )

💬 민결이가 한 달 동안 읽은 종류별 책 수를 표로 나타내었습니다. 물음에 답하세요. (1~4)

한 달 동안 읽은 종류별 책 수

| 종류 | 위인전 | 동화책 | 만화책 | 동시집 | 합계 |
|------|--------|--------|--------|--------|------|
| 책 수(권) | 6 | 5 | 3 | 4 | 18 |

중요

**1** 표를 보고 ○를 이용하여 그래프로 나타내세요.

한 달 동안 읽은 종류별 책 수

| 6 | | | | |
|---|---|---|---|---|
| 5 | | | | |
| 4 | | | | |
| 3 | | | | |
| 2 | | | | |
| 1 | | | | |
| 책 수(권) / 종류 | 위인전 | 동화책 | 만화책 | 동시집 |

**2** 민결이가 한 달 동안 **가장 적게** 읽은 책의 종류는 무엇일까요?

( )

**3** 민결이는 한 달 동안 **위인전을 동시집보다 몇 권 더** 읽었을까요?

( )

단위(권)도 써야 해요.

**4** 표와 그래프 중 민결이가 한 달 동안 가장 많이 읽은 책의 종류를 **쉽게 찾을 수 있는 것**은 어느 것일까요?

( )

💬 현진이네 모둠 학생들이 일주일 동안 모은 붙임딱지 수를 그래프로 나타내었습니다. 물음에 답하세요. (5~7)

현진이네 모둠 학생들이 일주일 동안 모은 붙임딱지 수

| 6 | | | | | ○ |
|---|---|---|---|---|---|
| 5 | | | | ○ | ○ |
| 4 | | | ○ | ○ | ○ |
| 3 | ○ | ○ | | ○ | ○ |
| 2 | ○ | ○ | ○ | ○ | ○ |
| 1 | ○ | ○ | ○ | ○ | ○ |
| 붙임딱지 수(장) / 이름 | 현진 | 시윤 | 은지 | 나래 | 준민 |

중요

**5** 현진이네 모둠 학생은 **모두 몇 명**일까요?

( )

단위(명)도 써야 해요.

**6** 붙임딱지를 **4장보다 많이** 모은 학생의 이름을 **모두** 쓰세요.

( )

**7** 위의 그래프를 보고 일기를 **완성**하세요.

| ○월 ○일 ○요일 | 날씨: 맑음 |
|---|---|

수학 시간에 우리 모둠 학생들이 일주일 동안 모은 붙임딱지 수를 조사하였다. 일주일 동안 붙임딱지를 가장 많이 모은 학생은 [     ]이고,

가장 적게 모은 학생은 [     ]였다.

어느 해 달력을 보고 물음에 답하세요.
(8~9)

**4월**

| 일 | 월 | 화 | 수 | 목 | 금 | 토 |
|---|---|---|---|---|---|---|
|  |  |  |  |  |  | 1 |
| 2 | 3 | 4 | 5 | 6 | 7 | 8 |
| 9 | 10 | 11 | 12 | 13 | 14 | 15 |
| 16 | 17 | 18 | 19 | 20 | 21 | 22 |
| 23 | 24 | 25 | 26 | 27 | 28 | 29 |
| 30 |  |  |  |  |  |  |

**5월**

| 일 | 월 | 화 | 수 | 목 | 금 | 토 |
|---|---|---|---|---|---|---|
|  | 1 | 2 | 3 | 4 | 5 | 6 |
| 7 | 8 | 9 | 10 | 11 | 12 | 13 |
| 14 | 15 | 16 | 17 | 18 | 19 | 20 |
| 21 | 22 | 23 | 24 | 25 | 26 | 27 |
| 28 | 29 | 30 | 31 |  |  |  |

**6월**

| 일 | 월 | 화 | 수 | 목 | 금 | 토 |
|---|---|---|---|---|---|---|
|  |  |  |  | 1 | 2 | 3 |
| 4 | 5 | 6 | 7 | 8 | 9 | 10 |
| 11 | 12 | 13 | 14 | 15 | 16 | 17 |
| 18 | 19 | 20 | 21 | 22 | 23 | 24 |
| 25 | 26 | 27 | 28 | 29 | 30 |  |

**7월**

| 일 | 월 | 화 | 수 | 목 | 금 | 토 |
|---|---|---|---|---|---|---|
|  |  |  |  |  |  | 1 |
| 2 | 3 | 4 | 5 | 6 | 7 | 8 |
| 9 | 10 | 11 | 12 | 13 | 14 | 15 |
| 16 | 17 | 18 | 19 | 20 | 21 | 22 |
| 23 | 24 | 25 | 26 | 27 | 28 | 29 |
| 30 | 31 |  |  |  |  |  |

**8** 달력을 보고 **월별 공휴일 수**를 조사하여 표로 나타내세요.
┗ 빨간색으로 표시된 날

**월별 공휴일 수**

| 월 | 4 | 5 | 6 | 7 | 합계 |
|---|---|---|---|---|---|
| 공휴일 수(일) |  |  |  |  |  |

**9** 위의 표를 보고 ✕를 **이용**하여 **그래프로** 나타내세요.

**월별 공휴일 수**

| 공휴일 수(일) |  |
|---|---|
| 월 |  |

민주네 반 학생들이 배우고 싶은 악기를 조사하여 표로 나타내었습니다. 물음에 답하세요. (10~11)

**민주네 반 학생들이 배우고 싶은 악기별 학생 수**

| 악기 | 오카리나 | 바이올린 | 리코더 | 피아노 | 합계 |
|---|---|---|---|---|---|
| 학생 수(명) | 7 | 6 | 3 | 4 | 20 |

**10**
정보 처리

표를 보고 ◯를 **이용**하여 그래프로 나타내세요.

**민주네 반 학생들이 배우고 싶은 악기별 학생 수**

| 피아노 |  |
|---|---|
| 리코더 |  |
| 바이올린 |  |
| 오카리나 |  |
| 악기 / 학생 수(명) |  |

**11**
의사 소통

위의 그래프를 보고 학생들의 의견을 선생님께 전하려고 합니다. □ 안에 알맞은 말을 써넣으세요.

선생님, 악기 수업을 한다면 가장 많은 학생들이 배우고 싶어하는 악기
인 [        ](이)나 두 번째
로 많은 학생들이 배우고 싶어하는
[        ] 수업을 해 주세요.

5
단원

# 3 단계 잘 틀리는 문제 해결

동영상 강의

## 유형 1  자료를 보고 표로 나타내기

**1** 고리 던지기를 하여 고리가 걸리면 ○표, 걸리지 않으면 ×표를 하여 나타낸 것입니다. 고리가 들어간 횟수를 표로 나타내세요.

고리 던지기 결과

| 이름＼회 | 1회 | 2회 | 3회 | 4회 | 5회 | 6회 |
|---|---|---|---|---|---|---|
| 세훈 | ○ | × | ○ | ○ | × | ○ |
| 지연 | × | ○ | × | × | ○ | × |
| 혜린 | × | × | ○ | × | ○ | ○ |

학생별 고리가 들어간 횟수

| 이름 | 세훈 | 지연 | 혜린 | 합계 |
|---|---|---|---|---|
| 횟수(번) | 4 | | | |

실력 문제

**2** 퀴즈 대회에서 문제를 풀어 맞히면 ○표, 틀리면 ×표를 하여 나타낸 것입니다. 맞힌 문제 수를 표로 나타내세요.

문제를 푼 결과

| 이름＼문제 번호 | 1번 | 2번 | 3번 | 4번 | 5번 | 6번 |
|---|---|---|---|---|---|---|
| 형민 | × | ○ | × | ○ | ○ | × |
| 서진 | ○ | ○ | × | ○ | × | ○ |
| 경미 | ○ | ○ | ○ | × | ○ | ○ |

학생별 맞힌 문제 수

| 이름 | 형민 | 서진 | 경미 | 합계 |
|---|---|---|---|---|
| 문제 수(개) | | | | |

## 유형 2  표 완성하기

**3** 종민이네 반 학생들이 좋아하는 나무를 조사하여 나타낸 표입니다. 표를 완성하세요.

종민이네 반 학생들이 좋아하는 나무별 학생 수

| 나무 | 소나무 | 사과나무 | 밤나무 | 감나무 | 합계 |
|---|---|---|---|---|---|
| 학생 수(명) | 8 | 9 | 6 | | 26 |

**4** 아현이네 반 학생들의 혈액형을 조사하여 나타낸 표입니다. 표를 완성하세요.

아현이네 반 학생들의 혈액형별 학생 수

| 혈액형 | A형 | B형 | O형 | AB형 | 합계 |
|---|---|---|---|---|---|
| 학생 수(명) | 11 | 8 | | 2 | 27 |

실력 문제

**5** 12월의 날씨를 조사하여 나타낸 표입니다. 표를 완성하세요.

12월의 날씨별 날수

| 날씨 | 맑음 | 흐림 | 비 | 눈 | 합계 |
|---|---|---|---|---|---|
| 날수(일) | 12 | | 6 | 4 | 31 |

5 단원

**유형 ③ 표와 그래프 완성하기**

**6** 수원이네 반 학생들이 좋아하는 계절을 조사하여 표와 그래프로 나타내었습니다. 표와 그래프를 완성하세요.

수원이네 반 학생들이 좋아하는 계절별 학생 수

| 계절 | 봄 | 여름 | 가을 | 겨울 | 합계 |
|------|----|------|------|------|------|
| 학생 수(명) | 2 |  |  | 3 | 12 |

수원이네 반 학생들이 좋아하는 계절별 학생 수

| 4 |  | ◯ |  |  |
|---|---|----|---|---|
| 3 |  | ◯ |  | ◯ |
| 2 | ◯ | ◯ |  | ◯ |
| 1 | ◯ | ◯ |  | ◯ |
| 학생 수(명) / 계절 | 봄 | 여름 | 가을 | 겨울 |

**실력 문제**

**7** 어진이네 반 학생들이 사는 마을을 조사하여 표와 그래프로 나타내었습니다. 표와 그래프를 완성하세요.

어진이네 반 학생들이 사는 마을별 학생 수

| 마을 | 햇빛 | 별빛 | 달빛 | 무지개 | 초록 | 합계 |
|------|------|------|------|--------|------|------|
| 학생 수(명) |  |  | 3 |  | 3 | 16 |

어진이네 반 학생들이 사는 마을별 학생 수

| 4 | ◯ |  |  |  |  |
|---|---|---|---|---|---|
| 3 | ◯ |  | ◯ |  | ◯ |
| 2 | ◯ | ◯ | ◯ |  | ◯ |
| 1 | ◯ | ◯ | ◯ |  | ◯ |
| 학생 수(명) / 마을 | 햇빛 | 별빛 | 달빛 | 무지개 | 초록 |

**유형 ④ 학생 수의 차 구하기**

**8** 세림이네 반 학생 19명이 좋아하는 동물을 조사하여 나타낸 그래프입니다. 기린을 좋아하는 학생은 곰을 좋아하는 학생보다 몇 명 더 많을까요?

세림이네 반 학생들이 좋아하는 동물별 학생 수

| 5 | / |  |  |  | / |
|---|---|---|---|---|---|
| 4 | / |  |  | / | / |
| 3 | / |  |  | / | / |
| 2 | / |  |  | / | / |
| 1 | / | / |  | / | / |
| 학생 수(명) / 동물 | 사자 | 토끼 | 곰 | 호랑이 | 기린 |

( 　　　　　　　 )

**실력 문제**

**9** 동진이네 반 학생 18명이 좋아하는 꽃을 조사하여 나타낸 그래프입니다. 장미를 좋아하는 학생은 민들레를 좋아하는 학생보다 몇 명 더 많을까요?

동진이네 반 학생들이 좋아하는 꽃별 학생 수

| 5 | ◯ |  |  |  |  |
|---|---|---|---|---|---|
| 4 | ◯ | ◯ |  |  | ◯ |
| 3 | ◯ | ◯ |  | ◯ | ◯ |
| 2 | ◯ | ◯ |  | ◯ | ◯ |
| 1 | ◯ | ◯ |  | ◯ | ◯ |
| 학생 수(명) / 꽃 | 장미 | 튤립 | 민들레 | 진달래 | 무궁화 |

( 　　　　　　　 )

**1** 한별이네 반 학생들이 좋아하는 생선을 조사하여 표로 나타내었습니다. <sup>①</sup>갈치를 좋아하는 학생은 고등어를 좋아하는 학생보다 3명 더 많을 때, <sup>②</sup>조사한 학생은 모두 몇 명인지 알아보세요.

한별이네 반 학생들이 좋아하는 생선별 학생 수

| 생선 | 고등어 | 참치 | 갈치 | 조기 | 합계 |
|------|--------|------|------|------|------|
| 학생 수(명) | 4 | 5 | | 9 | |

**풀이**

❶ 갈치를 좋아하는 학생은 4+□=□(명)입니다.

❷ 조사한 학생은 모두 4+5+□+9=□(명)
입니다.

**답** □명

> 갈치를 좋아하는
> 학생 수를 구한 다음
> 조사한 학생 수를
> 구하세요.

**쌍둥이 문제**

**2** 이슬이네 반 학생들이 좋아하는 과일을 조사하여 표로 나타내었습니다. <sup>①</sup>귤을 좋아하는 학생은 포도를 좋아하는 학생보다 5명 더 많을 때, <sup>②</sup>조사한 학생은 모두 몇 명인지 풀이 과정을 쓰고 답을 구하세요.

이슬이네 반 학생들이 좋아하는 과일별 학생 수

| 과일 | 사과 | 배 | 포도 | 귤 | 합계 |
|------|------|-----|------|-----|------|
| 하생 수(명) | 7 | 4 | 3 | | |

**풀이**

❶ _____

❷ _____

_____

**답** _____

**참고**

귤을 좋아하는 학생 수를 먼저 구한 후 좋아하는 과일별 학생 수를 모두 더해 조사한 학생 수를 구합니다.

**3** 희지네 모둠 학생들이 모은 구슬 수를 그래프로 나타내었습니다. **❶구슬을 가장 많이 모은 학생과 ❷가장 적게 모은 학생의 구슬 수는 각각 몇 개인지 알아보세요.**

희지네 모둠 학생별 모은 구슬 수

| 민혁 | ○ | ○ | ○ | ○ | ○ | | | |
| 수영 | ○ | ○ | ○ | ○ | ○ | ○ | ○ | ○ |
| 희지 | ○ | ○ | ○ | | | | | |
| 이름 ＼ 구슬 수(개) | 1 | 2 | 3 | 4 | 5 | 6 | 7 | 8 |

[풀이]

❶ 구슬을 가장 많이 모은 학생: ▢ ⇨ ▢ 개

❷ 구슬을 가장 적게 모은 학생: ▢ ⇨ ▢ 개

[답] ▢ 개, ▢ 개

○의 수로 구슬을 가장 많이 모은 학생과 가장 적게 모은 학생이 각각 누구인지 알아보세요.

쌍둥이 문제
**4** 윤아네 모둠 학생들이 각자 필요한 공책 수를 그래프로 나타내었습니다. **❶공책이 가장 많이 필요한 학생과 ❷가장 적게 필요한 학생의 공책 수는 각각 몇 권인지 풀이 과정을 쓰고 답을 구하세요.**

윤아네 모둠 학생별 필요한 공책 수

| 지애 | ○ | ○ | ○ | ○ | ○ | ○ | | |
| 혜림 | ○ | ○ | ○ | ○ | ○ | | | |
| 윤아 | ○ | ○ | ○ | ○ | ○ | ○ | ○ | ○ |
| 이름 ＼ 공책 수(권) | 1 | 2 | 3 | 4 | 5 | 6 | 7 | 8 |

[풀이]

❶ _____

❷ _____

[답] _____ , _____

[참고]
그래프에서 ○의 수가 가장 많은 학생이 공책이 가장 많이 필요한 학생입니다.

**1** 선호네 반 학생들이 좋아하는 우유 맛을 조사하였습니다. 물음에 답하세요.

선호네 반 학생들이 좋아하는 우유 맛

딸기 맛      초콜릿 맛          바나나 맛

| 선호 민서 | 재환 슬기 | 주영 시은 |

| 경준 미정 | 지훈 유진 | 지혁 윤지 |

(1) 주영이가 좋아하는 우유 맛에 ○표 하세요.

( 딸기 맛 , 초콜릿 맛 , 바나나 맛 )

(2) 초콜릿 맛 우유를 좋아하는 학생의 이름을 모두 쓰세요.

(                              )

(3) 조사한 자료를 보고 표로 나타내세요.

선호네 반 학생들이 좋아하는 우유 맛별 학생 수

| 우유 맛 | 딸기 맛 | 초콜릿 맛 | 바나나 맛 | 합계 |
|---|---|---|---|---|
| 학생 수(명) | | | | |

(4) 조사한 자료와 표 중 좋아하는 우유 맛별 학생 수를 쉽게 알 수 있는 것은 어느 것일까요?

(                              )

**주원이네 반 학생들이 좋아하는 과일을 조사하였습니다. 물음에 답하세요. (2~4)**

주원이네 반 학생들이 좋아하는 과일

| 이름 | 과일 | 이름 | 과일 | 이름 | 과일 |
|---|---|---|---|---|---|
| 주원 | 🍎 | 은석 | 🍎 | 하은 | 🍎 |
| 시우 | 🍎 | 지아 | 🍎 | 지호 | 🍊 |
| 지윤 | 🍊 | 서준 | 🍇 | 도윤 | 🍎 |

**2** 자료를 보고 표로 나타내세요.

주원이네 반 학생들이 좋아하는 과일별 학생 수

| 과일 | 사과 | 배 | 귤 | 포도 | 합계 |
|---|---|---|---|---|---|
| 학생 수(명) | | | | | |

**3** 위의 표를 보고 ○를 이용하여 그래프로 나타내세요.

주원이네 반 학생들이 좋아하는 과일별 학생 수

| 학생 수(명) \ 과일 | 사과 | 배 | 귤 | 포도 |
|---|---|---|---|---|
| 4 | | | | |
| 3 | | | | |
| 2 | | | | |
| 1 | | | | |

**4** 위의 그래프의 가로와 세로에 나타낸 것은 각각 무엇일까요?

가로 (                        )

세로 (                        )

나래네 반 학생들이 배우고 싶은 사물놀이 악기를 조사하여 표로 나타냈습니다. 물음에 답하세요. (5~7)

배우고 싶은 사물놀이 악기별 학생 수

| 악기 | 장구 | 북 | 징 | 꽹과리 | 합계 |
|---|---|---|---|---|---|
| 학생 수(명) | 4 | 7 | 5 | 8 | 24 |

**5** 표를 보고 ○를 이용하여 그래프로 나타내세요.

배우고 싶은 사물놀이 악기별 학생 수

| 학생 수(명) / 악기 | 장구 | 북 | 징 | 꽹과리 |
|---|---|---|---|---|
| 8 | | | | |
| 7 | | | | |
| 6 | | | | |
| 5 | | | | |
| 4 | | | | |
| 3 | | | | |
| 2 | | | | |
| 1 | | | | |

**6** 가장 적은 학생들이 배우고 싶은 사물놀이 악기는 무엇일까요?

(　　　　　　　)

**7** 표와 그래프 중에서 가장 많은 학생들이 배우고 싶은 사물놀이 악기를 쉽게 알 수 있는 것은 어느 것일까요?

(　　　　　　　)

**8** 자료를 조사하여 그래프로 나타내는 순서에 맞게 □ 안에 기호를 쓰세요.

> ㉠ 항목별 수를 그래프에 ○로 표시합니다.
> ㉡ 가로와 세로를 각각 몇 칸으로 할지 정합니다.
> ㉢ 가로와 세로에 무엇을 쓸지 정합니다.
> ㉣ 그래프의 제목을 씁니다.

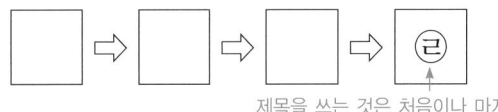

제목을 쓰는 것은 처음이나 마지막 모두 가능합니다.

**9** 은서네 반 학생들이 좋아하는 채소를 조사하여 표로 나타내었습니다. 표를 보고 ○를 이용하여 그래프로 나타내세요.

은서네 반 학생들이 좋아하는 채소별 학생 수

| 채소 | 호박 | 당근 | 오이 | 감자 | 연근 | 합계 |
|---|---|---|---|---|---|---|
| 학생 수(명) | 4 | 3 | 2 | 5 | 4 | 18 |

은서네 반 학생들이 좋아하는 채소별 학생 수

| 학생 수(명) / 채소 | 호박 | 당근 | 오이 | 감자 | 연근 |
|---|---|---|---|---|---|
| 5 | | | | | |
| 4 | | | | | |
| 3 | | | | | |
| 2 | | | | | |
| 1 | | | | | |

5 단원

성우네 반 학생들이 가 보고 싶은 나라를 조사하였습니다. 물음에 답하세요. (10~14)

성우네 반 학생들이 가 보고 싶은 나라

| 이름 | 나라 | 이름 | 나라 | 이름 | 나라 |
|------|------|------|------|------|------|
| 성우 | 캐나다 | 주원 | 영국 | 경환 | 미국 |
| 유진 | 영국 | 호준 | 호주 | 강희 | 캐나다 |
| 수지 | 미국 | 준현 | 영국 | 지민 | 호주 |
| 윤아 | 캐나다 | 유리 | 미국 | 서현 | 캐나다 |
| 은수 | 미국 | 경민 | 캐나다 | 진아 | 영국 |

**10** 가 보고 싶은 나라가 호주인 학생의 이름을 모두 쓰세요.

(                              )

**11** 조사한 자료를 보고 표로 나타내세요.

성우네 반 학생들이 가 보고 싶은 나라별 학생 수

| 나라 | 캐나다 | 영국 | 미국 | 호주 | 합계 |
|------|--------|------|------|------|------|
| 학생 수(명) | | | | | |

**12** 11의 표를 보고 ×를 이용하여 그래프로 나타내세요.

성우네 반 학생들이 가 보고 싶은 나라별 학생 수

| 호주 | | | | | |
|------|---|---|---|---|---|
| 미국 | | | | | |
| 영국 | | | | | |
| 캐나다 | | | | | |
| 나라 학생 수(명) | 1 | 2 | 3 | 4 | 5 |

**13** 가 보고 싶어 하는 학생 수가 같은 나라는 어디와 어디일까요?

(                              )

**14** 12의 그래프를 보고 알 수 있는 내용을 모두 찾아 기호를 쓰세요.

> ㉠ 성우네 반 학생들이 가 보고 싶은 나라가 어디어디인지 알 수 있습니다.
> ㉡ 성우네 반 학생인 경민이가 어느 나라에 가 보고 싶은지 알 수 있습니다.
> ㉢ 가장 적은 학생들이 가 보고 싶은 나라가 어디인지 알 수 있습니다.

(                              )

**15** 가위바위보를 하여 이기면 ○표, 지거나 비기면 ×표를 하여 나타낸 것입니다. 가위바위보를 하여 이긴 횟수를 표로 나타내세요.

가위바위보 결과

| 이름 \ 회 | 1회 | 2회 | 3회 | 4회 | 5회 | 6회 |
|------|------|------|------|------|------|------|
| 보경 | ○ | × | × | × | ○ | ○ |
| 재우 | × | ○ | ○ | × | × | × |
| 영민 | ○ | × | ○ | ○ | ○ | ○ |
| 세진 | ○ | ○ | × | ○ | × | × |

학생별 가위바위보를 하여 이긴 횟수

| 이름 | 보경 | 재우 | 영민 | 세진 | 합계 |
|------|------|------|------|------|------|
| 횟수(번) | | | | | |

연희네 농장에서는 동물 20마리를 기르고 있습니다. 연희네 농장에 있는 동물 수를 조사하여 그래프로 나타냈습니다. 물음에 답하세요. (16~18)

동물별 마릿수

| 7 |  | ○ |  |  |
|---|---|---|---|---|
| 6 |  | ○ |  |  |
| 5 |  | ○ |  |  |
| 4 | ○ | ○ |  |  |
| 3 | ○ | ○ |  | ○ |
| 2 | ○ | ○ |  | ○ |
| 1 | ○ | ○ |  | ○ |
| 동물 수(마리) / 동물 | 돼지 | 닭 | 오리 | 소 |

**16** 연희네 농장에 있는 오리는 몇 마리일까요?

(　　　　　　　)

**17** 그래프를 보고 표로 나타내세요.

동물별 마릿수

| 동물 | 돼지 | 닭 | 오리 | 소 | 합계 |
|---|---|---|---|---|---|
| 동물 수(마리) |  |  |  |  |  |

**18** 가장 많은 동물의 수와 가장 적은 동물의 수의 차는 몇 마리일까요?

(　　　　　　　)

**19** 오른쪽 모양을 만드는 데 사용한 조각 수를 표로 나타내려고 합니다. ㉠과 ㉡에 알맞은 수의 합을 구하세요.

모양을 만드는 데 사용한 조각 수

| 조각 | ◢ | ▱ | ◺ | ▢ | 합계 |
|---|---|---|---|---|---|
| 조각 수(개) |  |  | ㉠ |  | ㉡ |

(　　　　　　　)

서술형 문제

**20** 진수네 반 학생들이 좋아하는 장난감을 조사하여 표로 나타냈습니다. 블록을 좋아하는 학생 수가 인형을 좋아하는 학생 수의 2배일 때, 로봇을 좋아하는 학생은 몇 명인지 풀이 과정을 쓰고 답을 구하세요.

진수네 반 학생들이 좋아하는 장난감별 학생 수

| 장난감 | 로봇 | 자동차 | 블록 | 인형 | 합계 |
|---|---|---|---|---|---|
| 학생 수(명) |  | 6 |  | 4 | 23 |

풀이 _____

_____

_____

답 _____

어느 해 I2월의 날씨를 조사하여 나타낸 것입니다. 물음에 답하세요. (1~2)

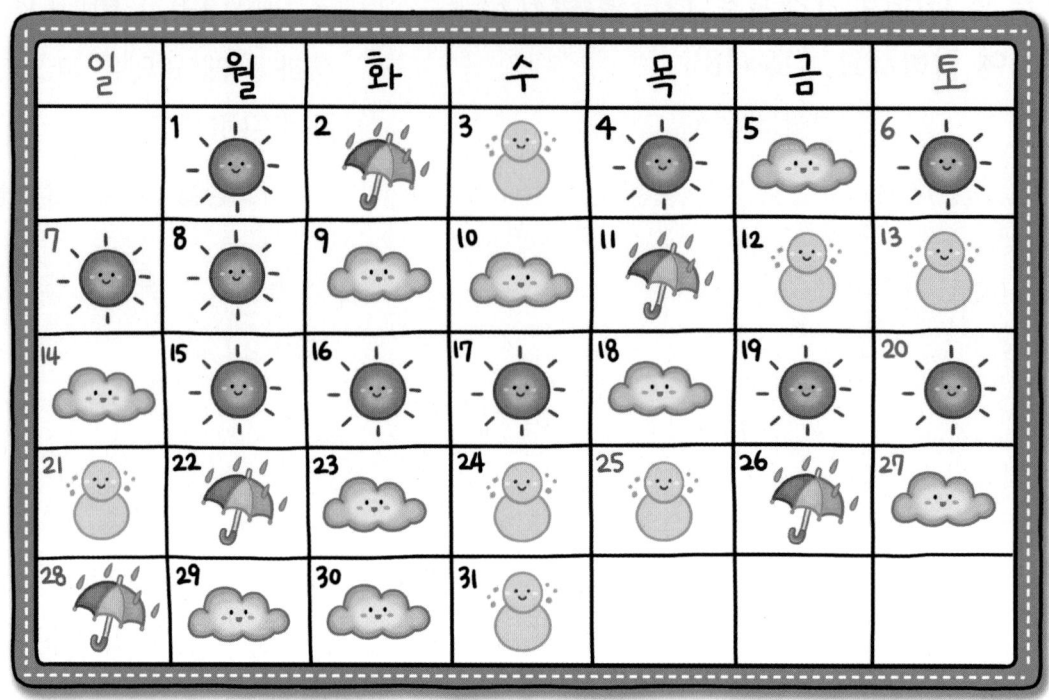

**1** 조사한 자료를 보고 날씨별 날수를 세어 표로 나타내세요.

날씨별 날수

| 날씨 | ☀ 맑음 | ☁ 흐림 | ☂ 비 | ⛄ 눈 | 합계 |
|------|--------|--------|------|------|------|
| 날수(일) | | | | | |

**2** 위의 표를 보고 날씨 붙임딱지를 붙여서 그래프를 완성하세요. 붙임딱지 사용

날씨별 날수

| 눈 | | | | | | | | | | |
|------|---|---|---|---|---|---|---|---|---|---|
| 비 | | | | | | | | | | |
| 흐림 | | | | | | | | | | |
| 맑음 | ☀ | | | | | | | | | |
| 날씨 \ 날수(일) | I | 2 | 3 | 4 | 5 | 6 | 7 | 8 | 9 | 10 |

밤하늘의 별들은 각각 다른 색깔을 가지고 있습니다. 별의 색깔은 표면 온도가 높을수록 푸른색을 띠고, 낮을수록 붉은색을 띤다고 합니다. 별의 표면 온도에 따른 색깔을 나타낸 표를 보고 물음에 답하세요. **(3~4)**

별의 표면 온도별 색깔

| 표면 온도(℃) | ~3500 | 3500~5000 | 5000~7500 | 7500~10000 | 10000~ |
|---|---|---|---|---|---|
| 색깔 | ● | ● | ○ | ○ | ○ |

**5**
단원

진도 완료 체크

**3** 위의 그림을 보고 표로 나타내세요.

색깔별 별의 수

| 색깔 | 빨간색 | 주황색 | 노란색 | 흰색 | 파란색 | 합계 |
|---|---|---|---|---|---|---|
| 별의 수(개) | | | | | | |

**4** 위의 표를 보고 별 붙임딱지를 붙여서 다음 그래프를 완성하세요. 붙임딱지 사용

색깔별 별의 수

| 별의 수(개) | 빨간색 | 주황색 | 노란색 | 흰색 | 파란색 |
|---|---|---|---|---|---|
| 5 | | | | | |
| 4 | | | | | |
| 3 | | | | | |
| 2 | | | | | ○ |
| 1 | ● | | | | ○ |

색깔별로 붙임딱지를 별의 수만큼 붙여서 그래프를 완성해 보세요!

학습 게임

# 6 규칙 찾기

## 2학년

- 무늬에서 규칙 찾아보기
- 쌓은 모양에서 규칙 찾아보기
- 덧셈표에서 규칙 찾아보기
- 곱셈표에서 규칙 찾아보기
- 생활에서 규칙 찾아보기

### 3~4학년

- 수 배열표에서 규칙 찾기
- 도형의 배열에서 규칙 찾기
- 계산식의 배열에서 규칙 찾기

### 5~6학년

- 두 양 사이의 대응 관계
- 대응 관계를 찾아 식으로 나타내기

벽의 무늬에 규칙이 있어.

깃발도 규칙적이야!

**6단원**

**1-2** 규칙을 찾아보기

**1** 규칙에 따라 빈칸에 알맞은 모양을 찾아 ○표 하세요.

( ♥ , ♠ )

**1-2** 규칙을 찾아보기

**2** 규칙을 찾아 □ 안에 알맞은 색깔을 써넣으세요.

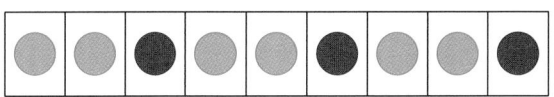

규칙 초록색 — [      ] — 빨간색이 반복되는 규칙입니다.

**1-2** 규칙을 여러 가지 방법으로 나타내기

**3** 규칙에 따라 빈칸에 알맞은 그림을 그리세요.

**1-2** 수 배열에서 규칙 찾아보기

**4** 규칙에 따라 빈 곳에 알맞은 수를 써넣으세요.

규칙 21부터 시작하여 4씩 커집니다.

**1-2** 수 배열표에서 규칙 찾아보기

**5** 색칠한 수의 규칙을 알아보고 □ 안에 알맞은 수를 써넣으세요.

| 1 | 2 | 3 | 4 | 5 | 6 | 7 | 8 | 9 | 10 |
|---|---|---|---|---|---|---|---|---|---|
| 11 | 12 | 13 | 14 | 15 | 16 | 17 | 18 | 19 | 20 |
| 21 | 22 | 23 | 24 | 25 | 26 | 27 | 28 | 29 | 30 |
| 31 | 32 | 33 | 34 | 35 | 36 | 37 | 38 | 39 | 40 |

규칙 2부터 시작하여 [   ]씩 커집니다.

**1-2** 규칙을 만들어 보기

**6** 규칙에 따라 색칠하세요.

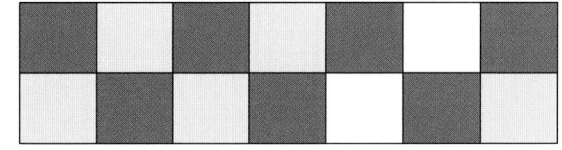

# 못된 마법사의 최후

**6**
**단원**

- ○, ◇, ♡가 반복되고 노란색과 초록색이 반복되는 규칙이 있습니다.

- ↓ 방향으로 같은 색깔이 반복됩니다.

**개념 1** 색깔이 변하는 무늬에서 규칙 찾아보기

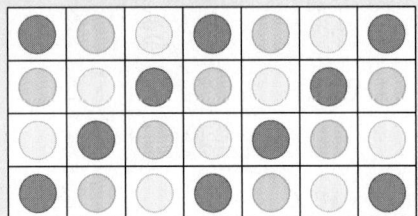

• **주황색, 연두색, 노란색이 반복**됩니다.

↙ 방향으로 같은 색이 반복돼요.

**개념 2** 색깔과 모양이 모두 변하는 무늬에서 규칙 찾아보기

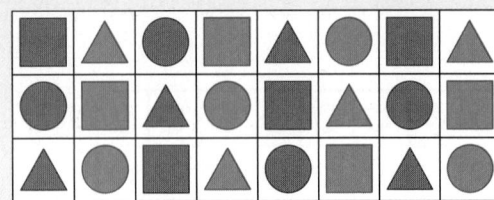

• **□, △, ○가 반복**됩니다.
• **빨간색과 파란색이 반복**됩니다.

↓ 방향으로 같은 색깔이, ↘ 방향으로 같은 모양이 반복돼요.

**개념 3** 무늬를 숫자로 바꾸어 나타내고 규칙 찾아보기

포장지 무늬에 있는 🌸은 1로, 🌷은 2로, 🦋은 3으로 바꾸어 나타내 봅니다.

| 1 | 2 | 3 | 2 | 1 | 2 | 3 |
| 2 | 1 | 2 | 3 | 2 | 1 | 2 |
| 3 | 2 | 1 | 2 | 3 | 2 | 1 |
| 2 | 3 | 2 | 1 | 2 | | |

① 포장지에서 **분홍 꽃, 노란 꽃, 나비, 노란 꽃이 반복**됩니다.
② 표에서 **1, 2, 3, 2가 반복**됩니다.

↙ 방향으로 같은 모양이 있어요.

정답 3, 2

**개념확인** **1** 규칙을 찾아 □ 안에 알맞은 모양을 그리고 색칠하세요.

△ ■ ○ △ ■ ○ △ ■ ○ △ ■ △ □ □

**2** 그림을 보고 규칙을 찾아 쓰세요.

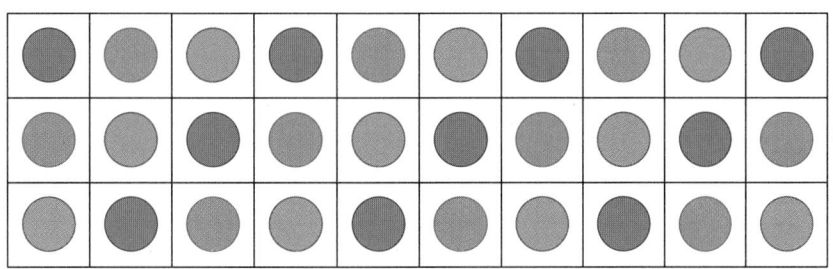

**규칙** 빨간색, 파란색, ☐ 이 반복됩니다.

**3** 그림을 보고 물음에 답하세요.

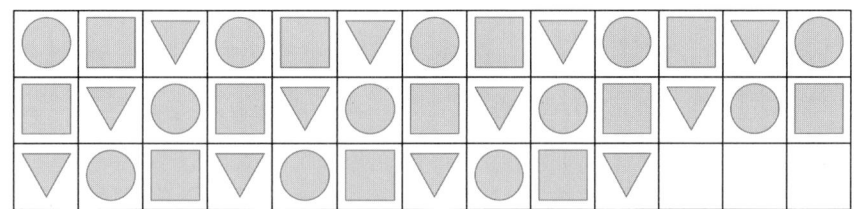

(1) 규칙을 찾아 쓰세요.

**규칙** ◯, ☐, ☐ 가 반복됩니다.

(2) 규칙에 맞게 빈칸에 알맞은 모양을 그려 넣고 색칠하세요.

**4** 그림을 보고 물음에 답하세요.

| I | 2 | 2 | 3 | I | 2 | 2 |
|---|---|---|---|---|---|---|
| 3 | I |  |  |  |  |  |
| 2 |  |  |  |  |  |  |
|  |  |  |  |  |  |  |

(1) 포장지 무늬에 있는 ❀은 I로, ✿은 2로, ✾은 3으로 바꾸어 나타내세요.

(2) 규칙을 찾아 ☐ 안에 알맞게 써넣으세요.

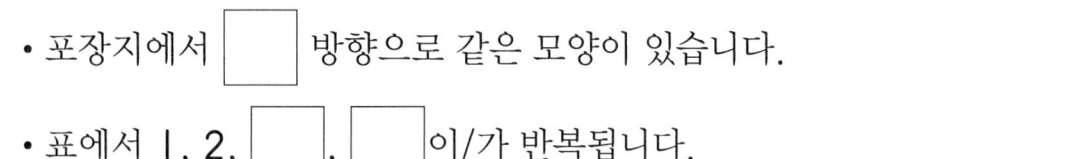

• 포장지에서 ☐ 방향으로 같은 모양이 있습니다.

• 표에서 I, 2, ☐, ☐ 이/가 반복됩니다.

 교과서 **개념**  무늬에서 규칙 찾아보기 (2)

**개념 1** 시계 방향으로 돌아가는 규칙

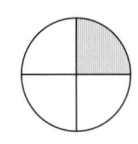 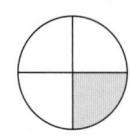 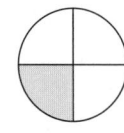 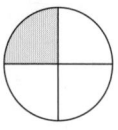 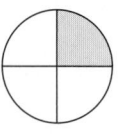 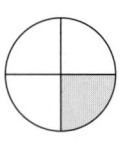

시계 방향

• 분홍색으로 색칠되어 있는 부분이 **시계 방향**으로 돌아가고 있습니다.

**개념 2** 시계 반대 방향으로 돌아가는 규칙

시계 반대 방향

• 집 모양이 **시계 반대 방향**으로 돌아가고 있습니다.

**개념 3** 하나씩 늘어나는 규칙

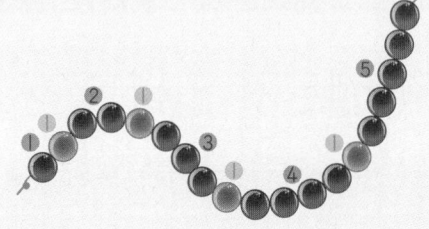

• **빨간색 구슬과 파란색 구슬이 반복**되며 **빨간색 구슬이 1개씩 늘어나고** 있습니다.

• 계속해서 구슬을 끼운다면 다음에는 파란색 구슬 ☐ 개, 빨간색 구슬 6개를 끼워야 합니다.

| 중요 |

**개념확인** **1** 검은색 바둑돌과 흰색 바둑돌을 규칙에 따라 놓았습니다. ☐ 안에 알맞은 바둑돌은 무슨 색일까요?

(1) 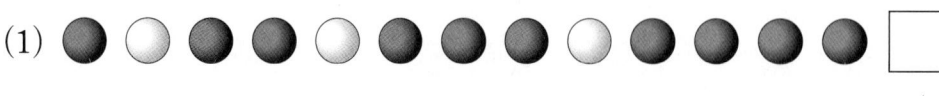 ☐

(          )

(2) ⚪●⚪●●⚪●●●⚪●●●●⚪●●●● ☐

(          )

**2** 구슬을 실에 끼운 규칙을 찾아 알맞게 색칠하세요.

**3** 규칙을 찾아 ☐ 안에 알맞은 모양을 그리고 색칠하세요.

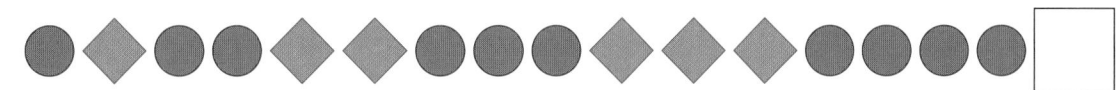

**4** 규칙을 찾아 그림을 완성하세요.

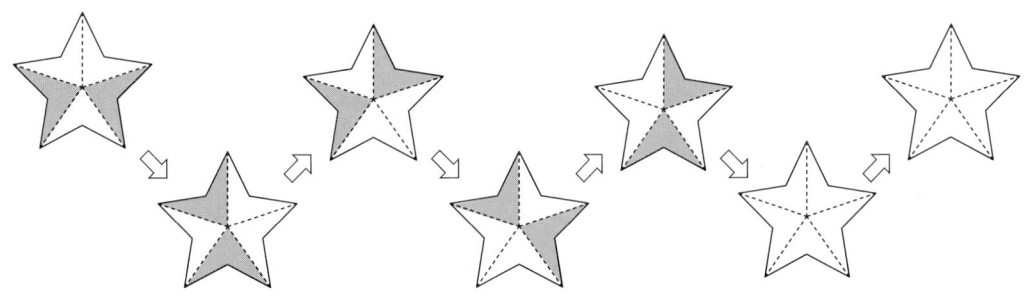

**5** 규칙을 찾아 알맞은 모양을 그리세요.

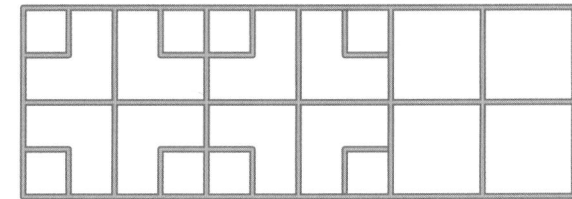

왼쪽과 같은
모양을 민속 박물관
창문이나 고궁에서
볼 수 있어요.

**1** 규칙을 찾아 □ 안에 **알맞은 모양**을 그리고 색칠하세요.

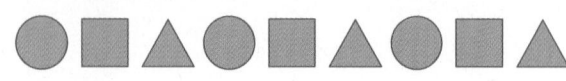

규칙 ● , □ , □ 가 반복됩니다.

**2** 지수는 구슬을 꿰어 목걸이를 만들려고 합니다. 목걸이의 규칙을 찾아 알맞게 **색칠**하세요.

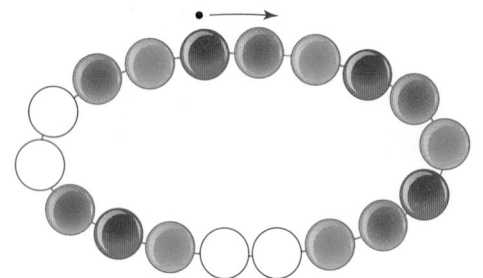

**중요**
**3** 규칙을 찾아 □ 안에 **알맞은 모양**을 그리고 색칠하세요.

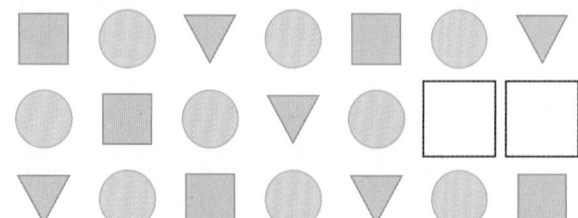

**4** 그림을 보고 물음에 답하세요.

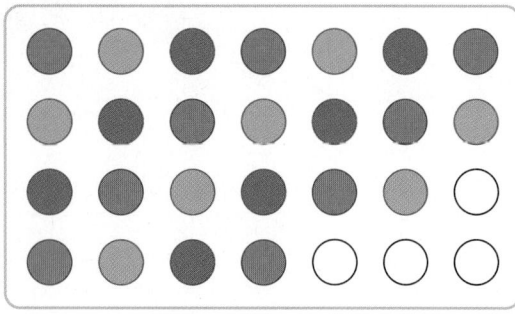

(1) 규칙에 맞게 ○ 안에 색칠하세요.

(2) 위 그림에서 ●는 **1**로, ●는 **2**로, ●는 **3**으로 바꾸어 나타내세요.

| 1 | 2 | 3 | 1 | 2 | 3 | 1 |
|---|---|---|---|---|---|---|
| 2 | 3 | 1 | 2 | 3 | 1 | 2 |
| 3 | 1 | 2 | 3 |   |   |   |
|   |   |   |   |   |   |   |

**5** 규칙을 찾아 □ 안에 **알맞은 모양**을 그리고 색칠하세요.

(1)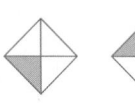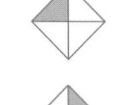

(2)

**6** 규칙을 찾아 마지막 그림에 •을 알맞게 그려 넣으세요.

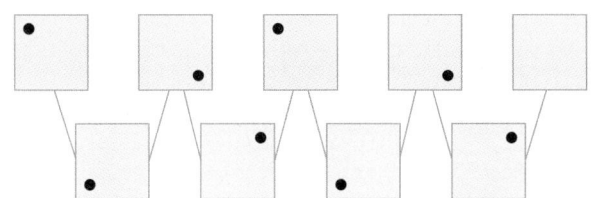

**10** 규칙을 찾아 □ 안에 **알맞은 모양**을 그리고 색칠하세요.
추론

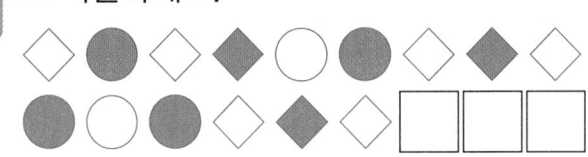

중요
**7** 삼각형이 쌓여 있는 그림을 보고 규칙을 찾아 □ 안에 **알맞은 모양**을 그리고 색칠하세요.

6
단원

진도 완료
체크

**11** 3가지 색을 이용하여 **자신만의 규칙**을 정한 뒤 **색칠**하세요.
연결

**8** 규칙을 찾아 알맞게 색칠하세요.

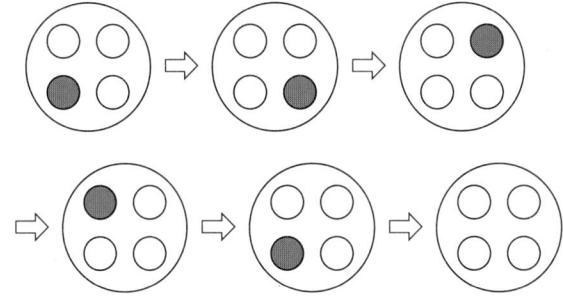

**12** 규칙적으로 도형을 그린 것입니다. 규칙을 찾아 □ 안에 **알맞은 도형**을 그리고 색칠하세요.
추론

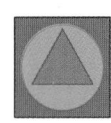  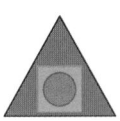 

 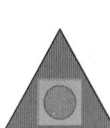 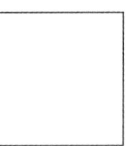 

**9** 규칙을 찾아 **알맞은 모양**을 그리고 색칠하세요.

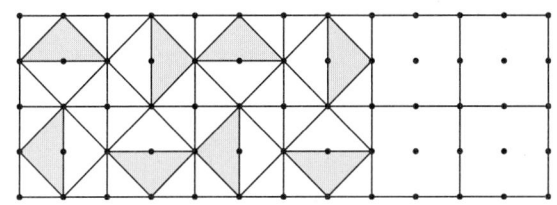

# 쌓은 모양에서 규칙 찾아보기, 덧셈표에서 규칙 찾아보기

**개념 1** 쌓기나무로 쌓은 모양에서 규칙 찾기

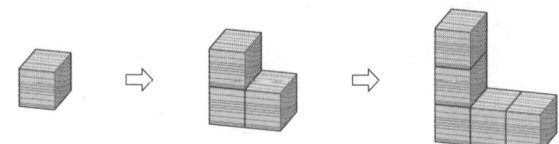

· 쌓기나무가 **오른쪽에 1개,**
  **위쪽에 1개씩 늘어나고** 있습니다.

**개념 2** 덧셈표에서 규칙 찾아보기

| + | 0 | 1 | 2 | 3 | 4 |
|---|---|---|---|---|---|
| 0 | 0 | 1 | 2 | 3 | 4 |
| 1 | 1 | 2 | 3 | 4 | 5 |
| 2 | 2 | 3 | 4 | 5 | 6 |
| 3 | 3 | 4 | 5 | 6 | 7 |
| 4 | 4 | 5 | 6 | 7 | 8 |

· **파란색**으로 칠해진 수에는
  **아래쪽으로 내려갈수록 1씩 커지는 규칙**이 있습니다.
· **빨간색**으로 칠해진 수에는
  **오른쪽으로 갈수록 1씩 커지는 규칙**이 있습니다.
· **초록색** 점선에 놓인 수에는
  ↘ **방향으로 갈수록** ☐ **씩 커지는 규칙**이 있습니다.

정답 2

**개념확인 1** 규칙에 따라 쌓기나무를 쌓았습니다. 알맞은 것에 ○표 하세요.

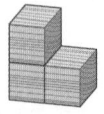  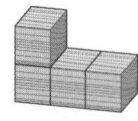  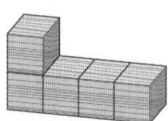

(1) 쌓기나무가 오른쪽에 ( 1 , 2 )개씩 ( 늘어나고 , 줄어들고 ) 있습니다.
(2) 다음에 이어질 모양에 쌓을 쌓기나무는 모두 ( 6 , 7 )개입니다.

**개념확인 2** 덧셈표를 보고 ☐ 안에 알맞은 수나 말을 써넣으세요.

| + | 2 | 3 | 4 |
|---|---|---|---|
| 2 | 4 | 5 | 6 |
| 3 | 5 | 6 |   |
| 4 | 6 | 7 |   |

(1) 두 수의 ☐ 을/를 이용하여 빈칸에 알맞은 수를 찾습니다.

(2) 빈칸에 알맞은 수는 위에서부터 ☐ , ☐ 입니다.

**3** 규칙에 따라 쌓기나무를 쌓았습니다. ☐ 안에 알맞은 수를 써넣으세요.

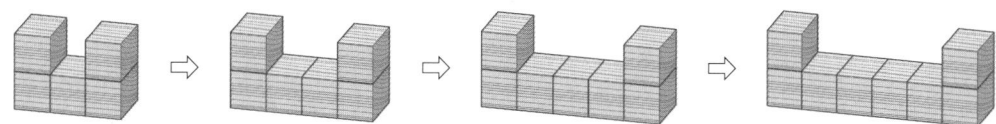

(1) 쌓기나무가 ☐ 개씩 늘어나고 있습니다.

(2) 다음에 이어질 모양에 쌓을 쌓기나무는 모두 ☐ 개입니다.

**4** 덧셈표를 보고 물음에 답하세요.

| + | 0 | 1 | 2 | 3 | 4 | 5 | 6 |
|---|---|---|---|---|---|---|---|
| 0 | 0 | 1 | 2 | 3 | 4 | 5 | 6 |
| 1 | 1 | 2 | 3 | 4 | 5 | 6 | 7 |
| 2 | 2 | 3 | 4 | 5 | 6 | 7 | 8 |
| 3 | 3 | 4 | 5 | 6 | 7 | 8 | 9 |
| 4 | 4 | 5 | 6 | 7 | 8 | 9 | 10 |
| 5 | 5 | 6 | 7 | | | | 11 |
| 6 | 6 | 7 | 8 | | | | |

(1) 빈칸에 알맞은 수를 써넣으세요.

(2) ▨▨▨으로 칠해진 수에는 어떤 규칙이 있는지 찾아 쓰세요.

규칙 오른쪽으로 갈수록 ☐ 씩 커지는 규칙이 있습니다.

(3) ▨▨▨으로 칠해진 수에는 어떤 규칙이 있는지 찾아 쓰세요.

규칙 _____

(4) ----- 에 놓여진 수에는 어떤 규칙이 있는지 찾아 쓰세요.

규칙 _____

**1** 덧셈표에서 찾은 **규칙**으로 **알맞은** 것은 어느 것일까요? (      )

| + | 2 | 4 | 6 | 8 | 10 |
|---|---|---|---|---|----|
| 2 | 4 | 6 | 8 | 10 | 12 |
| 4 | 6 | 8 | 10 | 12 | 14 |
| 6 | 8 | 10 | 12 | 14 | 16 |
| 8 | 10 | 12 | 14 | 16 | 18 |
| 10 | 12 | 14 | 16 | 18 | 20 |

① 모두 홀수입니다.

② 모두 짝수입니다.

③ 아래쪽으로 내려갈수록 4씩 커집니다.

④ 왼쪽으로 갈수록 2씩 커집니다.

**2** 규칙에 따라 쌓기나무를 쌓았습니다. 물음에 답하세요.

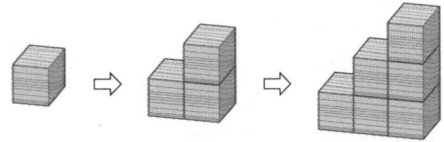

(1) 쌓기나무를 **3층**으로 쌓은 모양에서 쌓기나무는 **몇 개**일까요?

(          )

> 단위(개)도 써야 해요.

(2) 쌓기나무를 **4층**으로 쌓으려면 쌓기나무는 모두 **몇 개** 필요할까요?

(          )

**3** 규칙에 따라 쌓기나무를 쌓았습니다. □ 안에 알맞은 수를 써넣으세요.

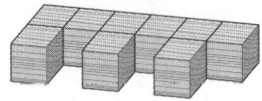

쌓기나무의 수가 왼쪽에서 오른쪽으로 ☐ 개, ☐ 개씩 반복됩니다.

**4** 규칙에 따라 쌓기나무를 쌓았습니다. □ 안에 알맞은 말을 써넣으세요.

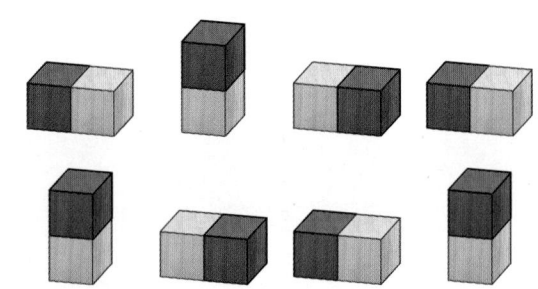

빨간색 쌓기나무가 있고 쌓기나무 1개가 오른쪽, ☐ , ☐ 으로 번갈아 가며 나타나고 있습니다.

**5** 규칙에 따라 쌓기나무를 쌓았습니다. 다음에 이어질 모양에 쌓을 쌓기나무는 모두 **몇 개**일까요?

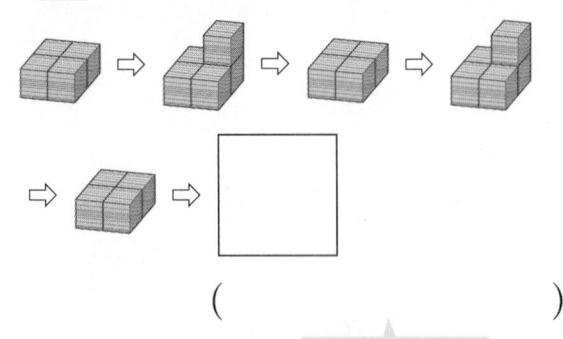

(          )

> 단위(개)도 써야 해요.

**6** 규칙에 따라 쌓기나무를 쌓았습니다. **규칙**을 찾아 쓰세요.

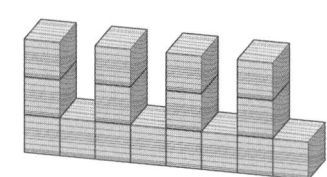

규칙 _____

_____

**7** 덧셈표에서 규칙을 찾아 빈칸에 알맞은 수를 써넣으세요.

| + | 0 | 1 | 2 | 3 | | 6 | 7 |
|---|---|---|---|---|---|---|---|
| 0 | 0 | 1 | 2 | 3 | | | |
| 1 | 1 | 2 | 3 | 4 | | | 9 |
| 2 | 2 | 3 | 4 | 5 | | | 10 |
| 3 | 3 | 4 | 5 | | | | 11 |
| | | | | | | 11 | 12 | 13 |
| 7 | 7 | 8 | 9 | 10 | 11 | 12 | 13 | 14 |

(1)

| 9 | 10 | | 12 |
|---|----|---|----|
| | 11 | 12 | 13 |
| | | | |

(2)

| 13 | 14 | |
|----|----|---|
| | | 16 |
| | | | 18 |

**8** 규칙에 따라 쌓기나무를 쌓았습니다. 빈칸에 들어갈 모양을 만드는 데 필요한 쌓기나무는 모두 몇 개일까요?

문제 해결

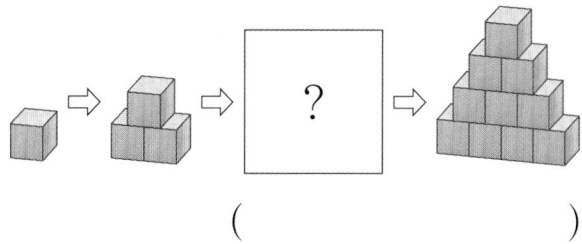

(                                    )

6 단원

진도 완료 체크

중요

**9** 덧셈표를 완성하고 규칙을 찾아보세요.

추론

| + | 3 | 6 | | |
|---|---|---|---|---|
| | 6 | | 12 | 15 |
| | 9 | | 15 | 18 |
| 9 | 12 | 15 | 18 | 21 |
| 12 | 15 | 18 | | |

(1) 빈칸에 알맞은 수를 써넣으세요.

(2) 덧셈표에서 규칙을 찾아 쓰세요.

규칙 _____

_____

### 개념 1 곱셈표에서 규칙 찾아보기

| × | 1 | 2 | 3 | 4 | 5 |
|---|---|---|---|---|---|
| 1 | 1 | 2 | 3 | 4 | 5 |
| 2 | 2 | 4 | 6 | 8 | 10 |
| 3 | 3 | 6 | 9 | 12 | 15 |
| 4 | 4 | 8 | 12 | 16 | 20 |
| 5 | 5 | 10 | 15 | 20 | 25 |

- **파란색**으로 칠해진 수에는
  **오른쪽으로 갈수록 2씩 커지는 규칙**이 있습니다.
- **빨간색**으로 칠해진 수에는
  **아래쪽으로 내려갈수록 ☐씩 커지는 규칙**이 있습니다.
- **초록색** 점선을 따라 접어 보면
  만나는 수들은 **서로 같습니다.**

### 개념 2 의자 번호에서 규칙 찾기

앞

가열　가1　가2　가3　가4　가5

나열　나1　나2　나3　나4　나5

다열　다1　다2　다3　다4　다5

- 앞에서부터 뒤로 갈수록 **가, 나, 다**와 같이 한글이 순서대로 적혀 있는 규칙이 있습니다.
- 각 열에서는 오른쪽으로 갈수록 숫자가 ☐씩 커지는 규칙이 있습니다.

### 개념 3 달력에서 규칙 찾기

**11월**

| 일 | 월 | 화 | 수 | 목 | 금 | 토 |
|---|---|---|---|---|---|---|
| | | | 1 | 2 | 3 | 4 |
| 5 | 6 | 7 | 8 | 9 | 10 | 11 |
| 12 | 13 | 14 | 15 | 16 | 17 | 18 |
| 19 | 20 | 21 | 22 | 23 | 24 | 25 |
| 26 | 27 | 28 | 29 | 30 | | |

- 세로(↓)로 보면 ☐씩 커지는 규칙이 있습니다.
- 일요일은 **7일마다 반복**됩니다.
- 빨간색 점선에 놓인 수는
  ↙ **방향**으로 **6씩** 커집니다.

정답 4, 1, 7

---

**개념확인 1** 곱셈표를 보고 ☐ 안에 알맞은 수나 말을 써넣으세요.

| × | 3 | 4 | 5 |
|---|---|---|---|
| 3 | 9 | 12 | 15 |
| 4 | 12 | 16 | |
| 5 | 15 | 20 | |

(1) 두 수의 ☐을/를 이용하여 빈칸에 알맞은 수를 찾습니다.

(2) 빈칸에 알맞은 수는 위에서부터 ☐, ☐ 입니다.

**2** 곱셈표를 보고 물음에 답하세요.

(1) 빈칸에 알맞은 수를 써넣으세요.

(2) ▨으로 칠해진 수에 있는 규칙과 같은 규칙이 있는 수를 찾아 색칠하세요.

(3) ▨으로 칠해진 수에는 어떤 규칙이 있는지 찾아 쓰세요.

규칙 _____

| × | 1 | 2 | 3 | 4 | 5 | 6 |
|---|---|---|---|---|---|---|
| 1 | 1 | 2 | 3 | 4 | 5 | 6 |
| 2 | 2 | 4 | 6 | 8 |  | 12 |
| 3 | 3 | 6 | 9 | 12 | 15 | 18 |
| 4 | 4 | 8 |  | 16 |  |  |
| 5 | 5 | 10 | 15 | 20 | 25 | 30 |
| 6 | 6 |  | 18 | 24 |  | 36 |

**6 단원**

**3** 공연장의 의자를 나타낸 그림입니다. 의자 번호는 오른쪽으로 갈수록 몇씩 커질까요?

다열  1  2  3  4  5  6
나열  1  2  3  4  5  6
가열  1  2  3  4  5  6

(                    )

**4** 어느 해 10월의 달력에서 초록색 점선에 놓인 수는 ╱ 방향으로 몇씩 커지는지 쓰세요.

**10월**

| 일 | 월 | 화 | 수 | 목 | 금 | 토 |
|---|---|---|---|---|---|---|
| 1 | 2 | 3 | 4 | 5 | 6 | 7 |
| 8 | 9 | 10 | 11 | 12 | 13 | 14 |
| 15 | 16 | 17 | 18 | 19 | 20 | 21 |
| 22 | 23 | 24 | 25 | 26 | 27 | 28 |
| 29 | 30 | 31 |  |  |  |  |

(                    )

**1** 규칙을 찾아 빈칸에 **알맞은 수**를 써넣으세요.

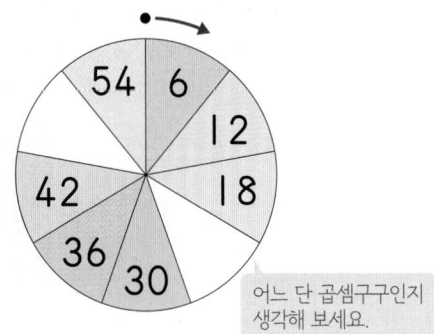

어느 단 곱셈구구인지 생각해 보세요.

중요

**2** 어느 해 12월의 달력에서 초록색 점선에 놓인 수는 ↘ 방향으로 몇씩 커질까요?

| 일 | 월 | 화 | 수 | 목 | 금 | 토 |
|---|---|---|---|---|---|---|
| | | | | | 1 | 2 |
| 3 | 4 | 5 | 6 | 7 | 8 | 9 |
| 10 | 11 | 12 | 13 | 14 | 15 | 16 |
| 17 | 18 | 19 | 20 | 21 | 22 | 23 |
| 24/31 | 25 | 26 | 27 | 28 | 29 | 30 |

12월

( )

**3** 곱셈표에서 찾은 **규칙**으로 **알맞은** 것은 어느 것일까요? ( )

| × | 3 | 4 | 5 | 6 |
|---|---|---|---|---|
| 3 | 9 | 12 | 15 | 18 |
| 4 | 12 | 16 | 20 | 24 |
| 5 | 15 | 20 | 25 | 30 |
| 6 | 18 | 24 | 30 | 36 |

① 모두 홀수입니다.

② 모두 짝수입니다.

③ ↘ 방향으로 같은 수들이 있습니다.

④ 빨간색으로 칠해진 수는 아래쪽으로 내려갈수록 5씩 커집니다.

**4** 시계를 보고 규칙을 찾아 **다음에 이어질 시계**의 시각은 몇 시 몇 분일지 구하세요.

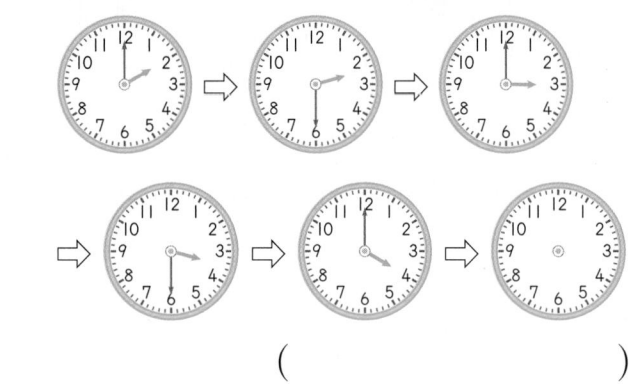

( )

중요

**5** 곱셈표를 보고 물음에 답하세요.

| × | 1 | 3 | 5 | 7 | 9 |
|---|---|---|---|---|---|
| 1 | 1 | 3 | 5 | 7 | 9 |
| 3 | 3 | 9 | 15 | 21 | 27 |
| 5 | 5 | 15 | 25 | 35 | 45 |
| 7 | 7 | 21 | 35 | 49 | 63 |
| 9 | 9 | 27 | 45 | 63 | 81 |

(1) 곱셈표에서 규칙을 찾아 **알맞은 말**에 ○표 하세요.

규칙 곱셈표에 있는 수들은 모두 ( 홀수 , 짝수 )입니다.

(2) 곱셈표를 초록색 점선을 따라 접었을 때 만나는 수는 서로 **어떤 관계**일까요?

( )

**6** 빈칸에 알맞은 수를 써넣어 곱셈표를 완성하세요.

| × | 2 |  | 6 |  |
|---|---|---|---|---|
|  | 4 |  |  |  |
| 4 |  | 16 |  |  |
|  |  |  | 36 |  |
| 8 |  |  |  | 64 |

**7** 엘리베이터 안에 있는 버튼의 수에서 찾을 수 있는 **규칙**을 쓰세요.

| 4 | 8 | 12 |
|---|---|---|
| 3 | 7 | 11 |
| 2 | 6 | 10 |
| 1 | 5 | 9 |

규칙 _____

_____

**8** 배 출발 시간표에서 찾을 수 있는 **규칙**을 쓰세요.

**배 출발 시각**

| 평일 | | 주말 | |
|---|---|---|---|
| 9:00 | 9:30 | 7:00 | 8:00 |
| 10:00 | 10:30 | 9:00 | 10:00 |
| 11:00 | 11:30 | 11:00 | 12:00 |

규칙 _____

_____

**9** 곱셈표에서 규칙을 찾아 빈칸에 알맞은 수를 써넣으세요.

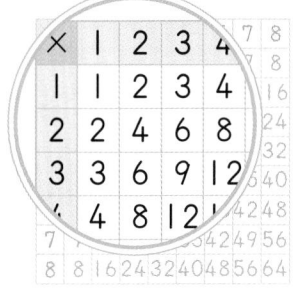

(1)

|  |  |  |
|---|---|---|
|  | 30 |  |
| 30 | 36 |  |
| 28 | 35 |  |

(2)

|  |  |  |
|---|---|---|
|  | 48 | 54 |
|  | 49 | 56 |
|  | 48 | 56 |

**6단원**

진도 완료 체크

**10** 어느 공연장의 의자 번호를 나타낸 그림입니다. 물음에 답하세요.

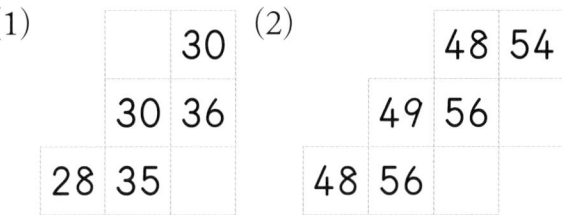

(1) 가 구역과 나 구역의 의자 번호에서 찾을 수 있는 규칙을 쓰세요.

가 구역: _____

나 구역: _____

(2) 연우의 의자 번호는 '나 구역 14번' 입니다. 연우의 자리를 찾아 ○표 하세요.

**유형 ❶** 색깔과 모양이 모두 변하는 규칙 찾기

**1** 규칙을 찾아 □ 안에 알맞은 모양을 그리고 색칠하세요.

**2** 규칙을 찾아 □ 안에 알맞은 모양을 그리고 색칠하세요.

**3** 규칙을 찾아 □ 안에 알맞은 모양을 그리고 색칠하세요.

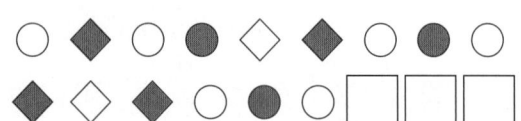

**4** 규칙을 찾아 □ 안에 알맞은 모양을 그리고 색칠하세요.

**유형 ❷** 위치와 방향에 관한 규칙 찾기

**5** 규칙을 찾아 □ 안에 알맞은 모양을 그리세요.

**6** 규칙을 찾아 알맞게 색칠하세요.

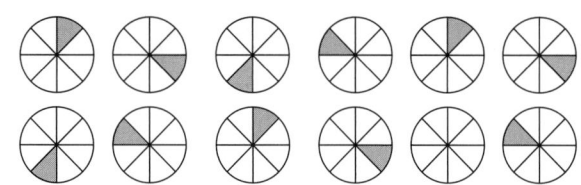

**7** 규칙을 찾아 알맞은 모양을 그리고 색칠하세요.

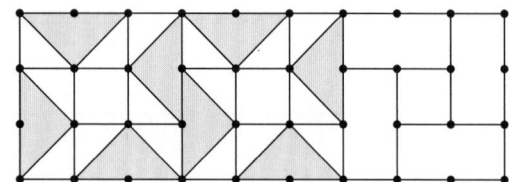

**8** 규칙을 찾아 알맞은 모양을 그리고 색칠하세요.

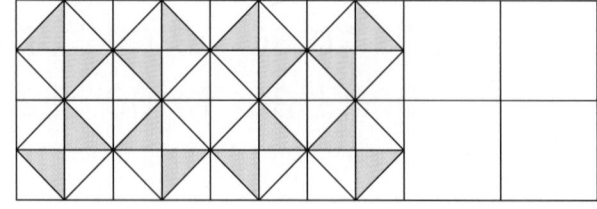

**유형 ③** □ 안에 들어갈 수 있는 수

**9** 규칙에 따라 쌓기나무를 쌓았습니다. 쌓기나무를 4층으로 쌓으려면 쌓기나무는 모두 몇 개 필요할까요?

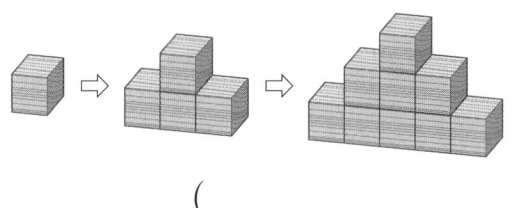

(          )

**10** 규칙에 따라 쌓기나무를 쌓았습니다. 쌓기나무를 4층으로 쌓으려면 쌓기나무는 모두 몇 개 필요할까요?

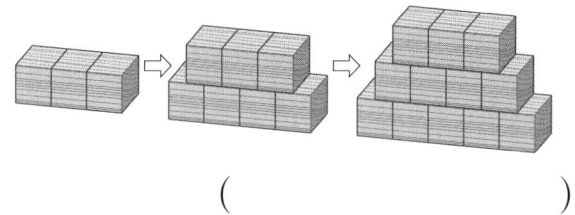

(          )

*실력 문제*
**11** 규칙에 따라 쌓기나무를 쌓았습니다. 쌓기나무를 4층으로 쌓으려면 쌓기나무는 모두 몇 개 필요할까요?

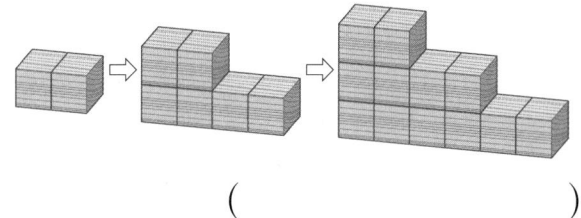

(          )

**유형 ④** 덧셈표, 곱셈표 완성하기

**12** 덧셈표의 빈칸에 알맞은 수를 써넣으세요.

| +  | 3  |    | 7  | 9  |
|----|----|----|----|----|
| 4  | 7  |    | 11 | 13 |
| 6  | 9  | 11 | 13 | 15 |
|    |    | 11 |    |    |
| 10 | 13 |    | 17 | 19 |

**13** 곱셈표의 빈칸에 알맞은 수를 써넣으세요.

| ×  | 1  | 3  | 5  |    |
|----|----|----|----|----|
| 2  | 2  | 6  | 10 | 14 |
|    |    | 12 |    |    |
| 6  | 6  | 18 | 30 |    |
| 8  | 8  | 24 | 40 |    |

*실력 문제*
**14** 덧셈표의 빈칸에 알맞은 수를 써넣으세요.

| +  | 12 | 14 |    |    |
|----|----|----|----|----|
| 11 | 23 | 25 | 27 | 29 |
|    |    |    | 27 |    |
| 15 | 27 | 29 |    |    |
|    |    | 29 |    |    |

**1** 학교 화단에 심어진 장미, 해바라기, 코스모스의 <sup>①</sup>규칙을 찾아 <sup>②</sup>?에 심어질 꽃은 무엇인지 알아보세요.

**풀이**

❶ 장미, 해바라기, [　　　　　] , [　　　　　] 가

반복되는 규칙으로 심어져 있습니다.

❷ 따라서 ?에 심어질 꽃은 [　　　　　] 입니다.

**답** [　　　　　]

> 꽃이 반복되는 규칙을 찾아 ?에 심어질 꽃은 무엇인지 알아보세요.

**쌍둥이 문제**

**2** 문방구에 놓여져 있는 연필, 지우개, 자의 <sup>①</sup>규칙을 찾아 <sup>②</sup>□ 안에 알맞은 학용품은 무엇인지 풀이 과정을 쓰고 답을 구하세요.

**풀이**

❶ _____

_____

❷ _____

**답** _____

> **참고**
>
> 학용품이 반복되는 부분을 /로 표시하면 □ 안에 알맞은 학용품을 찾기 쉽습니다.

**3** 희재는 **①규칙에 따라 쌓기나무를 쌓았습니다. ②다음에 이어질 모**
양에 쌓을 쌓기나무는 몇 개인지 알아보세요.

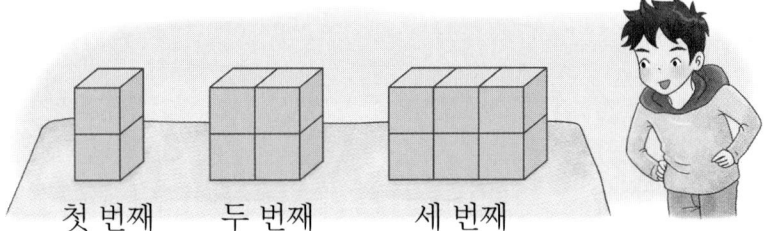

첫 번째          두 번째          세 번째

풀이

❶ 쌓기나무가 첫 번째는 2개, 두 번째는 4개, 세 번째

는 ☐ 개이므로 쌓기나무가 ☐ 개씩 늘어나는 규

칙이 있습니다.

❷ 다음에 이어질 모양에 쌓을 쌓기나무는 ☐ 개입니다.

답 ☐ 개

**6**
**단**
**원**

진도 완료
체크

쌓기나무를 쌓은 규칙을
찾아 다음에 이어질 모양에
쌓을 쌓기나무의 수를
알아보세요.

**4** 수아는 **①규칙에 따라 쌓기나무를 쌓았습니다. ②다음에 이어질 모**
양에 쌓을 쌓기나무는 모두 몇 개인지 풀이 과정을 쓰고 답을
구하세요.

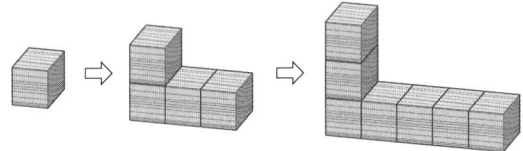

풀이

❶ _____

_____

❷ _____

답 _____

주의

어느 쪽으로 몇 개씩 늘어나는지
모두 확인합니다.

**1** 규칙을 찾아 ○ 안에 알맞게 색칠하세요.

**2** 규칙을 찾아 빈칸에 알맞은 모양을 그리고 색칠하세요.

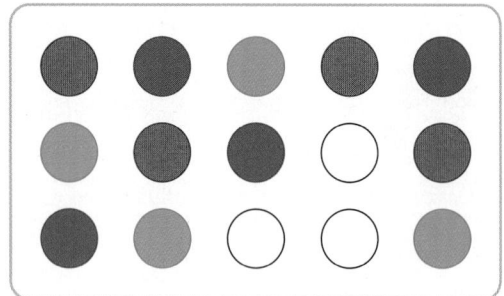

**덧셈표를 보고 물음에 답하세요. (3~4)**

| + | 3 | 4 | 5 | 6 |
|---|---|---|---|---|
| 3 | 6 | 7 | 8 | 9 |
| 4 | 7 | 8 | 9 | 10 |
| 5 | 8 | 9 | 10 | |
| 6 | 9 | 10 | | |

**3** 빈칸에 알맞은 수를 써넣으세요.

**4** 빨간색으로 칠해진 수에는 아래쪽으로 내려갈수록 몇씩 커지는 규칙이 있을까요?

( )

**곱셈표를 보고 물음에 답하세요. (5~6)**

| × | 2 | 3 | 4 | 5 |
|---|---|---|---|---|
| 2 | 4 | 6 | 8 | 10 |
| 3 | 6 | 9 | 12 | 15 |
| 4 | 8 | | | 20 |
| 5 | 10 | 15 | | |

**5** 빈칸에 알맞은 수를 써넣으세요.

**6** 파란색으로 칠해진 수에는 어떤 규칙이 있는지 쓰세요.

규칙 _____

_____

**7** 감, 사과, 배를 규칙에 따라 놓았습니다. □ 안에 알맞은 과일의 이름을 쓰세요.

(1)

( )

(2)

( )

**8** 규칙에 맞게 □ 안에 알맞은 모양을 그리고 색칠하세요.

**9** 규칙에 따라 쌓기나무를 쌓았습니다. 다음에 이어질 모양에 쌓을 쌓기나무는 몇 개일까요?

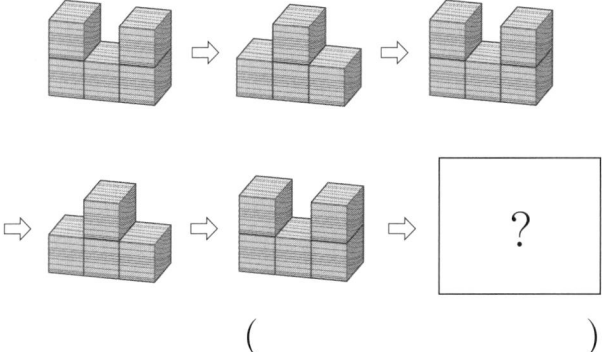

(          )

**10** 학교 복도에 있는 신발장의 일부분을 나타낸 그림입니다. 규칙을 찾아 빈칸에 알맞은 수를 써넣으세요.

**11** 규칙을 찾아 마지막 시계에 시곗바늘을 그려 넣으세요.

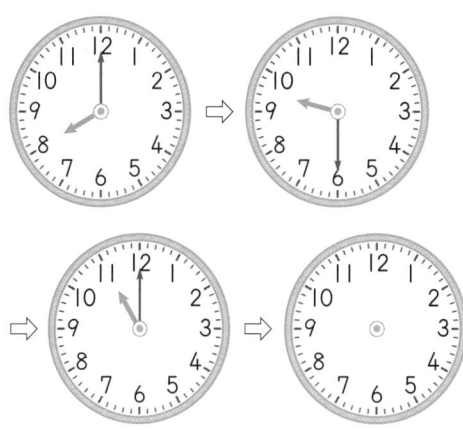

**12** 타일을 규칙에 따라 놓았습니다. 물음에 답하세요.

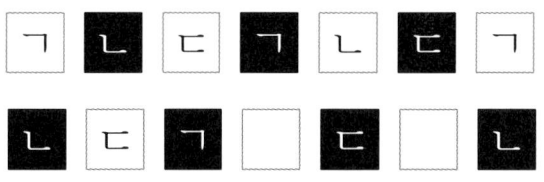

(1) 규칙을 찾아 빈칸을 완성하세요.

(2) 어떤 규칙이 있는지 □ 안에 알맞게 써넣으세요.

**규칙** ㄱ, ㄴ, □ 이 반복되면서 흰

색과 □ 이 반복됩

니다.

서술형 문제

**13** 쌓기나무를 쌓았습니다. 규칙을 찾아 쓰세요.

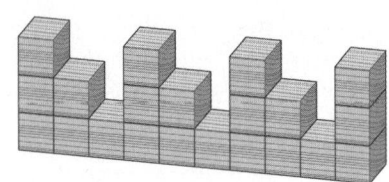

규칙 _____

_____

**14** 노란색 구슬과 연두색 구슬을 규칙에 따라 놓았습니다. □ 안에는 어떤색 구슬이 몇 개 들어갈지 차례로 쓰세요.

( )색 구슬,

( )

**15** 덧셈표에서 규칙을 찾아 빈칸에 알맞은 수를 써넣으세요.

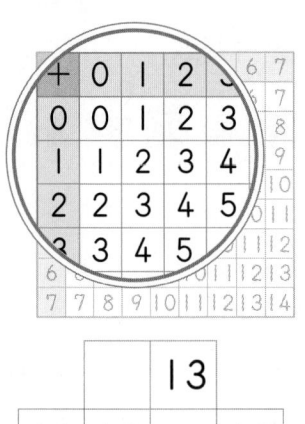

| | | 13 | |
|---|---|---|---|
| 12 | 13 | | 15 |
| | 14 | | |

**16** 규칙에 따라 쌓기나무를 쌓았습니다. 쌓기나무를 4층으로 쌓으려면 쌓기나무는 모두 몇 개 필요할까요?

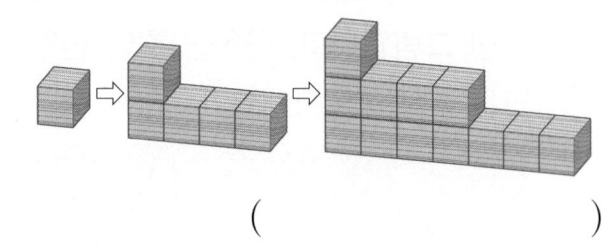

( )

진서네 반 책상에는 번호가 쓰여 있습니다. 물음에 답하세요. (17~18)

1행 2행 3행 4행 …

가열 |1| |2| |3| |4| |5|

나열 |10| |11|

⋮

**17** 진서의 책상에 쓰인 번호는 34번입니다. 진서의 자리는 어느 열 어느 행일까요?

(               )

**서술형 문제**

**18** 상우의 자리는 다열 6행입니다. 상우의 책상에 쓰인 번호는 몇 번인지 풀이 과정을 쓰고 답을 구하세요.

풀이 _____

_____

_____

_____

답 _____

**19** 현진이는 연결큐브를 이용하여 자신이 정한 규칙대로 모양을 만들었습니다. 현진이가 만든 규칙에 따라 다음에 이어질 모양을 만들려면 연결큐브가 모두 몇 개 필요할까요?

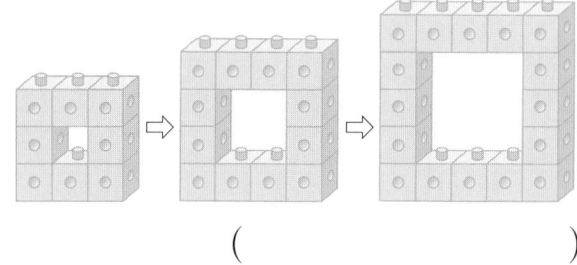

(               )

6단원

진도 완료 체크

**20** 규칙에 따라 쌓기나무를 쌓았습니다. 쌓기나무를 4층으로 쌓으려면 쌓기나무가 모두 몇 개 필요할까요?

(               )

# 창의융합 + 실력UP

**1** 차가 지나가는 도로에 있는 신호등이 아래와 같이 변하고 있습니다. 규칙에 맞게 빈 칸에 알맞은 신호등을 붙이고, 차가 지나가도 되는 신호등 아래에 자동차 붙임딱지를 붙이세요. 붙임딱지 사용

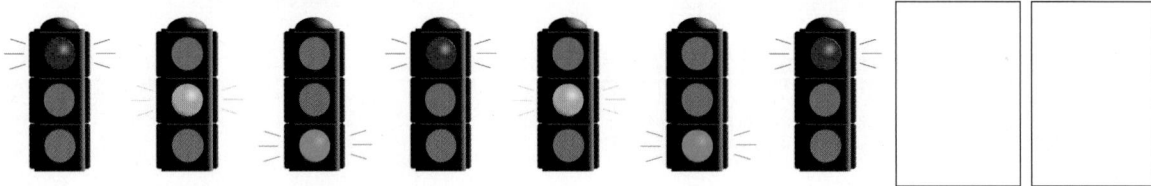

**2** 대전행 버스의 출발 시각을 보고 규칙을 찾아 □ 안에 알맞은 수를 써넣으세요.

| 대전행 |
|---|
| 1시 |
| 3시 30분 |
| 6시 |
| 8시 30분 |
| 11시 |

규칙 대전행 버스는 [ ]시간 [ ]분마다 출발하는 규칙이 있습니다.

**3** 민수가 동생과 엄마와 함께 공연을 보기 위해 공연장에 갔습니다. 민수와 가족의 자리를 찾아 붙임딱지를 붙이세요. 붙임딱지 사용

엄마 나9

민수 다8

동생 다4

꽃은 종류에 따라 꽃잎 수가 다양합니다. 꽃잎 수에는 규칙이 있는데, 이 규칙을 처음 찾아낸 사람이 이탈리아 수학자 '레오나르도 피보나치'입니다. 다음 그림을 보고 물음에 답하세요. (4~6)

| | | | |
|---|---|---|---|
| 등대풀 2장 | 백합, 붓꽃 3장 | 채송화, 패랭이 5장 | 모란, 코스모스 8장 |
| 금잔화 13장 | 치커리 21장 | 데이지 ?장 | 쑥부쟁이 55장 |

**4** 등대풀부터 치커리까지의 꽃잎 수를 작은 수부터 차례로 쓰세요.

(　　　　　　　　　　　　　)

**5** 위 **4**에서 꽃잎 수에는 어떤 규칙이 있는지 쓰세요.

규칙 _____

_____

**6** 데이지의 꽃잎 수는 치커리보다 많고 쑥부쟁이보다 적다고 합니다. 규칙을 찾아 데이지의 꽃잎은 몇 장인지 구하세요.

(　　　　　　　　　　　　　)

# 우등생 세미나

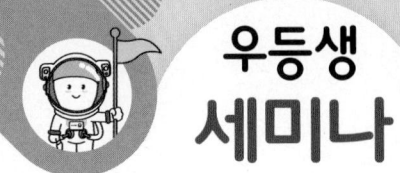

>> 정답 40쪽

시각을 바르게 읽은 길을 따라 미로를 통과해 보세요.

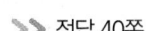

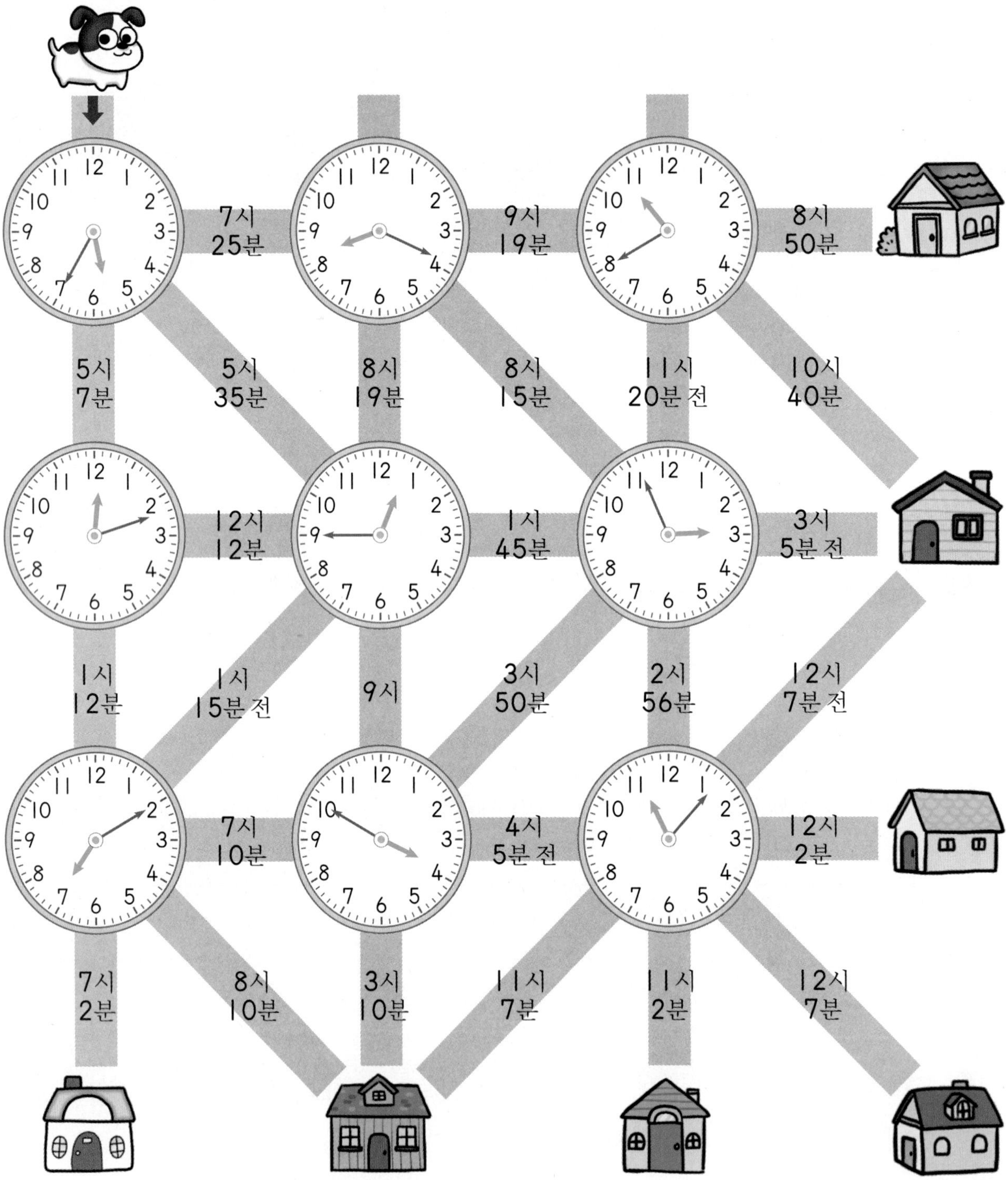
7시 25분
9시 19분
8시 50분
5시 7분
5시 35분
8시 19분
8시 15분
11시 20분 전
10시 40분
12시 12분
1시 45분
3시 5분 전
1시 12분
1시 15분 전
9시
3시 50분
2시 56분
12시 7분 전
7시 10분
4시 5분 전
12시 2분
7시 2분
8시 10분
3시 10분
11시 7분
11시 2분
12시 7분

**단계별 수학 전문서**

[개념·유형·응용]

수학의 해법이 풀리다!

# 해결의 법칙
# 시리즈

## 단계별 맞춤 학습

개념, 유형, 응용의 단계별 교재로
교과서 차시에 맞춘 쉬운 개념부터
응용·심화까지 수학 완전 정복

## 혼자서도 OK!

이미지로 구성된 핵심 개념과 셀프 체크,
모바일 코칭 시스템과 동영상 강의로
자기주도 학습 및 홈스쿨링에 최적화

## 300여 명의 검증

수학의 메카 천재교육 집필진과
300여 명의 교사·학부모의
검증을 거쳐 탄생한 친절한 교재

흔들리지 않는 탄탄한 수학의 완성! (초등 1~6학년 / 학기별)

# # 뭘 좋아할지 몰라 다 준비했어♥
# # 전과목 교재

## 전과목 시리즈 교재

### ●무등생 해법시리즈
- 국어/수학                  1~6학년, 학기용
- 사회/과학                  3~6학년, 학기용
- SET(전과목/국수, 국사과)      1~6학년, 학기용

### ●똑똑한 하루 시리즈
- 똑똑한 하루 독해            예비초~6학년, 총 14권
- 똑똑한 하루 글쓰기          예비초~6학년, 총 14권
- 똑똑한 하루 어휘            예비초~6학년, 총 14권
- 똑똑한 하루 한자            예비초~6학년, 총 14권
- 똑똑한 하루 수학            1~6학년, 총 12권
- 똑똑한 하루 계산            예비초~6학년, 총 14권
- 똑똑한 하루 도형            예비초~6학년, 총 8권
- 똑똑한 하루 사고력          1~6학년, 총 12권
- 똑똑한 하루 사회/과학      3~6학년, 학기용
- 똑똑한 하루 봄/여름/가을/겨울    1~2학년, 총 8권
- 똑똑한 하루 안전            1~2학년, 총 2권
- 똑똑한 하루 Voca           3~6학년, 학기용
- 똑똑한 하루 Reading        초3~초6, 학기용
- 똑똑한 하루 Grammar       초3~초6, 학기용
- 똑똑한 하루 Phonics        예비초~초등, 총 8권

### ●독해가 힘이다 시리즈
- 초등 수학도 독해가 힘이다       1~6학년, 학기용
- 초등 문해력 독해가 힘이다 문장제수학편   1~6학년, 총 12권
- 초등 문해력 독해가 힘이다 비문학편      3~6학년

## 영어 교재

### ●초등영어 교과서 시리즈
**파닉스(1~4단계)**             3~6학년, 학년용
**영단어(1~4단계)**             3~6학년, 학년용
### ●LOOK BOOK 영단어         3~6학년, 단행본
### ●원서 읽는 LOOK BOOK 영단어     3~6학년, 단행본

## 국가수준 시험 대비 교재

### ●해법 기초학력 진단평가 문제집    2~6학년·중1 신입생, 총 6권

# 평가 자료집

기본 단원평가

실력 + 서술형 문제

홈스쿨링
우등생

초등
수학 2·2

천재교육

# 평가 자료집 포인트 2가지

▶ 기본 단원평가로 단원 복습 및 학교 시험 대비

▶ 실력+서술형 문제로 각종 시험 대비 및 문제 해결 연습

# 평가 자료집

## 수학 | 2-2

**1** 네 자리 수 ·········· 2

**2** 곱셈구구 ·········· 7

**3** 길이 재기 ·········· 12

**4** 시각과 시간 ·········· 17

**5** 표와 그래프 ·········· 22

**6** 규칙 찾기 ·········· 27

**1**
하
희수가 가지고 있는 돈입니다. 1000원이 되려면 얼마가 더 있어야 할까요?

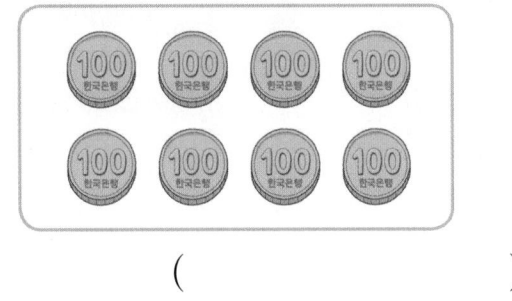

(　　　　　　　　　)

**2**
하
이쑤시개가 1000개씩 4상자 있습니다. 이쑤시개는 모두 몇 개일까요?

(　　　　　　　　　)

**3**
하
수 모형이 나타내는 수를 쓰세요.

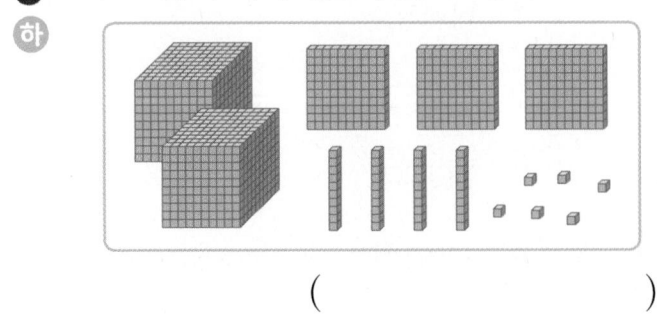

(　　　　　　　　　)

**4**
하
수를 보고 □ 안에 알맞은 수나 말을 써넣으세요.

3264

3264에서 2는 [　　] 의 자리 숫자이고,

[　　　　] 을 나타냅니다.

**5**
하
□ 안에 알맞은 수를 써넣으세요.

6275는
- 1000이　6개
- 100이　[　]개
- 10이　[　]개
- [　]이　5개

**6**
하
두 수의 크기를 비교하여 ○ 안에 >, < 를 알맞게 써넣으세요.

1390 ◯ 1386

**7**
중
숫자 7이 70을 나타내는 수를 찾아 ○표 하세요.

2387　7952　3671　5780

**8**
두 수 중 더 큰 수를 찾아 쓰세요.

| 2469 | 2641 |

( )

**9**
다음 중에서 수를 바르게 읽은 것은 어느 것일까요? ( )

① 2005 – 이천오백
② 3001 – 삼천십
③ 6702 – 육천칠십이
④ 3450 – 삼천사백오십
⑤ 9007 – 구천칠십

**10**
100씩 뛰어 세어 보세요.

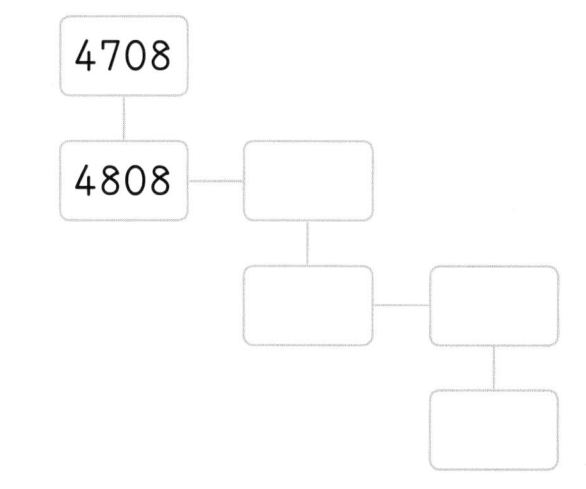

**11**
뛰어 센 규칙을 찾아 □ 안에 알맞은 수를 써넣으세요.

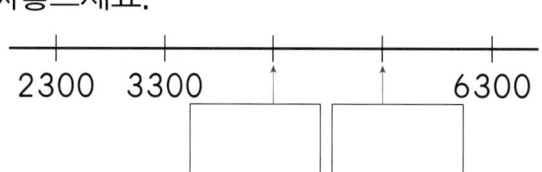

**12**
천의 자리 숫자가 4, 백의 자리 숫자가 0, 십의 자리 숫자가 3, 일의 자리 숫자가 1인 네 자리 수를 쓰세요.

( )

**13**
다음 중 나타내는 수가 <u>다른</u> 하나는 어느 것일까요? ( )

① 999보다 1만큼 더 큰 수
② 100이 10개인 수
③ 700보다 200만큼 더 큰 수
④ 1000
⑤ 천

**14**
큰 수부터 차례로 기호를 쓰세요.

| ㉠ 5709 | ㉡ 6415 |
| ㉢ 5078 | ㉣ 6417 |

( )

**15** 연필 공장에서 연필을 1000자루 만들었습니다. 연필을 한 상자에 10자루씩 넣으면 몇 상자가 될까요?

(　　　　　　　　)

**16** 4장의 수 카드를 한 번씩만 사용하여 만들 수 있는 네 자리 수 중 가장 작은 수를 쓰세요.

| 1 | 5 | 8 | 4 |

(　　　　　　　　)

**17** 1부터 9까지의 수 중에서 □ 안에 들어갈 수 있는 수를 모두 쓰세요.

8967<896□

(　　　　　　　　)

**18** 재현이의 저금통에 4850원이 저금되어 있습니다. 일주일에 1000원씩 저금한다고 할 때 5주일 동안 저금하면 모두 얼마가 되는지 구하세요.

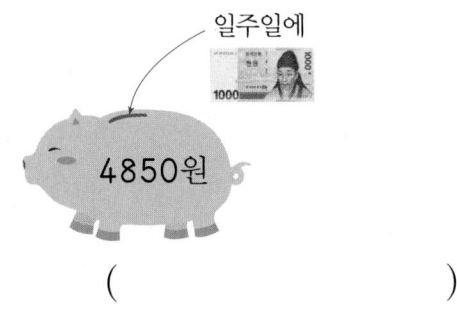

일주일에
1000

4850원

(　　　　　　　　)

**19** 현우는 천 원짜리 지폐 4장, 백 원짜리 동전 15개를 내고 필통을 샀습니다. 필통은 얼마일까요?

(　　　　　　　　)

서술형 문제
**20** 어떤 수에서 10씩 커지도록 3번 뛰어 세었더니 7491이 되었습니다. 어떤 수는 얼마인지 풀이 과정을 쓰고 답을 구하세요.

풀이 _____

_____

_____

답 _____

**1** 다음은 모두 얼마일까요?

(          )

**2** 100원짜리 동전이 몇 개 있어야 3000원 이 될까요?

(          )

**3** 가장 큰 수를 찾아 기호를 쓰세요.

> ㉠ 1000이 2개인 수
> ㉡ 1000이 3개인 수
> ㉢ 10이 400개인 수

(          )

**4** 지호는 한 걸음 걸을 때마다 1씩 뛰어 세어 1000까지 세려고 합니다. 지금 970까지 세었다면 몇 걸음 더 걸어야 할까요?

(          )

**5** 4장의 수 카드를 한 번씩만 사용하여 만 들 수 있는 네 자리 수 중에서 5000보다 큰 수는 모두 몇 개일까요?

| 0 | 5 | 3 | 1 |
|---|---|---|---|

(          )

**6** 지민이는 1000원짜리 지폐 6장, 100 원짜리 동전 34개, 10원짜리 동전 43 개를 저금하였고, 재훈이는 1000원짜리 지폐 5장, 100원짜리 동전 44개, 10원 짜리 동전 20개를 저금하였습니다. 누가 더 많은 돈을 저금했을까요?

(          )

1 단원

미령이의 용돈 기입장에 적힌 내용입니다. 다음을 보고 물음에 답하세요. (7~8)

| 날짜 | 내용 | 쓴 돈 | 받은 돈 |
|---|---|---|---|
| 9월 10일 | 한 달 용돈 | | 7000원 |
| 9월 10일 | 엄마 심부름 | | 1000원 |
| 9월 10일 | 필통 | 1250원 | |
| 9월 10일 | 공책 | 1050원 | |
| 9월 10일 | 친구 생일 선물 | 3200원 | |

**7** 미령이는 무엇을 사는 데 돈을 가장 많이 썼을까요?

(                              )

**8** 한 달 용돈을 모두 500원짜리 동전으로 바꾼다면 동전은 모두 몇 개가 될까요?

(                              )

**서술형 문제**

**9** 성주의 저금통에는 3800원이 들어 있습니다. 내일부터 매일 1000원씩 저금한다면 오늘부터 며칠 후에 9800원이 되는지 풀이 과정을 쓰고 답을 구하세요.

풀이 _____

_____

_____

답 _____

**10** 0부터 9까지의 수 중에서 □ 안에 들어갈 수 있는 수는 모두 몇 개일까요?

$$8130 < 8\square30 < 8730$$

(                              )

**11** 세 사람이 네 자리 수를 각각 썼습니다. 가장 작은 수를 쓴 사람은 누구일까요?

| 79♥5 | 76▲1 | 7696 |
|---|---|---|
| 경완 | 윤미 | 재경 |

(                              )

**12** 다음 조건을 모두 만족하는 네 자리 수를 구하세요.

- 4000보다 크고 5000보다 작습니다.
- 백의 자리 숫자가 나타내는 값은 500입니다.
- 십의 자리 숫자는 1보다 작습니다.
- 일의 자리 숫자는 9입니다.

(                              )

정답 42쪽

**1** 수직선을 보고 곱셈식으로 나타내세요.

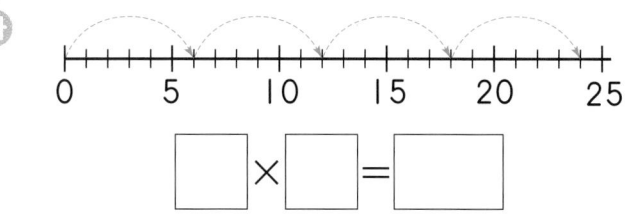

$$\boxed{\phantom{0}} \times \boxed{\phantom{0}} = \boxed{\phantom{00}}$$

**2** 곱셈을 하세요.

(1) $2 \times 7 = \boxed{\phantom{00}}$

(2) $9 \times 4 = \boxed{\phantom{00}}$

**3** 곱셈구구의 값을 찾아 이으세요.

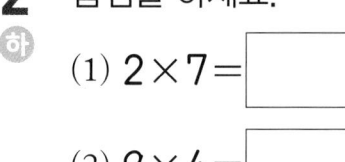

$5 \times 6$ ·　　　　· $54$

$7 \times 8$ ·　　　　· $30$

$9 \times 6$ ·　　　　· $56$

**4** $4 \times 3$을 덧셈식으로 바르게 나타낸 것은 어느 것일까요? (　　　)

① $3+3+3$　　② $3+3+3+3+3$
③ $4+4+4$　　④ $4+4+4+4$
⑤ $4+3$

**5** 다음 중 곱을 바르게 나타낸 것은 어느 것일까요? (　　　)

① $3 \times 8 = 25$　　② $4 \times 7 = 28$
③ $5 \times 6 = 35$　　④ $6 \times 5 = 40$
⑤ $7 \times 4 = 32$

**6** □ 안에 알맞은 수를 써넣으세요.

$$6 \times 3 = 9 \times \boxed{\phantom{0}}$$

**7** 빈 곳에 알맞은 수를 써넣으세요.

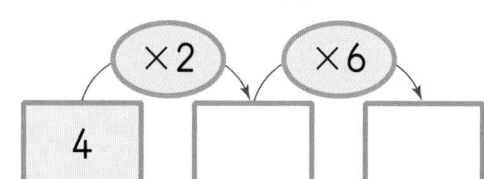

**8** ○ 안에 >, =, <를 알맞게 써넣으세요.

$$1 \times 8 \bigcirc 0 \times 9$$

**9** 곱이 12인 것을 모두 찾아 ○표 하세요.
(중)

> 6×2  3×4  7×2  4×3

**10** 거북이 모두 몇 마리인지 여러 가지 곱셈
(중) 식으로 나타내세요.

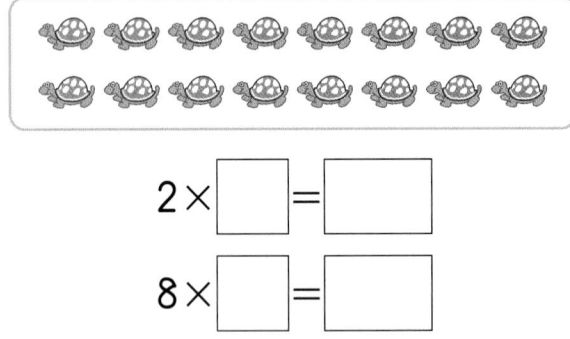

2× ☐ = ☐

8× ☐ = ☐

**11** 잠자리는 날개를 4장씩 가지고 있습니다.
(중) 전시되어 있는 잠자리의 날개는 모두 몇
장일까요?

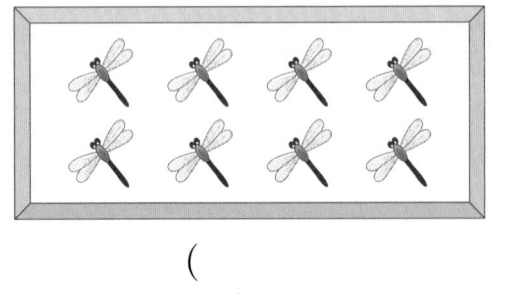

(                    )

**곱셈표를 보고 물음에 답하세요. (12~13)**

| × | 4 | 5 | 6 | 7 | 8 |
|---|---|---|---|---|---|
| 4 | 16 |  | 24 |  |  |
| 5 |  | 25 |  | 35 |  |
| 6 |  |  |  |  |  |
| 7 |  |  |  |  |  |
| 8 |  |  |  |  | 64 |

**12** 위의 곱셈표를 완성하세요.
(중)

**13** 위의 곱셈표에서 4×8과 곱이 같은 곱셈
(중) 구구를 찾아 식을 쓰세요.

☐ × ☐ = ☐

**14** ㉠에 알맞은 수를 구하세요.
(중)

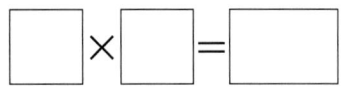

| × | 3 | 5 | 7 | 9 |
|---|---|---|---|---|
| ㉠ | 9 | 15 | 21 | 27 |

(                    )

**15** 곱이 작은 것부터 차례로 기호를 쓰세요.
(중)

> ㉠ 2×7    ㉡ 3×5
> ㉢ 4×3    ㉣ 8×2

( )

**다음을 보고 물음에 답하세요. (16~17)**

**16** 빵은 모두 몇 개일까요?
(중)

( )

**17** 동생에게 빵을 2봉지 준다면 동생이 갖게
(중) 되는 빵은 모두 몇 개일까요?

( )

**18** 두발자전거 7대와 세발자전거 9대가 있
(상) 습니다. 자전거 바퀴는 모두 몇 개일까요?

( )

**19** 1부터 9까지의 수 중에서 □ 안에 들어갈
(상) 수 있는 수를 모두 구하세요.

$$\square \times 8 < 35$$

( )

서술형 문제

**20** 민지가 가지고 있는 연필은 6자루씩 4묶
(상) 음입니다. 그중 7자루를 친구에게 주었다
면 남은 연필은 몇 자루인지 풀이 과정을
쓰고 답을 구하세요.

풀이 _____

_____

_____

답 _____

2 단원

진도 완료 체크

**1** 곱이 같은 것끼리 선으로 이으세요.

| 2×4 | • | | • | 1×5 |
| 6×4 | • | | • | 8×3 |
| 5×1 | • | | • | 4×2 |

**2** 다음 중 9단 곱셈구구의 곱이 <u>아닌</u> 것은 어느 것일까요? (        )

① 27        ② 36        ③ 45
④ 53        ⑤ 63

**3** □ 안에 알맞은 수가 가장 큰 것은 어느 것일까요? (        )

① □×8=16        ② 4×□=20
③ 5×□=30        ④ □×7=28
⑤ □×3=27

**4** □ 안에 공통으로 들어갈 수는 얼마일까요?

2×□=0   7×□=0   □×9=0

(                    )

**5** 곱셈표에서 ㉠과 ㉡에 알맞은 수의 합을 구하세요.

| × | 2 | 3 | 5 | 6 | 8 | 9 |
|---|---|---|---|---|---|---|
| 5 |   |   | ㉠ |   |   |   |
| 7 |   |   |   |   |   |   |
| 9 |   |   |   |   | ㉡ |   |

(                    )

**6** 보기를 보고 규칙을 찾아 ㉠에 알맞은 수를 구하세요.

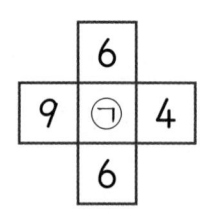

┌─ 보기 ─

|     | 3   |     |
|-----|-----|-----|
| 4   | 24  | 6   |
|     | 8   |     |

|     | 6   |     |
|-----|-----|-----|
| 9   | ㉠  | 4   |
|     | 6   |     |

(                    )

• • 정답 42쪽

**7** 대화를 읽고 민재가 생각한 수를 구하세요.

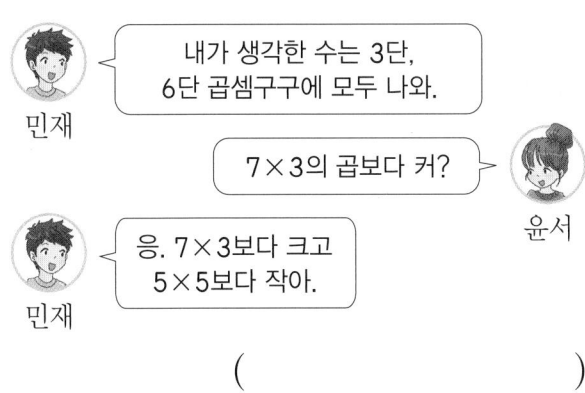

민재: 내가 생각한 수는 3단, 6단 곱셈구구에 모두 나와.

윤서: 7×3의 곱보다 커?

민재: 응. 7×3보다 크고 5×5보다 작아.

(            )

**8** 어떤 수에 9를 곱해야 할 것을 잘못하여 6을 곱했더니 42가 되었습니다. 바르게 계산하면 얼마일까요?

(            )

**9** 달리기 대회에서 상품으로 공책을 1등은 3권, 2등은 2권, 3등은 1권을 받고, 4등부터는 받지 않습니다. 진영이네 반의 달리기 대회 결과가 다음과 같을 때 공책을 모두 몇 권 받게 될까요?

| 등수 | 1등 | 2등 | 3등 | 4등 |
|------|-----|-----|-----|-----|
| 사람 수(명) | 9 | 0 | 8 | 7 |

(            )

서술형 문제

**10** 6장의 수 카드 중에서 두 수의 합이 8인 카드 두 장을 뽑아 두 수를 곱했을 때 나올 수 있는 가장 큰 곱과 가장 작은 곱의 합을 구하려고 합니다. 풀이 과정을 쓰고 답을 구하세요.

| 1 | 3 | 5 | 2 | 6 | 7 |
|---|---|---|---|---|---|

**풀이** _____

_____

_____

**답** _____

**11** 장난감 자동차를 한 줄에 4개씩 4줄로 세워 놓았습니다. 이 장난감 자동차를 다시 한 줄에 2개씩 세우면 몇 줄로 세울 수 있을까요?

(            )

**12** 준형이는 동화책을 매일 9쪽씩 7일 동안 읽고, 나머지 부분을 매일 7쪽씩 8일 동안 읽어 동화책 한 권을 다 읽었습니다. 준형이가 읽은 동화책은 모두 몇 쪽일까요?

(            )

**1** 길이를 바르게 읽으세요.
하

3 m 82 cm

( 　　　　　　　　　　　 )

**2** □ 안에 알맞은 수를 써넣으세요.
하

(1) 265 cm = ☐ m ☐ cm

(2) 7 m 54 cm = ☐ cm

**3** 길이를 m 단위로 나타내기에 알맞은 것은
하 어느 것일까요? ( 　　　 )

① 연필의 길이
② 손가락의 길이
③ 수학책의 짧은 쪽의 길이
④ 책가방 긴 쪽의 길이
⑤ 국기 게양대의 높이

**4** □ 안에 알맞은 수를 써넣으세요.
하

$$\begin{array}{r} 4\text{ m}\quad38\text{ cm} \\ -\ 2\text{ m}\quad18\text{ cm} \\ \hline \boxed{\phantom{0}}\text{ m}\quad\boxed{\phantom{0}}\text{ cm} \end{array}$$

**계산을 하세요. (5~6)**

**5** 3 m 25 cm + 2 m 60 cm
중

**6** 5 m 48 cm + 4 m 27 cm
중

**7** 길이를 바르게 나타낸 것은 어느 것일까
중 요? ( 　　　 )

① 721 cm = 72 m 1 cm
② 408 cm = 4 m 80 cm
③ 530 cm = 5 m 3 cm
④ 6 m 2 cm = 62 cm
⑤ 8 m 8 cm = 808 cm

**8** 집에 있는 물건들의 실제 길이를 잰 것입니다. 길이가 약 1 m인 것을 모두 찾아 기호를 쓰세요.

> ㉠ 방문 손잡이의 높이: 96 cm
> ㉡ 냉장고의 높이: 2 m 10 cm
> ㉢ 식탁 긴 쪽의 길이: 195 cm
> ㉣ 화분의 높이: 1 m 7 cm

( )

**9** ○ 안에 >, =, <를 알맞게 써넣으세요.

(1) 208 cm ◯ 2 m 80 cm

(2) 5 m 70 cm ◯ 570 cm

**10** 책상 긴 쪽의 길이는 몇 m 몇 cm일까요?

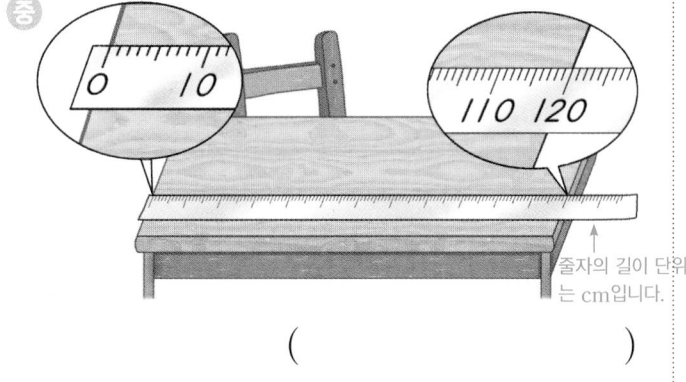

줄자의 길이 단위는 cm입니다.

( )

**11** 길이가 1 m보다 긴 것을 모두 찾아 기호를 쓰세요.

> ㉠ 리코더의 길이
> ㉡ 줄넘기 줄의 길이
> ㉢ 교실 칠판 긴 쪽의 길이
> ㉣ 빨대의 길이

( )

**12** □ 안에 cm와 m 중 알맞은 단위를 써넣으세요.

(1) 필통의 길이는 약 20 ☐ 입니다.

(2) 기차 한 칸의 길이는 약 19 ☐ 입니다.

(3) 내 키는 약 115 ☐ 입니다.

**13** 주어진 길이가 1 m일 때, 자동차의 길이는 약 몇 m일까요?

1 m ⊢——⊣

( )

3
단원

**14** 길이가 5 m보다 긴 것을 모두 찾아 기호
(중) 를 쓰시오.

> ㉠ 기차의 길이
> ㉡ 냉장고의 높이
> ㉢ 30층 아파트의 높이
> ㉣ 동생의 키

( )

**15** □ 안에 알맞은 수를 써넣으세요.
(중)

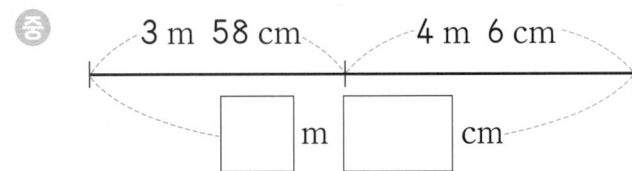

**16** 긴 길이부터 차례로 기호를 쓰세요.
(중)

> ㉠ 415 cm      ㉡ 4 m 50 cm
> ㉢ 4 m 5 cm    ㉣ 455 cm

( )

**17** 재은이의 한 뼘의 길이는 10 cm입니다.
(중) 재은이가 서랍장의 높이를 재었더니 약 10
뼘이었습니다. 서랍장의 높이는 약 몇 m
일까요?

( )

**18** 주연이는 노란색 테이프를 235 cm, 파
(상) 란색 테이프를 4 m 17 cm 가지고 있습
니다. 주연이가 가지고 있는 색 테이프의
길이는 모두 몇 m 몇 cm일까요?

( )

*서술형 문제*

**19** 보건소에서 시장까지의 거리가 80 m
(상) 85 cm일 때, 보건소에서 집까지의 거리는
몇 m 몇 cm인지 풀이 과정을 쓰고 답을
구하세요.

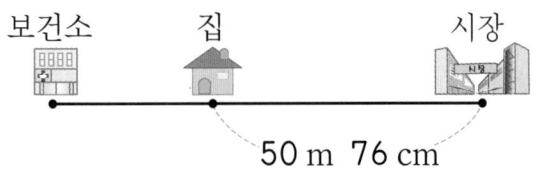

풀이 _____

_____

_____

_____

답 _____

**20** 민지가 쌓은 상자의 높이는 1 m 72 cm
(상) 이고 정희가 쌓은 상자의 높이는 149 cm
입니다. 누가 상자를 몇 cm 더 높이 쌓았
을까요?

( ), ( )

# 실력 ➕ 서술형 문제

**1** □ 안에 알맞은 수를 써넣으세요.

509 cm＋8 m 14 cm

＝ ☐ m ☐ cm

**2** □ 안에 알맞은 수를 써넣으세요.

5 m 63 cm－217 cm

＝ ☐ m ☐ cm

**3** 소나무의 높이는 1 m입니다. 감나무의 높이는 약 몇 m일까요?

소나무     감나무

(                    )

**4** 가장 긴 길이와 가장 짧은 길이의 합은 몇 m 몇 cm일까요?

| 345 cm | 3 m 54 cm | 350 cm |

(                    )

**5** 민수의 두 걸음은 약 1 m입니다. 민수가 집에서 편의점까지의 거리를 재었더니 10걸음이었습니다. 민수네 집에서 편의점까지의 거리는 약 몇 m일까요?

(                    )

**6** 색 테이프 2장을 겹치게 다음과 같이 이어 붙였을 때 이어 붙인 색 테이프의 전체 길이는 몇 m 몇 cm일까요?

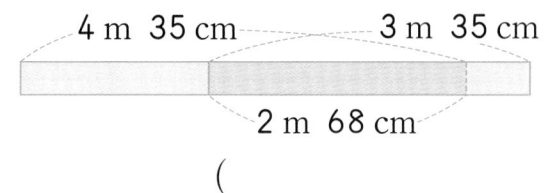

4 m 35 cm          3 m 35 cm

2 m 68 cm

(                    )

**7** 한 층의 높이가 약 3 m인 5층짜리 건물을 지으려고 합니다. 이 건물의 높이는 약 몇 m가 될까요?

(                    )

**8** 지훈이가 양팔을 벌린 길이는 1 m이고 아빠가 양팔을 벌린 길이는 2 m입니다. 아빠가 창문 긴 쪽의 길이를 재었더니 양팔을 벌린 길이의 약 2배였습니다. 지훈이가 창문 긴 쪽의 길이를 재면 양팔을 벌린 길이의 약 몇 배일까요?

(            )

**9** 길이가 4 m 70 cm인 철사로 같은 크기의 사각형 2개를 만들려고 합니다. 사각형 한 개를 만드는 데 철사가 80 cm 필요하다면 사각형 2개를 만들고 남는 철사의 길이는 몇 m 몇 cm일까요?

(            )

**10** 혜성이와 은하는 멀리뛰기 시합을 하였습니다. 1회와 2회의 멀리뛰기 기록의 합이 더 큰 사람이 이긴다고 합니다. 은하가 이기려면 2회에 적어도 몇 m 몇 cm보다 멀리 뛰어야 할까요?

|  | 혜성 | 은하 |
|---|---|---|
| 1회 | 1 m 20 cm | 143 cm |
| 2회 | 155 cm |  |

(            )

**서술형 문제**

**11** 집에서 서점을 거쳐 학교까지 가는 거리는 집에서 학교로 바로 가는 거리보다 몇 m 몇 cm 더 먼지 풀이 과정을 쓰고 답을 구하세요.

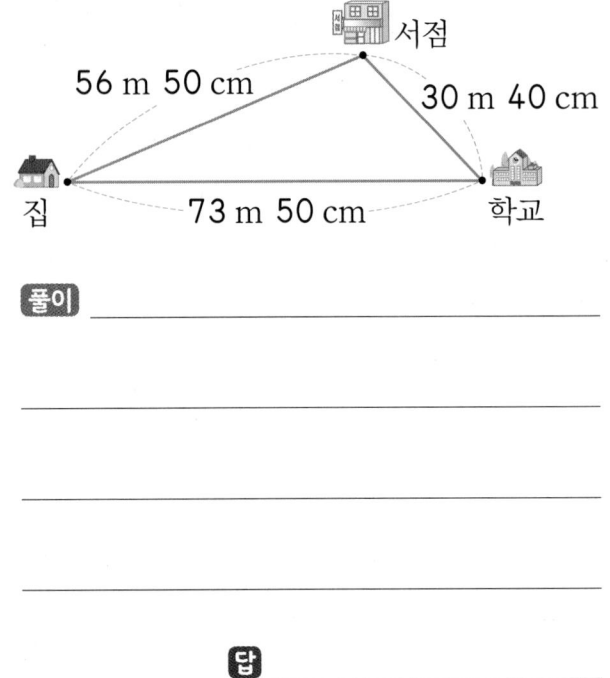

**풀이** _____

_____

_____

_____

**답** _____

**12** 길이가 20 cm인 종이테이프 4장을 5 cm씩 겹치게 한 줄로 이어 붙였습니다. 이어 붙인 종이테이프의 전체 길이는 몇 cm인지 구하세요.

(            )

정답 44쪽

**1** □ 안에 알맞은 수를 써넣으세요.

(1) 긴바늘이 4를 가리키면 [ ]분을 나타냅니다.

(2) 긴바늘이 [ ]을 가리키면 35분을 나타냅니다.

**2** 시계를 보고 □ 안에 알맞은 수를 써넣으세요.

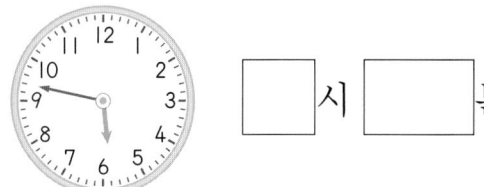

[ ]시 [ ]분

**3** 다음과 같은 시각을 모형 시계에 나타내려고 합니다. □ 안에 알맞은 수를 써넣으세요.

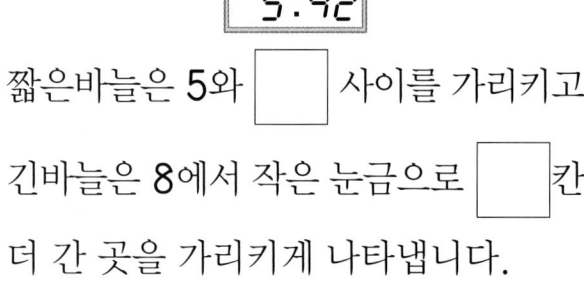

짧은바늘은 5와 [ ] 사이를 가리키고 긴바늘은 8에서 작은 눈금으로 [ ]칸 더 간 곳을 가리키게 나타냅니다.

**4** 시계를 보고 □ 안에 알맞은 수를 써넣으세요.

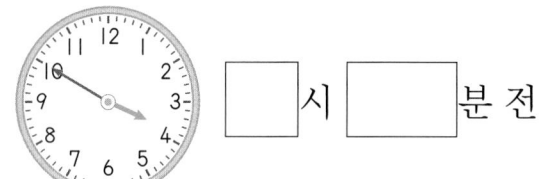

[ ]시 [ ]분 전

**5** 시각에 맞게 오른쪽 시계에 긴바늘을 그려넣으세요.

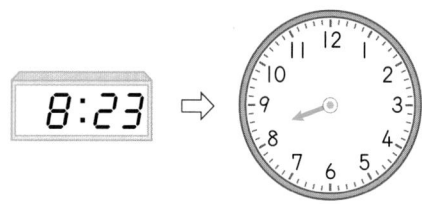

**6** 같은 시각을 나타내는 것끼리 이으세요.

2:55 ·     · 3시 5분 전

5:40 ·     · 1시 15분 전

12:45 ·     · 6시 20분 전

**7** □ 안에 알맞은 수를 써넣으세요.

(1) 150분= [ ]시간 [ ]분

(2) 1시간 15분= [ ]분

**8** 다음 중 날수가 <u>다른</u> 달을 골라 기호를 쓰
(중) 세요.

> ㉠ 1월　　㉡ 3월　　㉢ 4월
> ㉣ 7월　　㉤ 8월　　㉥ 10월

( 　　　　　　 )

**9** 기간이 더 긴 것에 ◯표 하세요.
(중)

| 2년 4개월 | 25개월 |

( 　　　 )　( 　　　 )

**10** 정환이가 청소를 하는 데 걸린 시간을 구
(중) 하려고 합니다. 물음에 답하세요.

| 시작한 시각 | 끝낸 시각 |

(1) 정환이가 청소를 하는 데 걸린 시간
을 시간 띠에 나타내세요.

2시　10분　20분　30분　40분　50분　3시

(2) 정환이가 청소를 하는 데 걸린 시간
은 몇 분일까요?

( 　　　　　　 )

**11** □ 안에 알맞은 수를 써넣으세요.
(중)

(1) 1일 15시간 = ☐ 시간

(2) 50시간 = ☐ 일 ☐ 시간

(3) 32개월 = ☐ 년 ☐ 개월

**12** 은성이는 오전 11시부터 오후 2시까지
(중) 책을 읽었습니다. 은성이가 책을 읽는 데
걸린 시간은 몇 시간일까요?

( 　　　　　　 )

**어느 해의 8월 달력을 보고 물음에 답
하세요. (13~14)**

8월

| 일 | 월 | 화 | 수 | 목 | 금 | 토 |
|----|----|----|----|----|----|----|
|    |    |    | 1  | 2  | 3  | 4  | 5 |
| 6  | 7  | 8  | 9  | 10 | 11 | 12 |
| 13 | 14 | 15 | 16 | 17 | 18 | 19 |
| 20 | 21 | 22 | 23 | 24 | 25 | 26 |
| 27 | 28 | 29 | 30 | 31 |    |    |

**13** 이달의 월요일의 날짜를 모두 쓰세요.
(중) ( 　　　　　　 )

**14** 11일에서 6일 전은 무슨 요일일까요?
(중) ( 　　　　　　 )

**15** 시계의 짧은바늘이 1에서 3까지 가는 동
중 안에 긴바늘은 모두 몇 바퀴 돌까요?

(          )

**서술형 문제**
**16** 천수는 오전 11시 20분에 줄넘기를 시
중 작하여 오후 12시 40분까지 줄넘기를
했습니다. 줄넘기를 하는 데 걸린 시간은
몇 시간 몇 분인지 풀이 과정을 쓰고 답을
구하세요.

**풀이** _____

_____

_____

_____

**답** _____

**17** 어느 달의 마지막 월요일은 26일입니다.
중 이달의 1일은 무슨 요일일까요?

(          )

**18** 은희가 1시간 35분 동안 공부를 하고 시
상 계를 보았더니 오후 5시 10분이었습니
다. 은희가 공부를 시작한 시각은 오후 몇
시 몇 분일까요?

(          )

**19** 도영이네 학교는 40분 동안 수업을 하고
상 10분 동안 쉽니다. 5교시 수업이 오후
12시 50분에 시작한다면 6교시 수업이
끝나는 시각은 오후 몇 시 몇 분일까요?

(          )

**4**
단원

진도 완료
체크

**20** 연주의 생일은 7월 12일 금요일이고, 아
상 버지의 생신은 연주의 생일로부터 19일
후라고 합니다. 아버지의 생신은 몇 월 며
칠이고 무슨 요일일까요?

(          )

**1** ☐ 안에 알맞은 수를 써넣으세요.

(1) 시계의 짧은바늘은 하루에 ☐ 바퀴를 돕니다.

(2) 시계의 긴바늘은 하루에 ☐ 바퀴를 돕니다.

**2** 세 사람이 오늘 아침에 일어난 시각을 나타낸 것입니다. 가장 일찍 일어난 사람은 누구일까요?

세현          은혜          선은

(                              )

**3** 민선이가 피아노 연습을 하는 데 걸린 시간은 몇 시간 몇 분일까요?

| 시작한 시각 | 끝낸 시각 |

(                              )

**4** 경준이와 지혜가 컴퓨터를 사용하기 시작한 시각과 끝낸 시각입니다. 컴퓨터를 더 오래 사용한 사람은 누구일까요?

|        | 시작한 시각 | 끝낸 시각 |
|--------|------------|----------|
| 경준 | 6시 25분 | 7시 45분 |
| 지혜 | 6시 10분 | 7시 35분 |

(                              )

**5** 서준이는 1시간 20분 동안 숙제를 하였습니다. 숙제를 끝낸 시각이 오후 5시 15분이라면 숙제를 시작한 시각은 오후 몇 시 몇 분일까요?

(                              )

**6** 다음 설명을 읽고 민재의 생일은 몇 월 며칠인지 구하세요.

> • 시경이의 생일은 11월 마지막 날입니다.
> • 민재는 시경이보다 12일 먼저 태어났습니다.

(                              )

**7** 영하네 가족은 8월 2일 오전 10시부터 8월 3일 오후 7시까지 가족 여행을 다녀왔습니다. 영하네 가족이 여행을 다녀오는 데 걸린 시간은 모두 몇 시간일까요?

(            )

서술형 문제

**8** 어느 해 12월 1일은 금요일입니다. 다음 해 1월 1일은 무슨 요일인지 풀이 과정을 쓰고 답을 구하세요.

풀이 _____

_____

_____

_____

답 _____

**9** 어느 해 10월 23일은 수요일입니다. 같은 해 11월 달력을 만드세요.

11월

| 일 | 월 | 화 | 수 | 목 | 금 | 토 |
|---|---|---|---|---|---|---|
|  |  |  |  |  |  |  |
|  |  |  |  |  |  |  |
|  |  |  |  |  |  |  |
|  |  |  |  |  |  |  |
|  |  |  |  |  |  |  |

**10** 다음은 유진이가 하루에 하는 활동입니다. 나머지 시간이 잠자는 시간이라면 유진이가 하루에 잠자는 시간은 몇 시간일까요?

- 학교생활: 7시간
- 식사: 2시간
- 숙제: 1시간
- 독서: 2시간
- 자유 시간: 4시간

(            )

**11** 지금은 12월 30일 오후 5시입니다. 시계의 짧은바늘이 두 바퀴 돌면 몇 월 며칠 몇 시일까요?

(            )

4 단원

진도 완료 체크

**12** 서울의 시각은 베트남 하노이의 시각보다 2시간 빠릅니다. 서울에 있는 세호가 오후 1시 15분에 하노이에 있는 사촌 누나에게 전화를 할 때 하노이의 시각은 몇 시 몇 분일까요?

(            )

수민이네 반 학생들이 좋아하는 꽃을 조사하였습니다. 물음에 답하세요. (1~3)

수민이네 반 학생들이 좋아하는 꽃

| 이름 | 꽃 | 이름 | 꽃 | 이름 | 꽃 |
|------|-----|------|------|------|------|
| 수민 | 장미 | 채경 | 백합 | 의태 | 국화 |
| 지혜 | 백합 | 병호 | 장미 | 지민 | 튤립 |
| 경수 | 장미 | 현빈 | 튤립 | 동수 | 튤립 |
| 혜진 | 장미 | 해림 | 장미 | 수진 | 장미 |
| 석규 | 국화 | 형규 | 튤립 | 은희 | 국화 |

**1** 백합을 좋아하는 학생의 이름을 모두 쓰세요.

( )

**2** 조사한 자료를 보고 표로 나타내세요.

수민이네 반 학생들이 좋아하는 꽃별 학생 수

| 꽃 | 장미 | 백합 | 국화 | 튤립 | 합계 |
|------|------|------|------|------|------|
| 학생 수(명) | | | | | |

**3** 잘못된 것은 어느 것일까요? ( )

① 장미를 좋아하는 학생은 6명입니다.
② 조사한 학생은 모두 15명입니다.
③ 형규가 좋아하는 꽃은 국화입니다.
④ 가장 적은 학생들이 좋아하는 꽃은 백합입니다.
⑤ 장미를 좋아하는 학생 수는 국화를 좋아하는 학생 수의 2배입니다.

태오네 반 학생들이 좋아하는 과일을 조사하였습니다. 물음에 답하세요. (4~7)

태오네 반 학생들이 좋아하는 과일

**4** 태오네 반 학생들이 좋아하는 과일을 모두 쓰세요.

( )

**5** 조사한 자료를 보고 표로 나타내세요.

태오네 반 학생들이 좋아하는 과일별 학생 수

| 과일 | 귤 | 참외 | 사과 | 포도 | 합계 |
|------|-----|------|------|------|------|
| 학생 수(명) | | | | | |

**6** 조사한 학생은 모두 몇 명일까요?

( )

**7** 참외를 좋아하는 학생은 몇 명일까요?

( )

재호네 반 학생들이 좋아하는 음식을 조사하여 표로 나타내었습니다. 물음에 답하세요. (8~10)

재호네 반 학생들이 좋아하는 음식별 학생 수

| 음식 | 라면 | 김밥 | 빵 | 피자 | 만두 | 합계 |
|---|---|---|---|---|---|---|
| 학생 수(명) | 4 | 2 | 4 | 7 | 3 | 20 |

**8** 피자를 좋아하는 학생은 만두를 좋아하는 학생보다 몇 명 더 많을까요?

( )

**9** 표를 보고 ○를 이용하여 그래프로 나타내세요.

재호네 반 학생들이 좋아하는 음식별 학생 수

| 7 | | | | | |
|---|---|---|---|---|---|
| 6 | | | | | |
| 5 | | | | | |
| 4 | | | | | |
| 3 | | | | | |
| 2 | | | | | |
| 1 | | | | | |
| 학생 수(명) \ 음식 | 라면 | 김밥 | 빵 | 피자 | 만두 |

**10** 가장 많은 학생들이 좋아하는 음식은 무엇일까요?

( )

다해네 반 학생들이 좋아하는 운동을 조사하여 그래프로 나타내었습니다. 물음에 답하세요. (11~15)

다해네 반 학생들이 좋아하는 운동별 학생 수

| | 태권도 | 테니스 | 수영 | 탁구 |
|---|---|---|---|---|
| 6 | | | ○ | |
| 5 | ○ | | ○ | |
| 4 | ○ | ○ | ○ | |
| 3 | ○ | ○ | ○ | |
| 2 | ○ | ○ | ○ | ○ |
| 1 | ○ | ○ | ○ | ○ |
| 학생 수(명) \ 운동 | 태권도 | 테니스 | 수영 | 탁구 |

**11** 그래프의 가로에 나타낸 것은 무엇일까요?

( )

**12** 태권도를 좋아하는 학생 수보다 좋아하는 학생 수가 더 많은 운동을 쓰세요.

( )

**13** 좋아하는 학생 수가 많은 운동부터 차례로 쓰세요.

( )

**14** 그래프를 보고 표로 나타내세요.

다해네 반 학생들이 좋아하는 운동별 학생 수

| 운동 | 태권도 | 테니스 | 수영 | 탁구 | 합계 |
|---|---|---|---|---|---|
| 학생 수(명) | | | | | |

**15** 표와 그래프 중 가장 많은 학생들이 좋아하는 운동을 한눈에 알아보기 편리한 것은 어느 것일까요?

( )

**16** 오른쪽 모양을 만드 (중) 는 데 사용한 조각의 수를 표로 나타내세요.

사용한 조각 수

| 조각 | ◆ | ▱ | △ | ⬭ | ▪ | 합계 |
|---|---|---|---|---|---|---|
| 조각 수(개) | | | | | | |

어떤 건설 회사에서 이번 달에 필요한 물품을 조사하여 그래프로 나타내었습니다. 물음에 답하세요. (17~18)

이번 달에 필요한 물품별 개수

| 개수(개)\물품 | 벽돌 | 나무 | 시멘트 | 대리석 | 전선 | 유리 |
|---|---|---|---|---|---|---|
| 700 | ○ | | | | | |
| 600 | ○ | | ○ | | | |
| 500 | ○ | ○ | ○ | | | |
| 400 | ○ | ○ | ○ | | | ○ |
| 300 | ○ | ○ | ○ | | ○ | ○ |
| 200 | ○ | ○ | ○ | ○ | ○ | ○ |
| 100 | ○ | ○ | ○ | ○ | ○ | ○ |

**17** 이번 달에 모든 물품을 700개씩 주문하였 (상) 을 때, 가장 많이 남는 물품은 무엇일까요?

( )

**18** 다음 달에 위의 그래프를 참고하여 필요한 (상) 물품을 딱 맞게 주문하려고 합니다. 두 번째 로 많이 주문해야 하는 물품은 무엇일까요?

( )

호식이와 친구들이 축구공을 차서 골대에 넣으면 ○표, 넣지 못하면 ×표를 하여 나타낸 것입니다. 물음에 답하세요. (19~20)

축구공을 넣은 결과

| 이름\회 | 1 | 2 | 3 | 4 | 5 | 6 | 7 |
|---|---|---|---|---|---|---|---|
| 호식 | ○ | × | ○ | ○ | × | × | ○ |
| 준호 | × | ○ | × | ○ | × | ○ | × |
| 예림 | ○ | ○ | ○ | ○ | ○ | × | ○ |

**19** 축구공을 넣은 횟수를 표로 나타내세요. (중)

축구공을 넣은 횟수

| 이름 | 호식 | 준호 | 예림 | 합계 |
|---|---|---|---|---|
| 횟수(번) | | | | |

서술형 문제

**20** 축구공을 가장 많이 넣은 사람과 가장 적게 (중) 넣은 사람의 횟수의 차는 몇 번인지 풀이 과정을 쓰고 답을 구하세요.

풀이 _____

_____

_____

_____

답 _____

진희네 반 학생들의 장래 희망을 조사하여 나타낸 표와 그래프입니다. 물음에 답하세요. (1~3)

진희네 반 학생들의 장래 희망별 학생 수

| 장래 희망 | 과학자 | 경찰관 | 요리사 | 의사 | 선생님 | 합계 |
|---|---|---|---|---|---|---|
| 학생 수(명) | 5 | | 3 | | | |

진희네 반 학생들의 장래 희망별 학생 수

| 학생 수(명) / 장래 희망 | 과학자 | 경찰관 | 요리사 | 의사 | 선생님 |
|---|---|---|---|---|---|
| 9 | | ○ | | | |
| 8 | | ○ | | | |
| 7 | | ○ | | | |
| 6 | | ○ | | ○ | |
| 5 | ○ | ○ | | ○ | |
| 4 | ○ | ○ | | ○ | ○ |
| 3 | ○ | ○ | ○ | ○ | ○ |
| 2 | ○ | ○ | ○ | ○ | ○ |
| 1 | ○ | ○ | ○ | ○ | ○ |

**1** 표를 완성하세요.

**2** 학생 수가 요리사가 되고 싶은 학생 수의 2배인 장래 희망은 무엇일까요?

( )

**3** 학생 수가 가장 많은 장래 희망과 가장 적은 장래 희망의 학생 수의 차는 몇 명일까요?

( )

서술형 문제
**4** 근영이네 모둠 학생들이 한 달 동안 읽은 책 수를 조사하여 나타낸 표입니다. 지영이가 한 달 동안 읽은 책은 몇 권인지 풀이 과정을 쓰고 답을 구하세요.

근영이네 모둠 학생들이 한 달 동안 읽은 책 수

| 이름 | 근영 | 수지 | 지영 | 현수 | 효진 | 합계 |
|---|---|---|---|---|---|---|
| 책 수(권) | 4 | 5 | | 3 | 2 | 18 |

풀이 _____

_____

답 _____

민규네 반 학생들이 좋아하는 꽃을 조사하여 나타낸 표입니다. 물음에 답하세요. (5~6)

민규네 반 학생들이 좋아하는 꽃별 학생 수

| 꽃 | 튤립 | 나팔꽃 | 민들레 | 장미 | 합계 |
|---|---|---|---|---|---|
| 학생 수(명) | 8 | ㉠ | ㉡ | 10 | 30 |

**5** ㉠과 ㉡에 알맞은 수의 합을 구하세요.

( )

**6** 나팔꽃을 좋아하는 학생 수는 민들레를 좋아하는 학생 수의 3배일 때, ㉠과 ㉡에 알맞은 수를 각각 구하세요.

㉠ ( ), ㉡ ( )

민호네 모둠 친구들이 화살을 각각 10개 씩 던져서 넣은 횟수를 조사하여 그래프로 나타내었습니다. 물음에 답하세요. (7~8)

화살을 넣은 횟수

| 7 | | ○ | | |
| 6 | | ○ | ○ | |
| 5 | ○ | ○ | ○ | |
| 4 | ○ | ○ | ○ | |
| 3 | ○ | ○ | ○ | |
| 2 | ○ | ○ | ○ | ○ |
| 1 | ○ | ○ | ○ | ○ |
| 횟수(번) 이름 | 민호 | 서연 | 지우 | 수빈 |

**7** 화살을 넣지 <u>못한</u> 횟수를 표로 나타내세요.

화살을 넣지 못한 횟수

| 이름 | 민호 | 서연 | 지우 | 수빈 | 합계 |
|---|---|---|---|---|---|
| 횟수(번) | | | | | |

**서술형 문제**

**8** 화살을 한 번 넣을 때마다 5점씩 얻고, 넣지 못할 때마다 2점씩 잃는다고 합니다. 민호의 점수는 몇 점인지 풀이 과정을 쓰고 답을 구하세요.

풀이 _____

_____

_____

답 _____

성규네 반 학생들이 좋아하는 음식을 조사하여 나타낸 표입니다. 물음에 답하세요. (9~11)

성규네 반 학생들이 좋아하는 음식별 학생 수

| 음식 | 김밥 | 떡볶이 | 갈비 | 자장면 | 튀김 | 합계 |
|---|---|---|---|---|---|---|
| 학생 수(명) | 6 | 4 | 8 | | | |

**9** 자장면과 튀김을 좋아하는 학생 수의 합은 갈비를 좋아하는 학생 수보다 1명 더 많을 때, 조사한 학생은 모두 몇 명일까요?

( )

**10** 자장면을 좋아하는 학생은 튀김을 좋아하는 학생보다 3명 더 많을 때, 자장면과 튀김을 좋아하는 학생은 각각 몇 명일까요?

자장면 ( )
튀김 ( )

**11** 표를 보고 /를 이용하여 그래프로 나타내세요.

성규네 반 학생들이 좋아하는 음식별 학생 수

| 튀김 | | | | | | | | |
|---|---|---|---|---|---|---|---|---|
| 자장면 | | | | | | | | |
| 갈비 | | | | | | | | |
| 떡볶이 | | | | | | | | |
| 김밥 | | | | | | | | |
| 음식 학생수(명) | 1 | 2 | 3 | 4 | 5 | 6 | 7 | 8 |

**덧셈표를 보고 물음에 답하세요. (1~2)**

| + | 5 | 6 | 7 | 8 |
|---|---|---|---|---|
| 5 | 10 | 11 | 12 | 13 |
| 6 | | 12 | 13 | 14 |
| 7 | | | 14 | 15 |
| 8 | | | | 16 |

**1** 덧셈표의 빈칸에 알맞은 수를 써넣으세요.
하

**2** 빨간색으로 칠해진 수는 오른쪽으로 갈수록
하 몇씩 커질까요?

(         )

**3** 규칙을 찾아 □ 안에 알맞은 동물의 이름을
중 쓰세요.

(1) 🐰🐱🦢🐰🐱🦢 □ 🐱🦢
토끼 고양이 오리
(         )

(2) 🐰🐱🐱🦢🐰🐱🐱
🦢🐰🐱 □ 🦢🐰🐱
(         )

**곱셈표를 보고 물음에 답하세요. (4~6)**

| × | 2 | 4 | 6 | 8 |
|---|---|---|---|---|
| 2 | 4 | 8 | 12 | 16 |
| 4 | 8 | 16 | 24 | ♡ |
| 6 | 12 | 24 | 36 | 48 |
| 8 | 16 | ♡ | 48 | 64 |

**4** 파란색으로 칠해진 수는 아래쪽으로 내려
하 갈수록 몇씩 커질까요?

(         )

**5** 빨간색으로 칠해진 곳과 규칙이 같은 곳
하 을 찾아 색칠하세요.

**6** 곱셈표의 ♡에 공통으로 들어갈 수는 무엇
중 일까요?

(         )

**7** 규칙에 따라 쌓기나무를 쌓을 때 □ 안에 놓
중 을 쌓기나무는 무엇일까요? (     )

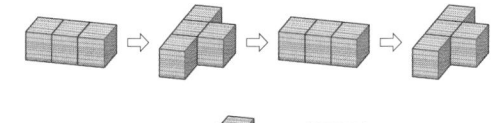

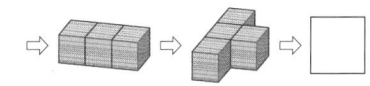

① 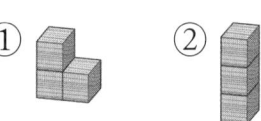    ②    ③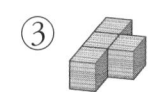

④ 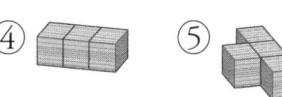    ⑤

**8** 규칙을 찾아 빈칸에 알맞은 모양을 그리고
색칠하세요.

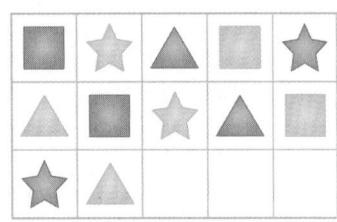

**서술형 문제**

**9** 쌓기나무로 다음과 같은 모양을 쌓았습니다.
쌓은 규칙을 쓰세요.

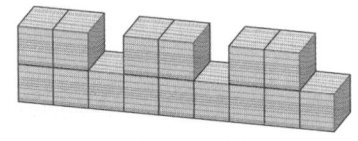

_____

_____

_____

**10** 규칙을 찾아 마지막 모양에 알맞게 색칠
하세요.

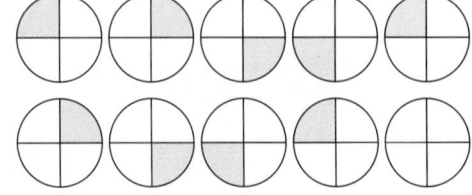

어느 해 10월 달력의 일부분입니다. 물
음에 답하세요. (11~13)

| 10월 | | | | | | |
|---|---|---|---|---|---|---|
| 일 | 월 | 화 | 수 | 목 | 금 | 토 |
| 1 | 2 | 3 | 4 | 5 | 6 | 7 |
| 8 | 9 | 10 | | | | |

**11** 화요일은 며칠마다 반복될까요?

( )

**12** 이달의 세 번째 토요일은 며칠일까요?

( )

**13** 이달의 30일은 무슨 요일일까요?

( )

**14** 규칙을 찾아 빈칸에 알맞은 모양을 그리고
색칠하세요.

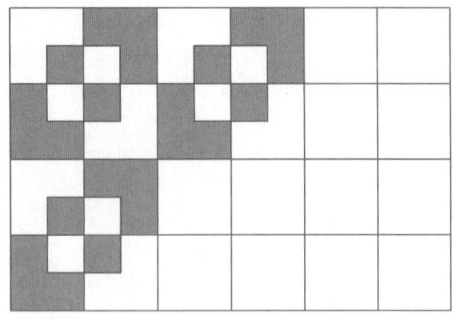

어떤 규칙에 따라 쌓기나무를 쌓은 것입니다. 물음에 답하세요. (15~16)

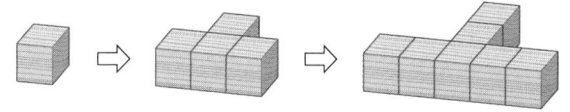

**15** 쌓기나무가 몇 개씩 늘어나는 규칙일까요?
(중)
（　　　　　　　）

**16** 다음에 이어질 모양에 쌓을 쌓기나무는 모두 몇 개일까요?
(중)
（　　　　　　　）

**17** 오른쪽 엘리베이터 안에 있는 버튼의 수에서 찾을 수 있는 규칙을 모두 고르세요. (　　　　)
(중)

① 오른쪽으로 한 칸 가면 7층이 차이 납니다.

② 위아래로 1층씩 차이가 납니다.

③ 가로로 한 줄에 있는 수는 모두 홀수입니다.

④ ↗ 방향으로 가면 7층씩 차이가 납니다.

⑤ ↘ 방향으로 가면 4층씩 차이가 납니다.

**18** 민기는 연극을 보러 극장에 왔습니다. 민기가 앉은 의자의 번호는 무엇일까요?
(중)

（　　　　　　　）

**19** 곱셈표의 빈칸에 알맞은 수를 써넣으세요.
(상)

| × | 6 | 8 | 9 |
|---|---|---|---|
| 3 |  | 18 | 24 |
| 5 |  | 40 | 45 |
| 7 | 28 |  |  |
|  | 36 |  |  |

**20** 어떤 규칙에 따라 쌓기나무를 쌓은 것입니다. 쌓기나무를 4층으로 쌓으려면 쌓기나무는 모두 몇 개 필요할까요?
(상)

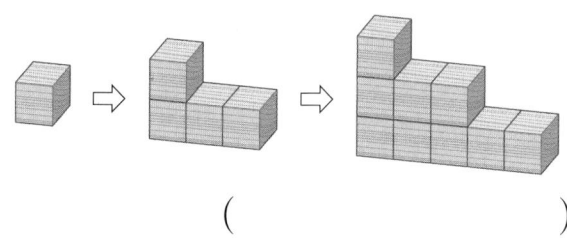

（　　　　　　　）

# 실력 ➕ 서술형 문제

**1** 규칙을 찾아 □ 안에 알맞은 모양을 그리세요.

**2** 덧셈표에서 규칙을 찾아 빈칸에 알맞은 수를 써넣으세요.

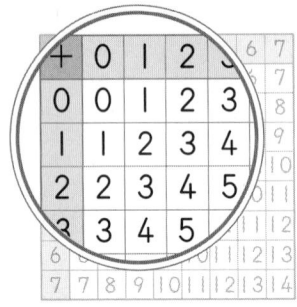

| | | 10 | 11 |
|---|---|---|---|
| | 10 | 11 | |
| | 11 | | |

**3** 곱셈표에서 규칙을 찾아 빈칸에 알맞은 수를 써넣으세요.

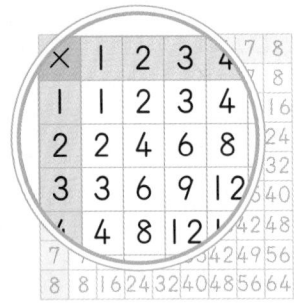

| | 30 | 35 |
|---|---|---|
| | 36 | 42 |
| 35 | | |

**4** 규칙을 찾아 다음에 올 시계의 시각을 쓰세요.

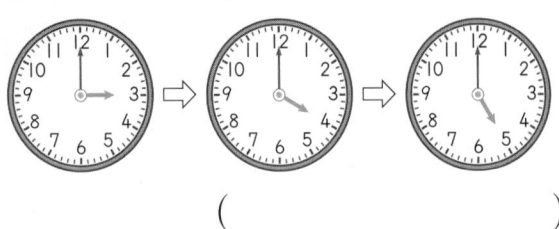

( )

**5** 규칙을 찾아 □ 안에 알맞은 모양을 그리고, 색칠하세요.

**6** <sup>서술형 문제</sup> 어느 해 12월 달력의 일부분입니다. 이달 26일은 무슨 요일인지 풀이 과정을 쓰고 답을 구하세요.

| 12월 | | | | | | |
|---|---|---|---|---|---|---|
| 일 | 월 | 화 | 수 | 목 | 금 | 토 |
| | | | | | 1 | 2 |
| 3 | 4 | 5 | | | | |

**풀이** _____

_____

_____

**답** _____

**7** 규칙을 찾아 빈칸에 알맞은 시각을 써넣으세요.

| 영화 상영 시간표 | | | |
|---|---|---|---|
| 1회 | 오전 8시 30분 | 2회 | 오전 10시 |
| 3회 | 오전 11시 30분 | 4회 | 오후 1시 |
| 5회 | 오후 2시 30분 | 6회 | 오후 4시 |
| 7회 | | 8회 | 오후 7시 |

**덧셈표를 보고 물음에 답하세요. (8~9)**

| + | 1 | | 5 | | 9 |
|---|---|---|---|---|---|
| | 3 | | | | |
| 4 | 5 | 7 | 9 | 11 | 13 |
| | 7 | | | | |
| 8 | 9 | | | | |
| 10 | 11 | | | | |

**8** 덧셈표의 빈칸에 알맞은 수를 써넣으세요.

서술형 문제

**9** 덧셈표에 있는 수에서 규칙을 찾아 쓰세요.

_____

_____

**10** 어느 강당의 자리를 나타낸 그림입니다. 수지의 자리가 26번이라면 어느 열 어느 행일까요?

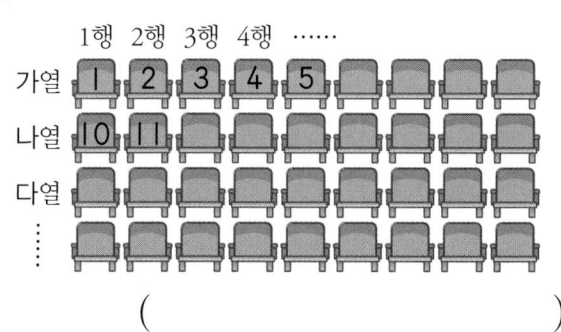

1행 2행 3행 4행 ......
가열 1 2 3 4 5
나열 10 11
다열

( )

**11** 곱셈표의 빈칸에 알맞은 수를 써넣으세요.

| × | | | | | |
|---|---|---|---|---|---|
| 9 | | | | 21 |
| | 16 | | | 28 |
| | | 25 | | 35 |
| | | | 36 | 42 |
| 21 | 28 | 35 | 42 | 49 |

**12** 다음 달력에서 ㉠과 ㉡에 들어갈 수의 차를 구하세요.

| 일 | 월 | 화 | 수 | 목 | 금 | 토 |
|---|---|---|---|---|---|---|
| | | | | | | |
| | | ㉠ | | | | |
| | | | | | ㉡ | |
| | | | | | | |
| | | | | | | |

( )

**13** 어떤 규칙에 따라 쌓기나무를 쌓은 것입니다. 쌓기나무를 4층으로 쌓으려면 쌓기나무는 모두 몇 개 필요할까요?

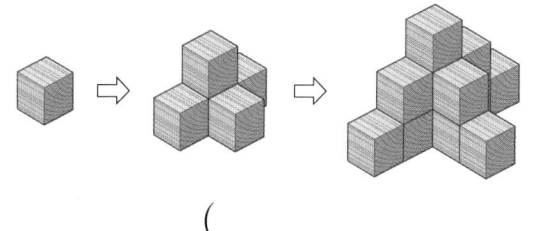

( )

# 궁전 파티에 간 신데렐라

>> 정답 48쪽

안에 알맞은 수를 써넣으세요.

계모와 언니들에게 구박을 받던 마음씨 착한 신데렐라는

어느 날 요정의 도움으로 궁전에서 열리는

파티에 갈 수 있게 되었어요.

궁전으로 들어가는 신데렐라에게 요정이 말했어요.

 "12시까지는 집으로 돌아가야 해.

  그렇지 않으면 마법이 풀릴 테니까."

 "네, 알겠어요. 시계의 긴바늘과 짧은바늘이 모두

  숫자 ❶[ ]를 가리킬 때까지 돌아가면 되는 거지요?"

궁전에 도착한 신데렐라가 시계를 보니 시계의

짧은바늘은 숫자 9와 10 사이를, 긴바늘은 숫자

8을 가리켰어요.

신데렐라는 속으로 생각했어요.

 '지금이 ❷[ ]시 ❸[ ]분이니까 12시까지는 ❹[ ]시간 ❺[ ]분이 남았네.'

궁전 안으로 들어간 신데렐라는 금방 왕자님의 눈에 띄었어요.

신데렐라는 왕자님과 재미있는 이야기도 하고 춤을 추며 즐거운 시간을 보냈어요.

그러다 문득 시계를 본 신데렐라는 깜짝 놀라며 말했어요.

 "왕자님, 전 12시까지 꼭 집에 가야 하는데 지금 시각이 12시 10분 전이에요."

왕자님이 말했어요.

 "11시 ❻[ ]분인데 벌써 가려고 그러세요?"

미처 대답도 못하고 허둥지둥 뛰어나간 신데렐라는

그만 유리 구두가 벗겨지고 말았어요.

하지만 다음 날 이 유리 구두 덕분에

왕자님은 신데렐라를

찾을 수 있었고

둘은 행복하게 살았답니다.

어떤 교과서를 쓰더라도 ALWAYS

# 우등생 시리즈

국어/수학 | 초 1~6(학기별), 사회/과학 | 초 3~6학년(학기별)

세트 구성 | 초 1~2(국/수), 초 3~6(국/사/과, 국/수/사/과)

**POINT 1**

동영상 강의와 스케줄표로
쉽고 빠른 홈스쿨링 학습서

**POINT 2**

모든 교과서의 개념과
문제 유형을 빠짐없이 수록

**POINT 3**

온라인 성적 피드백 &
오답노트 앱(수학) 제공

평가
자료집

정답은 정확하게, 풀이는 자세하게

# 꼼꼼 풀이집

정답

문제의 풀이 중에서 이해가 되지 않는 부분은
우등생 홈페이지(home.chunjae.co.kr)
일대일 문의에 올려주세요.

초등
수학 2 2

천재교육

# 꼼꼼 풀이집
## 포인트 2가지

▶ 단원별 학부모 지도 가이드 제공

▶ 참고, 주의, 다른 풀이 등과 함께 친절한 해설 제공

# 꼼꼼 풀이집

## 수학 | 2-2

| | | 본책 | 평가자료집 |
|---|---|---|---|
| 1 | 네 자리 수 | 2 | 41 |
| 2 | 곱셈구구 | 8 | 42 |
| 3 | 길이 재기 | 16 | 43 |
| 4 | 시각과 시간 | 22 | 44 |
| 5 | 표와 그래프 | 28 | 46 |
| 6 | 규칙 찾기 | 34 | 47 |

## 1 단원 네 자리 수

>> 이런 점에 중점을 두어 지도해요

네 자리 수의 개념을 구체물과 수 모형의 개수를 세는 활동을 통해 알아봅니다. 천 모형, 백 모형, 십 모형, 일 모형의 개수에서 점차적으로 1000, 100, 10, 1의 수 자체를 셀 수 있도록 지도하면 자릿값에 대한 지식이 향상될 것입니다. 또한 각 자리의 숫자가 나타내는 값을 이용하여 수의 크기를 비교하고 크기 비교 방법을 수학적 언어로 설명할 수 있게 지도합니다.

>> 이런 점이 궁금해요!!

• 1000은 어떻게 가르치나요?
  100이 10개이면 1000이 됩니다. 100원짜리 동전을 이용하여 100원, 200원, 300원, ..., 900원, 1000원으로 동전을 세면서 100원짜리 동전이 10개이면 1000원임을 익히게 합니다. 그리고 999보다 1만큼 더 큰 수, 990보다 10만큼 더 큰 수 등과 같이 1000을 여러 가지 방법으로 가르칩니다.

### 이전에 배운 내용 확인하기     7쪽

**1** 200        **2** 634
**3** 328, 삼백이십팔       **4** 474, 574, 674, 774
**5** 253 > 175       **6** 567

**1** 100이 2개이면 200입니다.

**2** 100이 6개이면 600, 10이 3개이면 30, 1이 4개이면 4이므로 634입니다.

**3** 단추의 수는 100이 3개, 10이 2개, 1이 8개이므로 328입니다. 328은 삼백이십팔이라고 읽습니다.

**4** 100씩 뛰어 세면 백의 자리 수가 1씩 커집니다.

**5** 백 모형의 수를 비교하면 2>1이므로 253>175입니다.

**6** 백의 자리 수가 작을수록 작은 수입니다.
   ⇨ 567<657<756

### 1 단계 교과서 개념     10~11쪽

**1** 1000 ; 1000
**2** 1000 ; 1000
**3** (1) 3000, 삼천 (2) 4000, 사천
**4** 예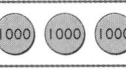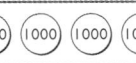
**5** (     ) (     ) ( ◯ )

**1** 백 모형이 하나씩 많아지며 쌓여 있으므로 백 모형 9개 다음은 백 모형 10개입니다.
백 모형 10개가 모이면 천 모형 1개와 같으므로 900보다 100만큼 더 큰 수는 1000입니다.

**3** (1) 1000이 3개이면 3000이고, 삼천이라고 읽습니다.
    (2) 1000이 4개이면 4000이고, 사천이라고 읽습니다.

**4** 5000은 1000이 5개이므로 1000 을 5개 색칠합니다.

**5** 태호: 100이 10개인 수는 1000입니다.
미영: 990보다 10만큼 더 큰 수는 1000입니다.
준호: 900보다 100만큼 더 작은 수는 800입니다.
따라서 다른 수를 말한 사람은 준호입니다.

### 1 단계 교과서 개념     12~13쪽

**1** 2, 3, 4, 8 ; 2348
**2** (1) 5, 2, 7, 4 (2) 3216
**3** 5413 ; 오천사백십삼
**4** 7000, 600, 30, 8
**5** (1) 30 (2) 3000

**3** 1000이 5개, 100이 4개, 10이 1개, 1이 3개이므로 5413입니다. 5413은 오천사백십삼이라고 읽습니다.

**5** (1) 9030에서 숫자 3은 십의 자리 숫자이고, 30을 나타냅니다.
    (2) 3854에서 숫자 3은 천의 자리 숫자이고, 3000을 나타냅니다.

**1** 200
**2** 500원
**3** 3000, 200, 40
**4** 준호
**5** 2340
**6** 7534에 ○표
**7** 7463
**8** ⑤
**9** ╳
**10** 300원
**11** 8340원

**12** (예)

**13** (1) (예)

**(2)** 2100원

**14** 5 6 3 4 , 5 6 4 3

**1** 800에서 1000이 되려면 200이 더 있어야 합니다.

**2** 100이 10개이면 1000이므로 100원짜리 동전 5개에 5개가 더 있으면 1000원이 됩니다.
따라서 1000원이 되려면 500원이 더 필요합니다.

**4** 팔천삼백삼은 8303입니다.

> 참고
> 자리의 숫자가 0인 경우에는 그 자리를 읽지 않습니다.

**5** 천 원짜리 지폐: 2장, 백 원짜리 동전: 3개,
십 원짜리 동전: 4개
⇨ 2000+300+40=2340(원)

**6** 숫자 5가 나타내는 값을 알아봅니다.
5̲697 ⇨ 5000, 7̲5̲34 ⇨ 500, 43̲5̲1 ⇨ 50
따라서 숫자 5가 500을 나타내는 수는 7534입니다.

**7** 숫자 7이 나타내는 값을 알아봅니다.
4̲7̲38 ⇨ 700, 34̲7̲4 ⇨ 70,
7̲463 ⇨ 7000, 831̲7̲ ⇨ 7
따라서 숫자 7이 나타내는 값이 가장 큰 수는 7463입니다.

**8** ①, ②, ③, ④ ⇨ 5000
⑤ 10이 50개인 수는 500입니다.

**9** ・1000은 300보다 700만큼 더 큰 수입니다.
・1000은 500보다 500만큼 더 큰 수입니다.

**10** 100원짜리 동전 6개는 600원이고, 10원짜리 동전 10개는 100원입니다.
책상 위에 놓여 있는 돈이 모두 700원이므로 1000원이 되려면 300원이 더 있어야 합니다.

**11** 천 원짜리 지폐 8장은 8000원, 백 원짜리 동전 3개는 300원, 십 원짜리 동전 4개는 40원이므로 수빈이가 낸 돈은 모두 8340원입니다.

**12** 2530은 1000이 2개, 100이 5개, 10이 3개입니다.
따라서 (1000) 2개, (100) 5개, (10) 3개를 그립니다.

**13** (2) 딸기맛 우유 한 개의 가격만큼 묶었을 때 묶이지 않은 돈이 초콜릿맛 우유의 가격이므로 2100원입니다.

**14** 천의 자리 숫자가 5, 백의 자리 숫자가 6인 네 자리 수는 5 6 □ □ 입니다. 십의 자리와 일의 자리에 남은 수 카드를 놓으면 만들 수 있는 수는 5634, 5643입니다.

**1** 4000, 7000, 9000
**2** 8960, 8970, 8980
**3** 5407, 5507, 5607, 5707
**4** (1) 5424, 5427, 5428
(2) 6239, 6241, 6242, 6243
**5** (1) 10 (2) 1000
**6** (1) 3270, 6270 (2) 8317, 8617

**2** 10씩 뛰어 세면 십의 자리 수가 1씩 커집니다.

**3** 100씩 뛰어 세면 백의 자리 수가 1씩 커집니다.
5̲207 - 5̲307 - 5̲407 - 5̲507 - 5̲607 - 5̲707

**4** 1씩 뛰어 세면 일의 자리 수가 1씩 커집니다.

**5** (1) 십의 자리 수가 l씩 커지므로 l0씩 뛰어 센 것입니다.
  (2) 천의 자리 수가 l씩 커지므로 l000씩 뛰어 센 것입니다.

**6** (1) l000씩 뛰어 셉니다.
  (2) l00씩 뛰어 셉니다.

---

**1단계 교과서 개념** 18~19쪽

**1** >
**2** 2l00, 2004
**3** 7 ; 7, 5 ; <
**4** (1) < (2) < (3) >
**5** 7, 8, 9, 9 ; 7, 9, 5, 0
  (1) 80l0 (2) 7899

**1** 4320과 3l29의 천 모형의 수가 다르므로 천 모형의 수를 비교합니다.
4320은 천 모형이 4개, 3l29는 천 모형이 3개이므로 4320>3l29입니다.

**2** ・2l00은 2004보다 큽니다.
・2004는 2l00보다 작습니다.

**3** 천의 자리 수가 같으므로 백의 자리 수를 비교하면 7<8입니다.
  ⇨ 6785<6875

**4** (1) 570은 세 자리 수, l930은 네 자리 수이므로 570<l930입니다.
  (2) 천의 자리 수가 같으므로 백의 자리 수를 비교하면 l<2입니다.
    ⇨ 6l74<6250
  (3) 천, 백, 십의 자리 수가 같으므로 일의 자리 수를 비교하면 8>5입니다.
    ⇨ 3408>3405

**5** 천의 자리 수끼리 비교하면 8>7이므로 80l0이 7899와 7950보다 큽니다.
7899와 7950의 백의 자리 수를 비교하면 8<9이므로 7899가 7950보다 작습니다.
따라서 가장 큰 수는 80l0이고, 가장 작은 수는 7899입니다.

---

**2단계 교과서+익힘책 유형 연습** 20~21쪽

**1** 3730, 3830, 4030 **2** 6246, 6247
**3** 6400 **4** l00
**5** l000 **6** 미영
**7**
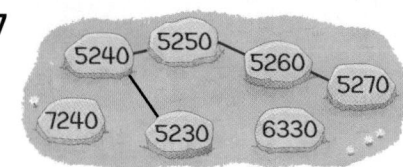

**8** (위에서부터) 9356, 825l, 825l
**9** 25l4에 ○표 **10** 6005
**11** 4480원, 5480원, 6480원, 7480원
**12** 선, 물
**13** (1) 7532 (2) 2357 **14** 7, 8, 9

**3** 6300보다 l00만큼 더 큰 수인 6400입니다.

**4** 백의 자리 수가 l씩 커지므로 l00씩 뛰어 센 것입니다.

**5** 천의 자리 수가 l씩 커지므로 l000씩 뛰어 센 것입니다.

**6** 태호: l000이 4개, l00이 5개, l0이 2개, l이 7개인 수는 4527입니다.
미영: 사천육백오십이는 4652입니다.
따라서 4527<4652이므로 더 큰 수를 말한 사람은
  5<6
미영입니다.

**7** 5230부터 l0씩 뛰어 세면
5230-5240-5250-5260-5270입니다.

**8** 9797>9356, 8253>825l, 9356>825l
  7>3    3>l    9>8

**9** 25l4>2509>988이므로 가장 큰 수는 25l4입니다.

**10** 5400, 5402, 6005의 크기를 비교하면
6005>5402>5400입니다.
따라서 가장 큰 수는 6005이므로 창민이가 타야 하는 버스의 번호는 6005입니다.

**11** 3480원부터 l000원씩 커지므로 천의 자리 수가 l씩 커집니다.
  8월    9월    l0월    ll월    l2월
  3480 - 4480 - 5480 - 6480 - 7480

**12** ①

| 3132 | 4132 | 독 | 장 | 선 | 초 |
|------|------|---|---|---|---|

5132 6132 7132 8132

②

| 5719 | 5819 | 록 | 국 | 미 | 물 |
|------|------|---|---|---|---|

5919 6019 6119 6219

①에서 7132에 해당하는 글자는 선,
②에서 6219에 해당하는 글자는 물입니다.

**13** (1) 가장 높은 자리부터 큰 수를 차례로 놓습니다.
⇨ 7>5>3>2이므로 가장 큰 네 자리 수는
7532입니다.
(2) 가장 높은 자리부터 작은 수를 차례로 놓습니다.
⇨ 2<3<5<7이므로 가장 작은 네 자리 수는
2357입니다.

**14** 천의 자리 수를 비교하면 7<□이므로 □ 안에 8, 9가
들어갈 수 있습니다.
백의 자리 수를 비교하면 4<7이므로 □ 안에 7도 들어갈
수 있습니다.
따라서 □ 안에 들어갈 수 있는 수는 7, 8, 9입니다.

## 3단계 잘 틀리는 문제 해결  22~23쪽

| **1** 7003 | **2** 4862 |
|---|---|
| **3** 4206 | **4** 64 |
| **5** 민철 | **6** 준희 |
| **7** 소진 | **8** 8531 |
| **9** 1039 | **10** 8763, 1367 |
| **11** 6, 7, 8, 9 | **12** 0, 1, 2, 3, 4, 5 |
| **13** 4개 | |

**1**
틀린 이유
• 각 자리의 숫자가 나타내는 값을 모르는 경우
• 주어진 수 중 가장 큰(작은) 수를 고른 경우

Solution
숫자 7이 각 수에서 어느 자리의 숫자인지 알아보고,
가장 높은 자리에 있는 수를 찾습니다.

숫자 7이 나타내는 값을 알아봅니다.
9878 ⇨ 70, 7003 ⇨ 7000,
9507 ⇨ 7, 1754 ⇨ 700

**2** 숫자 4가 나타내는 값을 알아봅니다.
5470 ⇨ 400, 3248 ⇨ 40,
4862 ⇨ 4000, 6254 ⇨ 4

**3** 숫자 6이 나타내는 값을 알아봅니다.
7563 ⇨ 60, 8691 ⇨ 600, 4206 ⇨ 6,
6378 ⇨ 6000

**4** 밑줄 친 숫자가 나타내는 값은 각각
9573 ⇨ 70, 7056 ⇨ 6입니다.
따라서 밑줄 친 숫자가 나타내는 값의 차는
70-6=64입니다.

**5**
틀린 이유
• 각 사람이 나타낸 수를 잘못 구한 경우
• 네 자리 수를 모르는 경우

Solution
각 사람이 나타낸 수를 구한 후 다른 수를 나타낸 사람의
이름을 찾아 씁니다.

서윤, 가영, 우현이가 나타낸 수는 1000이고, 민철이가
나타낸 수는 910입니다.

**6** 현민이와 수인이가 나타낸 수는 6000이고, 준희가 나
타낸 수는 600입니다.

**7** 희재, 은서, 지훈이가 나타낸 수는 1500이고, 소진이가
나타낸 수는 1050입니다.

**8**
틀린 이유
• 가장 큰 수를 만드는 방법을 모르는 경우
• 가장 작은 네 자리 수를 만든 경우

Solution
• 가장 큰 수는 가장 높은 자리부터 큰 수를 차례로 놓
아야 합니다.
• 가장 작은 수는 가장 높은 자리부터 작은 수를 차례로
놓아야 합니다.

8>5>3>1이므로 가장 높은 자리부터 큰 수를 차례로
놓으면 8531입니다.

**9** 0<1<3<9이므로 가장 높은 자리부터 작은 수를 차
례로 놓으면 0139인데 0은 가장 높은 자리에 올 수 없
습니다. 따라서 가장 작은 네 자리 수는 1039입니다.

주의
천의 자리에 0을 놓으면 네 자리 수가 아닙니다.

**10** $8>7>6>3>1$이므로 가장 큰 네 자리 수는 $8763$이고, 가장 작은 네 자리 수는 $1367$입니다.

**11**

> **틀린 이유**
> • 백의 자리 수를 생각하지 않고 천의 자리 수만 비교한 경우
> • $6143$을 더 큰 수로 생각한 경우
>
> **Solution**
> 먼저 높은 자리부터 차례로 크기를 비교한 후 □가 있는 자리끼리 크기를 비교합니다. 이때 □가 있는 자리에 같은 수가 들어갈 수 있는지 없는지도 확인해야 합니다.

천의 자리 수만 비교하면 $6<$□이므로 □ 안에는 $7$, $8$, $9$가 들어갈 수 있는데 백의 자리 수를 비교하면 $1<7$이므로 □ 안에 들어갈 수 있는 수는 $6$, $7$, $8$, $9$입니다.

**12** 천, 백, 십의 자리 수가 각각 같으므로 일의 자리 수를 비교하면 $6>$□입니다.
따라서 □ 안에 들어갈 수 있는 수는 $0$, $1$, $2$, $3$, $4$, $5$입니다.

**13** 천의 자리 수가 같으므로 백의 자리 수를 비교하면 □$<4$입니다. 십의 자리 수를 비교하면 $2>1$이므로 □ 안에 들어갈 수 있는 수는 $0$, $1$, $2$, $3$입니다. ⇨ $4$개

### 3단계 서술형 문제 해결   24~25쪽

**1** ❶ $5000$ ▶1점  ❷ $2000$ ▶2점  ❸ $60$ ▶1점  ❹ $7060$ ▶2점
; $7060$ ▶4점

**2** ⑩ ❶ $1000$개씩 $2$상자는 $2000$개입니다. ▶1점
❷ $100$개씩 $20$상자는 $2000$개입니다. ▶2점
❸ $10$개씩 $30$봉지는 $300$개입니다. ▶2점
❹ 따라서 귤은 모두 $4300$개입니다. ▶1점
; $4300$개 ▶4점

**3** ❶ $3911$, 백, $4270$ ▶3점  ❷ 나 ▶3점
; 나 ▶4점

**4** ⑩ ❶ $8290$, $8570$, $7900$에서 천의 자리 수를 비교하면 $7900$이 가장 작습니다. $8290$과 $8570$의 백의 자리 수를 비교하면 $8570$이 더 큽니다. ▶3점
❷ 따라서 가장 비싼 것은 허리띠이므로 수정이는 허리띠를 사야 합니다. ▶3점
; 허리띠 ▶4점

**2**

| 채점 기준 | | |
|---|---|---|
| $1000$개씩 $2$상자의 귤의 수를 구한 경우 | 1점 | |
| $100$개씩 $20$상자의 귤의 수를 구한 경우 | 2점 | |
| $10$개씩 $30$봉지의 귤의 수를 구한 경우 | 2점 | 10점 |
| 귤은 모두 몇 개인지 구한 경우 | 1점 | |
| 답을 바르게 쓴 경우 | 4점 | |

**4**

| 채점 기준 | | |
|---|---|---|
| 세 수의 크기를 비교한 경우 | 3점 | |
| 가장 비싼 물건을 구한 경우 | 3점 | 10점 |
| 답을 바르게 쓴 경우 | 4점 | |

### 단원평가   26~29쪽

**1**

**2** 천구백팔십팔

**3** $2$, $4$, $5$, $9$

**4** $2000$, $700$, $60$, $3$

**5** $2516$에 ○표

**6** (1) $6$ (2) $6000$

**7** $6000$원

**8** $6115$, $6315$, $6415$

**9** (위에서부터) $8821$, $8801$, $8771$

**10** $<$

**11** $300$ ; $1$

**12** ③

**13** (1) $10$ (2) $6275$

**14** $50$원

**15** ⑩ $100$이 $10$개인 수는 $1000$이므로 $100$이 $80$개인 수는 $8000$입니다. ▶2점
따라서 $80$상자에 들어 있는 자두는 모두 $8000$개입니다. ▶1점
; $8000$개 ▶2점

**16** 태호

**17** $5552$, $5294$, $4718$

**18** (1) 나 마을 (2) 가 마을

**19** ⑩ $8746$에서 $100$씩 $5$번 뛰어 세면
$8746 - 8846 - 8946 - 9046 - 9146 - 9246$입니다. ▶2점
따라서 $8746$에서 $100$씩 $5$번 뛰어 세면 $9246$이 됩니다. ▶1점
; $9246$ ▶2점

**20** $7152$

**1**
- 1000이 3개이면 3000입니다.
- 오천은 5000입니다.
- 천 모형이 2개이면 2000입니다.

**2** 1988은 천구백팔십팔이라고 읽습니다.

**3**

| 자리 | 천 | 백 | 십 | 일 |
|------|----|----|----|----|
| 숫자 | 2 | 4 | 5 | 9 |

**4** 2는 천의 자리 숫자이므로 2000, 7은 백의 자리 숫자이므로 700, 6은 십의 자리 숫자이므로 60, 3은 일의 자리 숫자이므로 3을 나타냅니다.

**5** 천의 자리 숫자를 알아봅니다.
$\underline{2}516 \Rightarrow 2, \underline{1}254 \Rightarrow 1, \underline{6}020 \Rightarrow 6, \underline{4}012 \Rightarrow 4$

**6** (1) 숫자 6은 일의 자리 숫자이므로 6을 나타냅니다.
(2) 숫자 6은 천의 자리 숫자이므로 6000을 나타냅니다.

**7** 1000이 6개이면 6000이므로 필통의 가격은 6000원입니다.

**8** 백의 자리 숫자가 1씩 커지도록 뛰어 셉니다.

**9** 십의 자리 숫자가 1씩 커지도록 뛰어 셉니다.

**10** 천의 자리 수가 같으므로 백의 자리 수를 비교합니다.

**11**
- 700 – 800 – 900 – 1000이므로 700보다 300만큼 더 큰 수는 1000입니다.
- 999 다음 수가 1000이므로 999보다 1만큼 더 큰 수는 1000입니다.
따라서 빈 카드에 종훈이는 300, 미정이는 1을 써야 합니다.

**12** ①, ②, ④, ⑤ 4000    ③ 400

**13** (1) 십의 자리 수가 1씩 커지므로 10씩 뛰어 센 것입니다.
(2) 6245 – 6255 – 6265 – 6275
                              ⌐ ㉠

**다른 풀이**

세로(↓)로 1000씩 커지고 있으므로 ㉠에 알맞은 수는 3275에서 1000씩 3번 뛰어 센 수입니다.
⇨ 3275 – 4275 – 5275 – 6275 (㉠)

**14** 100원짜리 동전이 9개, 10원짜리 동전이 5개이므로 950원입니다.
950보다 50만큼 더 큰 수가 1000이므로 1000원이 되려면 50원이 더 있어야 합니다.

**15**

| 채점 기준 | | |
|-----------|----|----|
| 100이 80개인 수를 구한 경우 | 2점 | |
| 자두가 모두 몇 개인지 구한 경우 | 1점 | 5점 |
| 답을 바르게 쓴 경우 | 2점 | |

**16** 번호표의 수가 작을수록 먼저 뽑은 표입니다.
1290 < 1297이므로 번호표를 먼저 뽑은 사람은 태호입니다.

**17** 천의 자리 수를 비교하면 5552, 5294가 4718보다 큽니다.
5552와 5294를 비교하면 5552 > 5294입니다.
따라서 큰 수부터 차례로 쓰면 5552, 5294, 4718입니다.

**18** (1) 천의 자리 숫자가 3인 나 마을과 라 마을을 비교하면 3275 > 3095이므로 사람이 가장 많이 사는 마을은 나 마을입니다.
(2) 천의 자리 숫자가 2인 가 마을과 다 마을을 비교하면 2467 < 2856이므로 사람이 가장 적게 사는 마을은 가 마을입니다.

**19**

| 채점 기준 | | |
|-----------|----|----|
| 100씩 5번 뛰어 센 경우 | 2점 | |
| 8746에서 100씩 5번 뛰어 센 수를 구한 경우 | 1점 | 5점 |
| 답을 바르게 쓴 경우 | 2점 | |

**20** 백의 자리 숫자가 1인 네 자리 수는 ☐1☐☐입니다. 이 중에서 가장 큰 수는 가장 높은 자리부터 큰 수를 차례로 놓아야 하므로 7152입니다.

**주의**

백의 자리 숫자가 1인 네 자리 수는 ☐1☐☐입니다. 주어진 수 카드 1, 2, 5, 7을 한 번씩만 사용하여 만들어야 하므로 ☐1☐☐의 빈 자리에 남은 수 카드 7, 5, 2를 높은 자리부터 차례로 써넣어야 합니다. 가장 큰 수를 9199로 만들지 않도록 주의합니다.

## 창의융합+실력UP  30~31쪽

| 천의 자리 | 백의 자리 | 십의 자리 | 일의 자리 |
|---|---|---|---|

; 이천삼백육십사

**2** 47

**3** 7 8 4 2, 7 8 2 4
; 7 4 8 2, 7 4 2 8
; 7 2 8 4, 7 2 4 8

**4** 8600

**5** (1) 6208  (2) 🐚🐚🐚🐚👁∩∩∩∩∩∣∣∣∣

---

**1** 2364는 천의 자리 숫자가 2, 백의 자리 숫자가 3, 십의 자리 숫자가 6, 일의 자리 숫자가 4이므로 1000원짜리 지폐 2장, 100원짜리 동전 3개, 10원짜리 동전 6개, 1원짜리 동전 4개를 붙입니다.
2364는 이천삼백육십사라고 읽습니다.

**2** ㉠은 십의 자리 숫자이므로 50을 나타내고, ㉡은 일의 자리 숫자이므로 3을 나타냅니다.
따라서 두 수의 차는 50−3=47입니다.

**3** 천의 자리 숫자가 7인 네 자리 수는 7 ☐ ☐ ☐ 입니다.
• 백의 자리 숫자가 8인 경우는 7 8 ☐ ☐ 이므로
7 8 4 2, 7 8 2 4 를 만들 수 있습니다.
• 백의 자리 숫자가 4인 경우는 7 4 ☐ ☐ 이므로
7 4 8 2, 7 4 2 8 을 만들 수 있습니다.
• 백의 자리 숫자가 2인 경우는 7 2 ☐ ☐ 이므로
7 2 8 4, 7 2 4 8 을 만들 수 있습니다.

**4** 어떤 수를 구하려면 9000에서 100씩 작아지도록 4번 뛰어 세어야 합니다.
⇨ 9000 − 8900 − 8800 − 8700 − 8600
이므로 어떤 수는 8600입니다.

**5** (1) 🐚(1000)이 6개, 👁(100)이 2개, ∣(1)이 8개이므로 6208입니다.
(2) 4163은 1000이 4개, 100이 1개, 10이 6개, 1이 3개이므로 🐚 4개, 👁 1개, ∩ 6개, ∣ 3개를 붙입니다.

---

**2** 단원 ## 곱셈구구

>> **이런 활동을 할 수 있어요!!**

곱셈을 할 때 처음에는 묶어 세기, 뛰어 세기, 덧셈 등의 방법을 사용하지만 물건의 수가 많아지면 이런 방법으로 답을 구하는 것이 불편함을 직접 경험하게 합니다.
곱셈구구의 구성 원리와 여러 가지 계산 방법을 탐구하여 2단에서 9단까지의 곱셈표를 만들어 보고, 1단 곱셈구구와 0과 어떤 수의 곱에 대해 알아보도록 지도합니다.

>> **이런 점이 궁금해요!!**

• 곱셈구구는 왜 2단부터 차례로 학습하지 않고 순서가 섞여 있나요?
2단부터 9단까지 차례로 외워야 하는 것은 아닙니다. 2단과 5단을 먼저 공부하는 이유는 2단과 5단이 다른 곱셈구구에 비해 쉽기 때문입니다.

• 0×(어떤 수)나 (어떤 수)×0은 모두 0인데 왜 따로 가르치나요?
0×(어떤 수)와 (어떤 수)×0의 결과는 항상 0이지만 그 내용은 다릅니다. 0×3은 0점짜리 공을 3번 뽑는 것과 같고, 7×0은 7점짜리 공을 한 번도 뽑지 못한 것과 같습니다. 작은 것이지만 결과보다 내용과 과정을 중시할 필요가 있습니다.

---

## 이전에 배운 내용 확인하기  33쪽

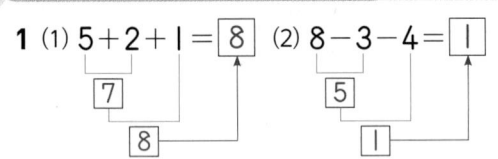

**1** (1) 5+2+1=8  (2) 8−3−4=1

**2** 11 ; 11

**3** (1) 14  (2) 12

**4** (1) 20  (2) 36

(3)
```
  5 7
+ 3 5
-----
  9 2
```

(4)
```
  3 6
+ 8 4
-----
1 2 0
```

**5** 4 ; 4 ; 3, 3, 12 ; 4, 12

**3** (1) 9+5=9+1+4=10+4=14
(2) 8+4=2+6+4=2+10=12

**1** 6　　　　　　　　**2** 20
**3** 10 ; 5, 10
**4** 예) 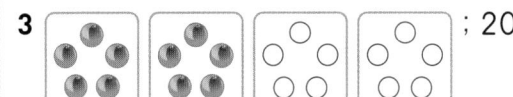 ; 3, 15
**5** 6, 12 ; 7, 14 ; 8, 16
**6**

---

**3** 사탕이 2개씩 5묶음입니다.
⇨ 2+2+2+2+2=10 ⇨ 2×5=10

**4** 5개씩 묶으면 3묶음이 되므로 5×3=15입니다.

**6** 5×1=5, 5×5=25, 5×9=45

**1** (1) 12 (2) 18
**2** 48 ; 8, 48　　　　　**3** 12 ; 4, 12
**4** 6, 18
**5** (1)

| × | 1 | 2 | 3 | 4 | 5 | 6 | 7 | 8 | 9 |
|---|---|---|---|---|---|---|---|---|---|
| 3 | 3 | 6 | 9 | 12 | 15 | 18 | 21 | 24 | 27 |

(2)

| × | 1 | 2 | 3 | 4 | 5 | 6 | 7 | 8 | 9 |
|---|---|---|---|---|---|---|---|---|---|
| 6 | 6 | 12 | 18 | 24 | 30 | 36 | 42 | 48 | 54 |

**2** 도넛이 한 상자에 6개씩 8상자입니다.
⇨ 6+6+6+6+6+6+6+6=48 ⇨ 6×8=48

**3** 3씩 4번 뛰어 센 것이므로
3+3+3+3=3×4=12입니다.

**4** 초콜릿이 한 상자에 3개씩 6상자입니다. ⇨ 3×6=18

**1** 4, 6 ; 2
**2** (1) 27 (2) 18 (3) 25 (4) 42
**3** 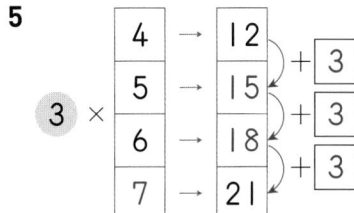 ; 20
**4** ; 15
**5**

| 4 | → | 12 | +3 |
| 5 | → | 15 | +3 |
| 6 | → | 18 | +3 |
| 7 | → | 21 | |

3 ×

**6**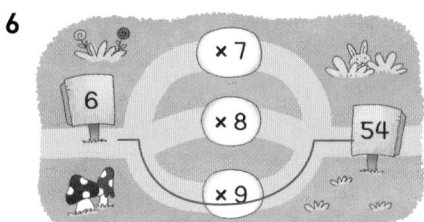

**7** (1) 8 (2) 8　　　　　**8** 30
**9** 5, 7, 35
**10** 예) 2×8
; 10, 3, 6
**11** 6 ; 6 ; 6, 36, 36

---

**1** • 도넛이 2개씩 2봉지 있으므로
2×2=2+2=4(개)입니다.
• 도넛이 2개씩 3봉지 있으므로
2×3=2+2+2=6(개)입니다.

**3** 5×4는 5씩 4묶음이므로
5×4=5+5+5+5=20입니다.
따라서 빈 곳에 ○를 5개씩 2묶음 더 그립니다.

**5** 3×5=15, 3×6=18,
3×□=21 ⇨ 3×7=21, □=7
3단 곱셈구구에서 곱하는 수가 1씩 커지면 그 곱은 3씩 커집니다.

**6** 6×7=42, 6×8=48, 6×9=54

**7** (1) 3단 곱셈구구에서 3과 곱하여 24가 되는 수는 8이므로 □=8입니다.

(2) 5단 곱셈구구에서 5와 곱하여 40이 되는 수는 8이
므로 □=8입니다.

**8** 5×6=30 (cm)

**9** 동물 모양은 5개씩 7묶음이므로 모두 5×7=35(개)
입니다.

**10**  또는  로 나타낼 수 있습니다.

2×5는 2씩 5묶음이고, 2×8은 2씩 8묶음입니다.
2×5=10이고 2×8은 2×5보다 2개씩 3묶음 더
많게 그립니다.

**11** 6개씩 묶음인 도토리의 수를 6단 곱셈구구를 이용하여
계산하면 모두 36입니다.

---

## 1단계 교과서 개념                    42~43쪽

**1** 12, 16                    **2** 32
**3** 16 ; 2, 16
**4**
🍎🍎🍎 🍎🍎🍎 🍎🍎🍎 ⭕⭕⭕ ⭕⭕⭕

**5** 6, 24 ; 3, 24
**6** (1) 36  (2) 32  (3) 56  (4) 72

**3** 구슬이 8개씩 2묶음입니다.
⇨ 8+8=16 ⇨ 8×2=16

**4** 4×5는 4씩 5묶음입니다. 사과가 한 접시에 4개씩 3접시
가 있으므로 비어 있는 2접시에 ○를 각각 4개씩 그립니다.

**5** 사탕을 4개씩 묶으면 6묶음이므로 4×6=24입니다.
사탕을 8개씩 묶으면 3묶음이므로 8×3=24입니다.

---

## 1단계 교과서 개념                    44~45쪽

**1** (1) 14  (2) 21              **2** 54
**3** 28 ; 4, 28                  **4** 21, 28, 42, 56, 63
**5**

**6**
| × | 1 | 2 | 3 | 4 | 5 | 6 | 7 | 8 | 9 |
|---|---|---|---|---|---|---|---|---|---|
| 9 | 9 | 18 | 27 | 36 | 45 | 54 | 63 | 72 | 81 |

---

**3** 야구공이 7개씩 4묶음입니다.
⇨ 7+7+7+7=28 ⇨ 7×4=28

**4** 7씩 뛰어 센 것이므로 7단 곱셈구구를 이용합니다.

**5** 9×3=27, 9×5=45, 9×7=63

**6** 9단 곱셈구구는 곱하는 수가 1씩 커질 때마다 곱이 9씩
커집니다.

---

## 2단계 교과서+익힘책 유형 연습          46~47쪽

**1** 40

**2**
| × | 1 | 4 | 6 | 9 |
|---|---|---|---|---|
| 4 | 4 | 16 | 24 | 36 |
| 8 | 8 | 32 | 48 | 72 |

**3**
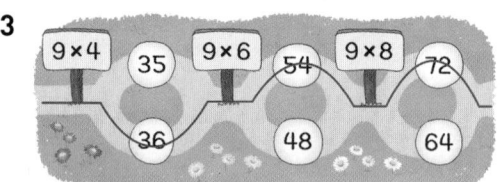

**4** 3, 12                       **5** 4, 28
**6** 8                          **7** ㉢
**8**
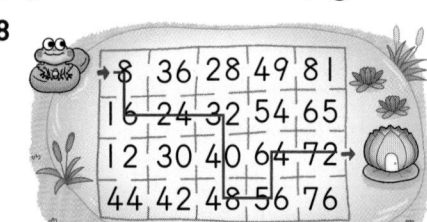

**9** 4, 8, 32                   **10** 54개
**11**
| 49 | 42 | 35 | 56 | 9 |
|---|---|---|---|---|
| 63 | 6 | 8 | 21 | 31 |
| 14 | 12 | 25 | 7 | 24 |
| 3 | 30 | 16 | 28 | 11 |
; 7

**12** 8, 예 4×2=8이므로 ㉠에 알맞은 수는 8입니다. ;
16, 예 8×2=16이므로 ㉡에 알맞은 수는 8입니다.
**13** 9× 2 = 1 8

---

**2** 4×1=4, 4×4=16, 4×6=24, 4×9=36
8×1=8, 8×4=32, 8×6=48, 8×9=72

**3** 9×4=36, 9×6=54, 9×8=72

**4** 구슬이 4개씩 3가지 색깔이 있으므로 $4 \times 3 = 12$(개) 입니다.

**5** 7 cm가 4개 이어져 있으므로 색 테이프의 전체 길이는 $7 \times 4 = 28$ (cm)입니다.

**6** $9 \times \square = 72$이고 9단 곱셈구구에서 $9 \times 8 = 72$이므로 $\square = 8$입니다.

**7** ㉠ 복숭아 8개를 4번 더해서 구합니다.
㉡ 8개씩 4묶음이므로 $8 \times 4$를 이용해서 구합니다.
㉢ 3개씩 8묶음을 나타낸 식이므로 잘못된 방법입니다.
㉣ 8개씩 3묶음에 8을 더하여 구합니다.

**8** $8 \times 1 = 8$, $8 \times 2 = 16$, $8 \times 3 = 24$, $8 \times 4 = 32$, $8 \times 5 = 40$, $8 \times 6 = 48$, $8 \times 7 = 56$, $8 \times 8 = 64$, $8 \times 9 = 72$

**9** 종이배를 매일 4개씩 8일 동안 접었으므로 종이배는 모두 $4 \times 8 = 32$(개)입니다

**10** 만두가 9개씩 6판이므로 모두 $9 \times 6 = 54$(개)입니다.

**11** $7 \times 1 = 7$, $7 \times 2 = 14$, $7 \times 3 = 21$, $7 \times 4 = 28$, $7 \times 5 = 35$, $7 \times 6 = 42$, $7 \times 7 = 49$, $7 \times 8 = 56$, $7 \times 9 = 63$

**13** 9단 곱셈구구를 이용하여 세 수가 모두 들어가는 곱셈식을 찾습니다.

**1**단계 **교과서 개념** **48~49**쪽

**1** 5   **2** 0, 0, 0
**3** (1) 4 (2) 0   **4** 1, 6, 6
**5**

| × | 1 | 2 | 3 | 4 | 5 | 6 | 7 | 8 | 9 |
|---|---|---|---|---|---|---|---|---|---|
| 1 | 1 | 2 | 3 | 4 | 5 | 6 | 7 | 8 | 9 |

**6** (1) / (2)

**1** 상자 한 개에 인형이 한 개씩 들어 있으므로 상자 5개에 들어 있는 인형은 $1 \times 5 = 5$(개)입니다.

**3** (1) 어항 한 개에 금붕어가 한 마리씩 있으므로 어항 4개에 있는 금붕어는 4마리입니다. ⇨ $1 \times 4 = 4$
(2) 모든 어항에 금붕어가 한 마리도 없으므로 어항 4개에 있는 금붕어는 0마리입니다. ⇨ $0 \times 4 = 0$

**4** 화분 1개에 꽃이 1송이씩 6개이므로 꽃은 모두 $1 \times 6 = 6$(송이)입니다.

**6** (1) $7 \times 1 = 7$, $9 \times 1 = 9$, $6 \times 1 = 6$
(2) 어떤 수와 0의 곱은 항상 0입니다.

**1**단계 **교과서 개념** **50~51**쪽

**1** (1) 24 (2) 32
**2**

| × | 1 | 2 | 3 | 4 | 5 | 6 | 7 | 8 | 9 |
|---|---|---|---|---|---|---|---|---|---|
| 1 | 1 | 2 | 3 | 4 | 5 | 6 | 7 | 8 | 9 |
| 2 | 2 | 4 | 6 | 8 | 10 | 12 | 14 | 16 | 18 |
| 3 | 3 | 6 | 9 | 12 | 15 | 18 | 21 | 24 | 27 |
| 4 | 4 | 8 | 12 | 16 | 20 | 24 | 28 | 32 | 36 |
| 5 | 5 | 10 | 15 | 20 | 25 | 30 | 35 | 40 | 45 |
| 6 | 6 | 12 | 18 | 24 | 30 | 36 | 42 | 48 | 54 |
| 7 | 7 | 14 | 21 | 28 | 35 | 42 | 49 | 56 | 63 |
| 8 | 8 | 16 | 24 | 32 | 40 | 48 | 56 | 64 | 72 |
| 9 | 9 | 18 | 27 | 36 | 45 | 54 | 63 | 72 | 81 |

**3** (1) 2 (2) 4 (3) 2 (4) 4
**4** 6, 6, 36

**1** (1) 구슬이 6개씩 4줄 있으므로 모두 $6 \times 4 = 24$(개) 입니다.
(2) 구슬이 8개씩 4줄 있으므로 모두 $8 \times 4 = 32$(개) 입니다.

**2** 곱셈표의 색칠된 세로줄에 있는 수를 곱해지는 수, 가로줄에 있는 수를 곱하는 수로 하여 두 줄이 만나는 빈칸에 두 수의 곱을 써넣습니다.

**4** 사탕이 6개씩 6묶음 있으므로 $6 \times 6 = 36$(개)입니다.

## 2단계 교과서+익힘책 유형 연습 52~53쪽

**1** 7, 0  **2** ⑤

**3**

| × | 4 | 5 | 6 |
|---|---|---|---|
| 7 | 28 | 35 | 42 |
| 8 | 32 | 40 | 48 |
| 9 | 36 | 45 | 54 |

**4** $4 \times 0$, $2 \times 0$, $0 \times 6$에 ○표

**5**

| × | 1 | 2 | 3 | 4 | 5 | 6 | 7 | 8 | 9 |
|---|---|---|---|---|---|---|---|---|---|
| 1 | 1 | 2 | 3 | 4 | 5 | 6 | 7 | 8 | 9 |
| 2 | 2 | 4 | 6 | 8 | 10 | 12 | 14 | 16 | 18 |
| 3 | 3 | 6 | 9 | 12 | 15 | 18 | 21 | 24 | 27 |
| 4 | 4 | 8 | 12 | 16 | 20 | 24 | 28 | 32 | 36 |
| 5 | 5 | 10 | 15 | 20 | 25 | 30 | 35 | 40 | 45 |
| 6 | 6 | 12 | 18 | 24 | 30 | 36 | 42 | 48 | 54 |
| 7 | 7 | 14 | 21 | 28 | 35 | 42 | 49 | 56 | 63 |
| 8 | 8 | 16 | 24 | 32 | 40 | 48 | 56 | 64 | 72 |
| 9 | 9 | 18 | 27 | 36 | 45 | 54 | 63 | 72 | 81 |

**6** 3, 6, 18 ; 6, 3, 18 ; 9, 2, 18
**7** 0
**8** $2 \times 1$, $3 \times 0$, $5 \times 2$, $6 \times 1$ ; 2, 0, 10, 6 ; 32
**9** 39개  **10** 37살
**11** 4, 23
**12** $0 \times 2 = 0$, $2 \times 1 = 2$ ; 4점
**13** 42

**1** $1 \times 7 = 7$, $7 \times 0 = 0$

**2** $0 \times \blacktriangle = 0$, $\blacktriangle \times 0 = 0$   ⑤ $1 \times 1 = 1$

**3** $7 \times 5 = 35$, $7 \times 6 = 42$, $8 \times 4 = 32$,
$8 \times 6 = 48$, $9 \times 5 = 45$

**4** $6 \times 0 = 0$, $4 \times 0 = 0$, $2 \times 1 = 2$, $2 \times 0 = 0$,
$6 \times 1 = 6$, $3 \times 2 = 6$, $0 \times 6 = 0$

**6** $2 \times 9 = 18$이므로 곱이 18이 되는 곱셈구구를 모두 찾아 씁니다.

**7** $9 \times 0 = 0$이므로 ㉠$=0$입니다.

**8** ⸫ 2번: $1 \times 2 = 2$, ⸫ 1번: $2 \times 1 = 2$,
⸪ 0번: $3 \times 0 = 0$, ⸬ 3번: $4 \times 3 = 12$,
⸬ 2번: $5 \times 2 = 10$, ⸭ 1번: $6 \times 1 = 6$
따라서 주사위 눈의 수의 전체 합은
$2 + 2 + 0 + 12 + 10 + 6 = 32$입니다.

**9** 사과: $7 \times 3 = 21$(개), 복숭아: $9 \times 2 = 18$(개)
⇨ $21 + 18 = 39$(개)

**10** 9의 4배는 $9 \times 4 = 36$이고, 36보다 1만큼 더 큰 수는 $36 + 1 = 37$입니다. 따라서 민서 어머니의 나이는 37살입니다.

**11**

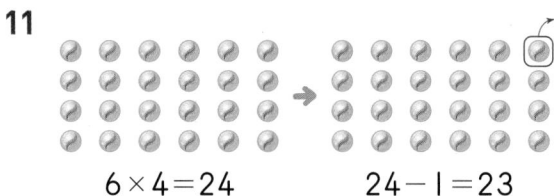

$6 \times 4 = 24$          $24 - 1 = 23$

**12** $0 + 2 + 2 = 4$(점)

**13** 7단 곱셈구구의 수는 7, 14, 21, 28, 35, 42, 49, 56, 63입니다. 이 중에서 십의 자리 숫자가 40을 나타내는 수는 42와 49이고 짝수는 42입니다.

## 3단계 잘 틀리는 문제 해결 54~55쪽

**1** 7  **2** 7
**3** 13  **4** 48
**5** <  **6** <
**7** ㉢  **8** ㉢, ㉠, ㉡, ㉣

**9**

| × | 3 | 4 | 5 | 6 |
|---|---|---|---|---|
| 3 | | ★ | | |
| 4 | | | | |
| 5 | | | | |

**10**

| × | 6 | 7 | 8 | 9 |
|---|---|---|---|---|
| 6 | | | | |
| 7 | | | | |
| 8 | | | | |
| 9 | | ★ | | |

**11** 4, 6, 24 ; 6, 4, 24 ; 8, 3, 24
**12** $6 \times \boxed{7} = \boxed{4}\boxed{2}$  **13** $8 \times \boxed{5} = \boxed{4}\boxed{0}$
**14** 63  **15** 8

**1**

틀린 이유
- 어느 단 곱셈구구를 이용하는지 모르는 경우
- 곱셈구구의 곱을 잘못 구한 경우

Solution

곱하는 두 수 중 주어진 한 수의 단 곱셈구구를 외워 주어진 곱이 나오는 경우를 찾습니다.

3단 곱셈구구에서 곱이 $21$인 경우는 $3 \times 7 = 21$이므로 □ 안에 알맞은 수는 $7$입니다.

**2** 7단 곱셈구구에서 곱이 $49$인 경우는 $7 \times 7 = 49$이므로 □ 안에 알맞은 수는 $7$입니다.

**3** 6단 곱셈구구에서 $6 \times 9 = 54$이므로 ㉠에 알맞은 수는 $9$입니다. ㉡$\times 9 = 9 \times$㉡과 같습니다. 9단 곱셈구구에서 $9 \times 4 = 36$이므로 ㉡에 알맞은 수는 $4$입니다.
따라서 ㉠$+$㉡$=9+4=13$입니다.

**4** ㉠$\times 5 = 5 \times$㉠과 같습니다. 5단 곱셈구구에서 $5 \times 6 = 30$이므로 ㉠에 알맞은 수는 $6$입니다.
$1$단 곱셈구구에서 $1 \times 8 = 8$이므로 ㉡에 알맞은 수는 $8$입니다.
따라서 ㉠$\times$㉡$=6 \times 8 = 48$입니다.

**5**

틀린 이유
- 곱셈구구의 곱을 잘못 구한 경우
- 크기 비교를 잘못한 경우

Solution

곱셈식을 각각 계산하여 곱을 구한 후 크기를 비교합니다.

$3 \times 5 = 15$, $6 \times 4 = 24$이므로 $15 < 24$입니다.

**6** $5 \times 7 = 35$, $7 \times 6 = 42$이므로 $35 < 42$입니다.

**7** ㉠ $7 \times 3 = 21$    ㉡ $4 \times 5 = 20$
㉢ $4 \times 9 = 36$    ㉣ $3 \times 9 = 27$
따라서 $36 > 27 > 21 > 20$이므로 곱이 가장 큰 것은 ㉢ $4 \times 9 = 36$입니다.

**8** ㉠ $3 \times 4 = 12$    ㉡ $6 \times 4 = 24$
㉢ $0 \times 7 = 0$    ㉣ $9 \times 4 = 36$
따라서 $0 < 12 < 24 < 36$이므로 곱이 작은 것부터 차례로 쓰면 ㉢, ㉠, ㉡, ㉣입니다.

**9**

틀린 이유
- 두 수의 순서를 바꾸어 곱해도 곱이 같음을 모르는 경우
- 곱셈표에서 곱을 찾는 방법을 모르는 경우

Solution

색칠된 세로줄에 있는 수를 곱해지는 수, 가로줄에 있는 수를 곱하는 수로 하여 두 줄이 만나는 칸에 두 수의 곱을 써넣고 곱이 같은 것을 찾아봅니다.

★$=3 \times 4 = 12$이고, 두 수의 순서를 바꾸어 곱해도 곱이 같으므로 $4 \times 3 = 12$인 곳에 색칠합니다.

**10** ★$=9 \times 7 = 63$이고, 두 수의 순서를 바꾸어 곱해도 곱이 같으므로 $7 \times 9 = 63$인 곳에 색칠합니다.

**11** $3 \times 8 = 24$이므로 곱셈구구에서 두 수의 곱이 $24$가 되는 경우는 $4 \times 6 = 24$, $6 \times 4 = 24$, $8 \times 3 = 24$입니다.

**12**

틀린 이유
- 6단 곱셈구구를 이용하지 못한 경우
- 주어진 수 카드를 사용하지 않고 곱셈식을 만든 경우

Solution

곱하는 수 자리에 수 카드를 차례로 넣어 보고 곱셈식을 계산해 보며 조건에 맞는 식을 찾습니다.

6단 곱셈구구를 이용하여 세 수가 모두 들어가는 곱셈식을 만들면 $6 \times 7 = 42$입니다.

**13** 8단 곱셈구구를 이용하여 세 수가 모두 들어가는 곱셈식을 만들면 $8 \times 5 = 40$입니다.

**14** 나올 수 있는 곱은 $9 \times 2 = 18$, $9 \times 7 = 63$, $2 \times 7 = 14$입니다.
따라서 나올 수 있는 가장 큰 곱은 $63$입니다.

참고
곱하는 두 수가 클수록 큰 곱이 나옵니다.
$9 > 7 > 2$이므로 가장 큰 곱은 $9 \times 7 = 63$입니다.

**15** 나올 수 있는 곱은 $4 \times 2 = 8$, $4 \times 8 = 32$, $4 \times 6 = 24$, $2 \times 8 = 16$, $2 \times 6 = 12$, $8 \times 6 = 48$입니다.
따라서 나올 수 있는 가장 작은 곱은 $4 \times 2 = 8$입니다.

참고
곱하는 두 수가 작을수록 작은 곱이 나옵니다.
$2 < 4 < 6 < 8$이므로 가장 작은 곱은 $2 \times 4 = 8$입니다.

## 3단계 서술형 문제 해결  56~57쪽

**1** ❶ $1 \times 2 = 2$, $5 \times 1 = 5$ ▶3점
　❷ $2, 5, 7$ ▶3점 ; $7$ ▶4점

**2** ⟨예⟩ ❶ 1등이 2명이므로 $2 \times 2 = 4$(점), 2등이 3명이므로
　　　$1 \times 3 = 3$(점), 3등이 1명이므로 $0 \times 1 = 0$(점)입
　　　니다. ▶3점
　　　❷ 따라서 지석이네 모둠의 달리기 점수는 모두
　　　　$4 + 3 + 0 = 7$(점)입니다. ▶3점
　　　; 7점 ▶4점

**3** ❶ $3, 15$ ▶2점 　❷ $4, 16$ ▶2점
　❸ $15, 16, 31$ ▶2점 ; $31$ ▶4점

**4** ⟨예⟩ ❶ 서연이는 젤리를 $3 \times 7 = 21$(개) 먹었습니다. ▶2점
　　　❷ 지현이는 젤리를 $4 \times 6 = 24$(개) 먹었습니다. ▶2점
　　　❸ 따라서 서연이와 지현이가 먹은 젤리는 모두
　　　　$21 + 24 = 45$(개)입니다. ▶2점
　　　; 45개 ▶4점

**2**

| 채점 기준 | | |
|---|---|---|
| 등수별 점수를 각각 구한 경우 | 3점 | |
| 점수의 합을 구한 경우 | 3점 | 10점 |
| 답을 바르게 쓴 경우 | 4점 | |

**4**

| 채점 기준 | | |
|---|---|---|
| 서연이가 먹은 젤리의 수를 구한 경우 | 2점 | |
| 지현이가 먹은 젤리의 수를 구한 경우 | 2점 | |
| 두 사람이 먹은 젤리 수의 합을 구한 경우 | 2점 | 10점 |
| 답을 바르게 쓴 경우 | 4점 | |

## 단원평가  58~61쪽

**1** $4, 12$
**2** (1) $35$ (2) $64$
**3**

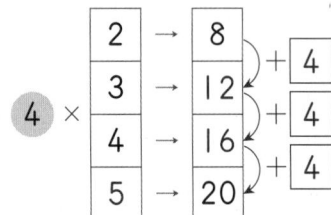

**4** $9, 7, 63$　　　　　**5** ⑤
**6** $8, 72$　　　　　　**7** >
**8** ㉣

---

**9**

| | | | |
|---|---|---|---|
| 4 | 8 | 12 | 15 |
| 6 | 20 | 16 | 26 |
| 10 | 24 | 18 | 38 |
| 34 | 28 | 32 | 36 |

출발 → 도착

**10** (1)

| × | 6 | 7 | 8 | 9 |
|---|---|---|---|---|
| 6 | 36 | 42 | 48 | 54 |
| 7 | 42 | 49 | 56 | 63 |
| 8 | 48 | 56 | 64 | 72 |
| 9 | 54 | 63 | 72 | 81 |

(2) $8, 7, 56$

**11** $8 \times 6 = 48$ ; $6 \times 8 = 48$
**12** ㉠, ㉢　　　　　**13** ⑤
**14** ㉡　　　　　　　**15** $0$
**16** $56$
**17** ⟨예⟩ 8의 7배는 $8 \times 7 = 56$이고 56보다 8만큼 더
　　작은 수는 $56 - 8 = 48$입니다. ▶2점 따라서 껌은
　　48개입니다. ▶1점 ; 48개 ▶2점
**18** (1) 25개 (2) 24개 (3) 케이크, 1개
**19** ⟨예⟩ $1 \times 3 = 3$(점), $2 \times 0 = 0$(점), $3 \times 3 = 9$(점)이므
　　로 ▶2점 재인이가 얻은 점수는 모두
　　$3 + 0 + 9 = 12$(점)입니다. ▶1점 ; 12점 ▶2점
**20** 38권

---

**1** 도넛이 한 접시에 3개씩 4접시에 놓여 있습니다.
　⇨ $3 \times 4 = 12$

**3** $4 \times 3 = 12$, $4 \times 4 = 16$,
　$4 \times \square = 20$ ⇨ $4 \times 5 = 20$, $\square = 5$
　4단 곱셈구구에서 곱하는 수가 1씩 커지면 그 곱은 4씩
　커집니다.

**4** 곱셈에서 곱하는 두 수의 순서를 서로 바꾸어도 곱은 같
　습니다.

**5** ① $9 \times 3 = 27$　　　② $1 \times 6 = 6$
　③ $1 \times 0 = 0$　　　④ $7 \times 7 = 49$

**6** $2 \times 4 = 8$, $8 \times 9 = 72$

**7** $5 \times 8 = 40$, $4 \times 9 = 36$이므로 $40 > 36$입니다.

**8** ㉠ $56$ ㉡ $54$ ㉢ $63$ ㉣ $72$
　⇨ $72 > 63 > 56 > 54$

**9** $4\times1=4$, $4\times2=8$, $4\times3=12$, $4\times4=16$, $4\times5=20$, $4\times6=24$, $4\times7=28$, $4\times8=32$, $4\times9=36$

**10** ⑵ $7\times8=56$이므로 곱셈표에서 곱이 같은 곱셈구구는 $8\times7=56$입니다.

**11** 8개씩 6줄로 나타낼 수 있으므로 $8\times6=48$이고, 6개씩 8줄로 나타낼 수 있으므로 $6\times8=48$입니다.

**12** 연필은 4자루씩 8묶음이므로 모두 $4\times8=32$(자루)입니다.
ⓒ $8\times3=24$
ⓔ $4\times7=28$에 7을 더하면 $35$입니다.
따라서 옳은 것을 모두 찾으면 ㉠, ㉢입니다.

**13** ① $3\times8=24$ ⇨ □$=3$ ② $6\times5=30$ ⇨ □$=5$
③ $7\times4=28$ ⇨ □$=4$ ④ $2\times9=18$ ⇨ □$=2$
⑤ $7\times5=35$ ⇨ □$=7$

**14** ㉠ $4\times4=16$ ㉡ $6\times9=54$ ㉢ $7\times2=14$
㉣ $7\times5=35$ ㉤ $8\times5=40$
따라서 곱이 가장 큰 것은 ㉡입니다.

**15** (어떤 수)$\times0=0$, $0\times$(어떤 수)$=0$이므로 □ 안에 공통으로 들어갈 수 있는 수는 $0$입니다.

**16** 곱이 가장 큰 곱셈식을 만들려면 가장 큰 수와 둘째로 큰 수의 곱을 구합니다.
따라서 가장 큰 곱은 $8\times7=56$입니다.

**17**

| 채점 기준 | | |
|---|---|---|
| 8의 7배보다 8만큼 더 작은 수를 구한 경우 | 2점 | |
| 껌의 수를 구한 경우 | 1점 | 5점 |
| 답을 바르게 쓴 경우 | 2점 | |

**18** ⑴ $5\times5=25$(개)
⑵ $8\times3=24$(개)
⑶ 케이크는 25개, 쿠키는 24개이므로 $25>24$입니다.
따라서 케이크를 $25-24=1$(개) 더 많이 샀습니다.

**19**

| 채점 기준 | | |
|---|---|---|
| 공에 적힌 수별 점수를 각각 구한 경우 | 2점 | |
| 점수의 합을 구한 경우 | 1점 | 5점 |
| 답을 바르게 쓴 경우 | 2점 | |

**20** (1등이 받을 공책 수)$=3\times6=18$(권)
(2등이 받을 공책 수)$=2\times7=14$(권)
(3등이 받을 공책 수)$=1\times6=6$(권)
(4등이 받을 공책 수)$=0\times9=0$(권)
⇨ $18+14+6+0=38$(권)

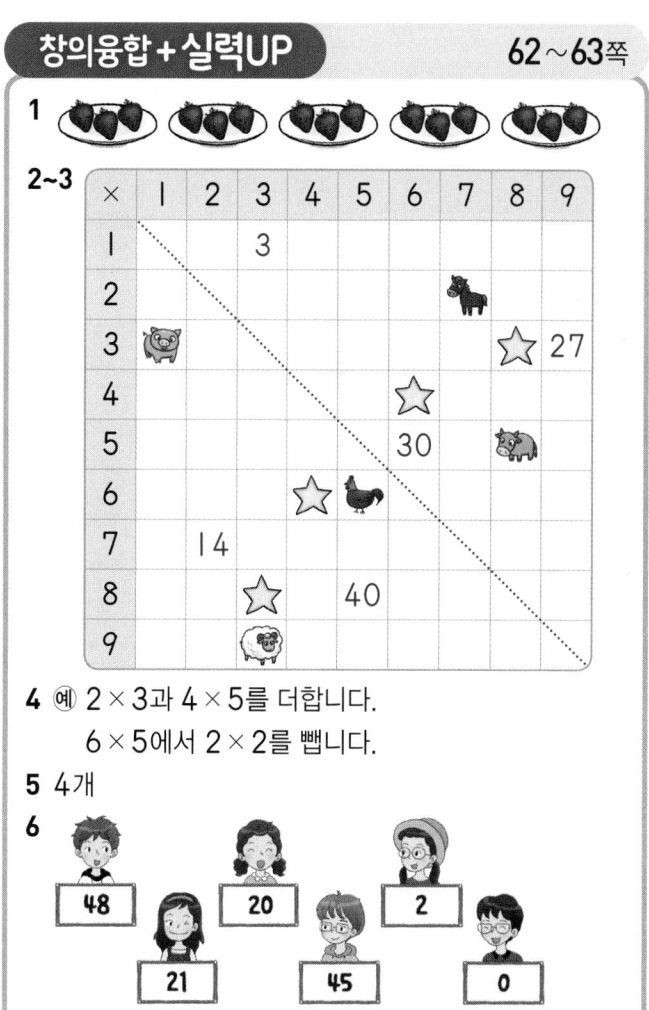

**창의융합+실력UP** 62~63쪽

**4** ⓔ $2\times3$과 $4\times5$를 더합니다.
$6\times5$에서 $2\times2$를 뺍니다.

**5** 4개

**1** 딸기를 한 접시에 3개씩 5접시가 되도록 붙입니다.

**2** 돼지: $3\times1=3$, 말: $2\times7=14$, 소: $5\times8=40$, 닭: $6\times5=30$, 양: $9\times3=27$
점선을 따라 접었을 때 만나는 곳의 수들은 서로 같습니다.

**3** $3\times8=24$, $4\times6=24$, $6\times4=24$, $8\times3=24$

**5** $4\times4=16$, $7\times3=21$이므로 □ 안에 들어갈 수 있는 수는 16보다 크고 21보다 작은 수입니다.
따라서 □ 안에 들어갈 수 있는 수는 17, 18, 19, 20으로 모두 4개입니다.

**3** 단원 길이 재기

>> 이런 점에 중점을 두어 지도해요

길이 재기 단원에서는 하나의 단위로 길이를 나타내는 표현법과 m와 cm 두 단위를 함께 이용하여 길이를 나타내는 표현법을 배우고 여러 가지 사물의 길이의 합과 차를 구하게 됩니다.

미터(m)는 센티미터(cm)에 비해 교실의 칠판이나 사물함과 같이 길이가 긴 사물의 길이를 잴 때 편리하다는 것을 알게 하고, 자가 없는 상황에서도 길이를 어림할 수 있도록 1 m에 대한 양감을 익혀 생활에서 부딪히는 다양한 문제를 해결할 수 있도록 지도합니다.

>> 이런 점이 궁금해요!!

• 아이가 1 m가 어느 정도 길이인지 잘 알게 하려면 어떻게 해야 하나요?

1 m는 100 cm라고 무조건 외우면 일정한 시간이 흐른 뒤에는 1 m가 10 cm인지, 100 cm인지 헷갈려 합니다. 따라서 1 m를 다양한 방법으로 이해시켜 주어야 합니다.

가장 쉬운 방법은 아이가 이미 알고 있는 길이를 이용하는 것입니다. 아이들 대부분 15 cm짜리나 30 cm짜리 자의 길이를 알고 있을 것이므로 이렇게 아이가 알고 있는 길이를 이용하여 1 m를 짐작하는 방법을 배워야 합니다. 1 m는 '15 cm짜리 자를 7번쯤 대어 본 길이', '나의 키에서 목 정도의 높이'라는 식으로 1 m를 추론하는 방법을 알게 하는 것이 필요합니다.

이전에 **배운 내용 확인하기** 65쪽

1 5
2 2 ; $2 \text{ cm}$ ; 2센티미터
3 4 cm          4 3, 5
5 4 cm          6 예 약 6 cm ; 6 cm

5 색연필의 길이는 자의 눈금이 1부터 5까지 1 cm가 4번이므로 4 cm입니다.

6 연필의 길이는 1 cm가 몇 번 정도 들어가는지 생각하여 길이를 어림한 후 자를 사용하여 실제 길이를 재어 봅니다. 어림한 길이를 쓸 때는 숫자 앞에 약을 붙여 씁니다.

**1** 단계 **교과서 개념** 68~69쪽

1 (1) $1 \text{ m}$ ; 1미터
  (2) $2 \text{ m}$ ; 2미터
2 (1) 1 (2) 800
3 (1) 4미터 90센티미터 (2) 3미터 5센티미터
4 (1) 80 (2) 1, 80
5 (1) 4, 6, 4, 6, 4 (2) 5, 7, 500, 7, 507
6 (1) 2, 15 (2) 472

2 (2) 1 m=100 cm이므로 8 m=800 cm입니다.

4 180 cm=100 cm+80 cm
           =1 m+80 cm
           =1 m 80 cm

6 (1) 215 cm=200 cm+15 cm
             =2 m+15 cm
             =2 m 15 cm
  (2) 4 m 72 cm=4 m+72 cm
               =400 cm+72 cm
               =472 cm

**1** 단계 **교과서 개념** 70~71쪽

1 101 ; 1, 4          2 0, 245, 2, 45
3 160                 4 110 ; 1, 10
5 1, 32
6 예 알림판의 길이 ; 1, 20

1 • 화살표(↓)가 가리키는 눈금이 101이므로 101 cm입니다.
  • 화살표(↓)가 가리키는 눈금이 104이므로 104 cm이고
    104 cm=100 cm+4 cm=1 m+4 cm
           =1 m 4 cm입니다.

2 사물함의 길이는 245 cm=2 m 45 cm입니다.

4 110 cm=100 cm+10 cm
          =1 m+10 cm=1 m 10 cm

**5** $132\,\text{cm}=100\,\text{cm}+32\,\text{cm}$
$\quad\quad=1\,\text{m}+32\,\text{cm}=1\,\text{m}\ 32\,\text{cm}$

**8** $109\,\text{cm}=100\,\text{cm}+9\,\text{cm}$
$\quad\quad=1\,\text{m}+9\,\text{cm}$
$\quad\quad=1\,\text{m}\ 9\,\text{cm}$

**9** ⓒ $3\,\text{m}\ 20\,\text{cm}=3\,\text{m}+20\,\text{cm}$
$\quad\quad\quad\quad=300\,\text{cm}+20\,\text{cm}$
$\quad\quad\quad\quad=320\,\text{cm}$
ⓒ $2\,\text{m}\ 3\,\text{cm}=2\,\text{m}+3\,\text{cm}$
$\quad\quad\quad\quad=200\,\text{cm}+3\,\text{cm}$
$\quad\quad\quad\quad=203\,\text{cm}$
$320\,\text{cm}>302\,\text{cm}>230\,\text{cm}>203\,\text{cm}$이므로
ⓒ>ⓐ>ⓐ>ⓒ입니다.

**10** $4\,\text{m}\ 83\,\text{cm}=4\,\text{m}+83\,\text{cm}$
$\quad\quad\quad=400\,\text{cm}+83\,\text{cm}$
$\quad\quad\quad=483\,\text{cm}$

**11** $8\,\text{m}\ 5\,\text{cm}=8\,\text{m}+5\,\text{cm}$
$\quad\quad\quad=800\,\text{cm}+5\,\text{cm}$
$\quad\quad\quad=805\,\text{cm}$

**12** 줄자로 길이를 정확하게 재기 위해서는 물건의 한끝을 줄자의 눈금 0에 맞추어 길이를 재어야 합니다.

**13** $9>5>3$이므로 9를 m 단위 앞에 쓰고 5와 3으로 가장 큰 두 자리 수를 만들어 cm 단위 앞에 씁니다.

---

## 2단계 교과서+익힘책 유형 연습　72~73쪽

**1**

**2** (1) 100　(2) 10
**3** (1) 8, 32　(2) 204
**4** (　　)(　○　)
**5** (1) cm　(2) m　(3) cm
**6** 185 cm, 4 m 70 cm
**7** (1) >　(2) =　　　　**8** 1 m 9 cm
**9** ⓒ, ⓐ, ⓐ, ⓒ　　　**10** 483 cm
**11** 850 cm에 ○표 ; 805 cm
**12** ⑨ 책상의 한끝을 줄자의 눈금 0에 맞추지 않았기 때문입니다. ▶10점
**13** 9 ; 5, 3

---

**1** ⬛00 cm=⬛ m

**2** (1) 1 cm를 100번 이으면 100 cm=1 m와 같습니다.
(2) 10 cm를 10번 이으면 100 cm=1 m와 같습니다.

**3** (1) $832\,\text{cm}=800\,\text{cm}+32\,\text{cm}$
$\quad\quad\quad=8\,\text{m}+32\,\text{cm}=8\,\text{m}\ 32\,\text{cm}$
(2) $2\,\text{m}\ 4\,\text{cm}=2\,\text{m}+4\,\text{cm}$
$\quad\quad\quad\quad=200\,\text{cm}+4\,\text{cm}=204\,\text{cm}$

**4** $6\,\text{m}\ 50\,\text{cm}=650\,\text{cm}$이므로
$605\,\text{cm}<6\,\text{m}\ 50\,\text{cm}$입니다.

**6** (1) $1\,\text{m}\ 85\,\text{cm}=100\,\text{cm}+85\,\text{cm}$
$\quad\quad\quad\quad=185\,\text{cm}$
(2) $470\,\text{cm}=400\,\text{cm}+70\,\text{cm}$
$\quad\quad\quad=4\,\text{m}\ 70\,\text{cm}$

**7** (1) $4\,\text{m}\ 95\,\text{cm}=4\,\text{m}+95\,\text{cm}$
$\quad\quad\quad\quad=400\,\text{cm}+95\,\text{cm}=495\,\text{cm}$
$\quad\quad\Rightarrow 500\,\text{cm}>495\,\text{cm}$
(2) $706\,\text{cm}=700\,\text{cm}+6\,\text{cm}$
$\quad\quad\quad=7\,\text{m}+6\,\text{cm}=7\,\text{m}\ 6\,\text{cm}$

---

## 1단계 교과서 개념　74~75쪽

**1** 2, 80
**2** 1, 20
**3** (1) 4, 66　(2) 8, 75　(3) 7, 35
**4** (1) 3, 50　(2) 4, 25　(3) 1, 62
**5** 3 m 98 cm

---

**3** m는 m끼리, cm는 cm끼리 더합니다.

**4** m는 m끼리, cm는 cm끼리 뺍니다.

**5** 　　1 m 70 cm
　　＋ 2 m 28 cm
　　――――――――
　　　3 m 98 cm

본책 65~75쪽

## 1단계 교과서 개념  76~77쪽

**1** 2에 ◯표   **2** 2

**3** 8

**4**

**5** 수지네 모둠

**1** 1 m는 걸음으로 약 2걸음입니다.

**2** 버스의 높이는 소민이 동생의 키의 약 2배입니다. 소민이 동생의 키가 1 m이므로 버스의 높이는 약 2 m입니다.

**3** 끈의 길이는 주어진 1 m의 약 8배이므로 약 8 m입니다.

**5** 양팔을 벌린 길이가 약 1 m이므로 8명이면 약 8 m이고, 4명이면 약 4 m이기 때문에 10 m에 더 가까운 길이를 만든 모둠은 수지네 모둠입니다.

## 2단계 교과서+익힘책 유형 연습  78~79쪽

**1** (1) 2 m  (2) 70 m   **2** 약 1 m

**3** ③, ⑤   **4** 8, 65

**5** 7, 38   **6** 약 8 m

**7** 2 m 76 cm   **8** 약 3 m

**9** ㉡, ㉣

**10** 지혁▶5점 ;

㉮ 자른 끈의 길이와 2 m 70 cm의 차는 각각 20 cm, 15 cm, 10 cm이므로 2 m 70 cm에 가장 가까운 친구는 지혁입니다.▶5점

**11** 6 m 33 cm

**12** 40 m 68 cm

**13** 지훈, 태리, 윤서

**2** 책상 긴 쪽의 길이는 발 길이의 약 5배이므로 약 100 cm입니다.
⇨ 약 100 cm=약 1 m

**3** ①, ②, ④ ⇨ 길이가 1 m보다 짧습니다.
③, ⑤ ⇨ 길이가 1 m보다 깁니다.

**4**
$$\begin{array}{r} 3\ \text{m}\ 23\ \text{cm} \\ +\ 5\ \text{m}\ 42\ \text{cm} \\ \hline 8\ \text{m}\ 65\ \text{cm} \end{array}$$

**5**
$$\begin{array}{r} 12\ \text{m}\ 81\ \text{cm} \\ -\ 5\ \text{m}\ 43\ \text{cm} \\ \hline 7\ \text{m}\ 38\ \text{cm} \end{array}$$

**6** 울타리 4칸의 길이이므로 약 2×4=8 (m)입니다.

**7** (사용한 색 테이프의 길이)=(처음 길이)−(남은 길이)
$$\begin{array}{r} 4\ \text{m}\ 86\ \text{cm} \\ -\ 2\ \text{m}\ 10\ \text{cm} \\ \hline 2\ \text{m}\ 76\ \text{cm} \end{array}$$

**8** 세미의 두 걸음은 1 m이고 책장의 길이는 세미의 두 걸음의 길이의 약 3배이므로 약 3 m입니다.

**9** 옷장의 높이, 교실 문의 높이는 2 m에 가까운 길이입니다.

**10** 어림하여 자른 끈의 길이와 2 m 70 cm의 차가 가장 작은 친구를 찾습니다.

| 채점 기준 | | |
|---|---|---|
| 자른 끈의 길이가 2 m 70 cm에 가장 가까운 친구의 이름을 쓴 경우 | 5점 | 10점 |
| 까닭을 바르게 쓴 경우 | 5점 | |

**11** 330 cm=300 cm+30 cm
   =3 m+30 cm
   =3 m 30 cm
가장 긴 길이는 3 m 30 cm, 가장 짧은 길이는 3 m 3 cm입니다.
⇨ 3 m 30 cm+3 m 3 cm=6 m 33 cm

**12** 24 m 58 cm+16 m 10 cm=40 m 68 cm

**13** 태리가 잰 소파의 길이: 약 3 m
지훈이가 잰 시소의 길이: 약 4 m
윤서가 잰 잠자리채의 길이: 약 2 m
따라서 긴 길이를 어림한 사람부터 순서대로 이름을 쓰면 지훈, 태리, 윤서입니다.

| 1 형기, 소현 | 2 ㉠, ㉢ |
|---|---|
| 3 어진 | 4 ㉡, ㉣ |
| 5 ㉠, ㉣ | 6 ㉡, ㉢ |
| 7 약 5 m | 8 약 8 m |
| 9 약 4 m | 10 9, 5, 4 ; 3, 23 |
| 11 2, 3, 6 ; 5, 12 | 12 8, 7, 3 ; 9, 97 |

**1**

틀린 이유

• m와 cm의 관계를 모르는 경우
• '몇 m 몇 cm'를 '몇 cm'로 나타내는 방법을 모르는 경우

Solution

1 m=100 cm임을 이용하여 '몇 m 몇 cm'를 '몇 cm'로, '몇 cm'를 '몇 m 몇 cm'로 나타내어 보고 바르게 나타냈는지 확인합니다.

지민: $4 m \, 2 cm = 4 m + 2 cm$
$= 400 cm + 2 cm$
$= 402 cm$

**2** ㉡ $201 cm = 200 cm + 1 cm$
$= 2 m + 1 cm$
$= 2 m \, 1 cm$

**3** 어진: $536 cm = 500 cm + 36 cm$
$= 5 m + 36 cm$
$= 5 m \, 36 cm$

**4**

틀린 이유

• 1 m가 어느 정도 되는지 모르는 경우
• 1 m보다 긴 것을 일부만 찾은 경우

Solution

몸의 일부를 이용하여 1 m 길이를 어림해 보고 약 1 m로 어림한 길이를 이용하여 물건들의 길이를 어림해 봅니다.

칫솔의 길이와 컴퓨터 짧은 쪽의 길이는 1 m보다 짧습니다.

**5** 운동장 짧은 쪽의 길이와 버스 긴 쪽의 길이는 1 m보다 깁니다.

**6** 컴퓨터 키보드 긴 쪽의 길이와 아버지의 키는 5 m보다 짧습니다.

**7**

틀린 이유

• 칠판 긴 쪽의 길이를 구하는 방법을 모르는 경우
• m와 cm의 관계를 모르는 경우

Solution

주어진 길이를 이용하여 물건의 길이를 어림합니다.
■의 ▲배는 ■를 ▲번 더한 길이와 같습니다.

성훈이가 양팔을 벌린 길이는 100 cm이므로 1 m와 같습니다. 칠판 긴 쪽의 길이는 성훈이가 양팔을 벌린 길이의 약 5배이므로 약 5 m입니다.

**8** 민호가 갖고 있는 막대기의 길이는 2 m이고 기차 한 칸의 길이는 막대기 길이의 약 4배이므로 약 8 m입니다.

**9** 소은이의 한 걸음은 40 cm이고 교실에서 화장실까지의 거리는 소은이의 한 걸음의 길이의 약 10배이므로 약 400 cm=4 m입니다.

**10**

틀린 이유

• 가장 긴 길이를 잘못 만든 경우
• 길이의 차를 잘못 계산한 경우

Solution

• 가장 긴 길이를 만들려면 m 단위부터 가장 큰 숫자를 차례로 넣어야 합니다.
• 가장 짧은 길이를 만들려면 m 단위부터 가장 작은 숫자를 차례로 넣어야 합니다.
• 길이의 합과 차를 구할 때는 m는 m끼리, cm는 cm끼리 계산합니다.

가장 긴 길이를 만들려면 m 단위부터 가장 큰 숫자를 넣어야 합니다.
$9 m \, 54 cm - 6 m \, 31 cm = 3 m \, 23 cm$

**11** 가장 짧은 길이를 만들려면 m 단위부터 가장 작은 숫자를 넣어야 합니다.
$7 m \, 48 cm - 2 m \, 36 cm = 5 m \, 12 cm$

**12** 가장 긴 길이를 만들려면 m 단위부터 가장 큰 숫자를 넣어야 합니다.
$8 m \, 73 cm + 1 m \, 24 cm = 9 m \, 97 cm$

## 3단계 서술형 문제 해결    82~83쪽

**1** ❶ 1, 35 ▶3점   ❷ 1, 35, 4, 90 ▶3점 ; 4, 90 ▶4점

**2** 예 ❶ 큰 상자를 포장하는 데 사용한 테이프의 길이는
    363 cm=300 cm+63 cm=3 m+63 cm
           =3 m 63 cm입니다. ▶3점
    ❷ 따라서 두 상자를 포장하는 데 사용한 테이프의
    길이는 모두
    3 m 63 cm+2 m 19 cm=5 m 82 cm입
    니다. ▶3점
    ; 5 m 82 cm ▶4점

**3** ❶ 1, 46 ▶3점   ❷ 1, 46, 1, 24 ▶3점 ; 1, 24 ▶4점

**4** 예 ❶ 선물을 포장하는 데 사용한 리본의 길이는
    257 cm=200 cm+57 cm=2 m+57 cm
           =2 m 57 cm입니다. ▶3점
    ❷ 따라서 선물을 포장하고 남은 리본의 길이는
    5 m 86 cm-2 m 57 cm=3 m 29 cm입
    니다. ▶3점
    ; 3 m 29 cm ▶4점

**2**

| 채점 기준 | | |
|---|---|---|
| 363 cm를 3 m 63 cm로 나타낸 경우 | 3점 | |
| 사용한 테이프의 길이의 합을 구한 경우 | 3점 | 10점 |
| 답을 바르게 쓴 경우 | 4점 | |

**4**

| 채점 기준 | | |
|---|---|---|
| 257 cm를 2 m 57 cm로 나타낸 경우 | 3점 | |
| 남은 리본의 길이를 구한 경우 | 3점 | 10점 |
| 답을 바르게 쓴 경우 | 4점 | |

## 단원평가    84~87쪽

**1** ②
**2** (1) 6, 27 (2) 514 (3) 1, 70 (4) 307
**3** ③
**4** (1) 7 m 88 cm (2) 5 m 42 cm
    (3) 6 m 80 cm (4) 7 m 15 cm
**5** (1) △ (2) ○ (3) ○ (4) △
**6** (1) < (2) >      **7** 4 m 43 cm
**8** 약 2 m

**9** (1) 15 cm (2) 9 m (3) 120 cm
**10** 1 m 65 cm        **11** ㉡
**12** 예 진수의 키는 1 m 30 cm=130 cm이고
     130 cm>123 cm입니다. ▶2점
    따라서 진수의 키가 더 큽니다. ▶1점
    ; 진수 ▶2점
**13** 1 m 15 cm      **14** 1 m 6 cm
**15** 90 m 86 cm    **16** 약 1 m 20 cm
**17** 2 m 19 cm+1 m 76 cm=3 m 95 cm ▶3점
    ; 3 m 95 cm ▶2점
**18** 3 m 38 cm
**19** 미나 ▶2점 ;
    예 줄의 길이와 2 m 35 cm의 차를 구하면
    경수는 2 m 35 cm-228 cm
           =2 m 35 cm-2 m 28 cm=7 cm,
    미나는 2 m 40 cm-2 m 35 cm=5 cm,
    은우는 2 m 35 cm-2 m 25 cm=10 cm입
    니다.
    따라서 2 m 35 cm에 가장 가까운 줄을 가진 친
    구는 미나입니다. ▶3점
**20** 6 m 63 cm

---

**1** 숫자는 크게, m는 작게 씁니다.

**2** (4) 3 m 7 cm=3 m+7 cm
             =300 cm+7 cm=307 cm

**3** ③ 컴퓨터 모니터 짧은 쪽의 길이는 cm 단위로 나타내
    기에 알맞습니다.

**4** m는 m끼리, cm는 cm끼리 계산합니다.

**5** 바이올린의 길이, 한 뼘의 길이는 1 m보다 짧고, 피아노
    긴 쪽의 길이, 교실의 높이는 1 m보다 깁니다.

**6** (2) 8 m 90 cm=8 m+90 cm
              =800 cm+90 cm=890 cm
    ⇨ 890 cm>809 cm이므로
       8 m 90 cm>809 cm입니다.

**7** 8 m 75 cm-4 m 32 cm=4 m 43 cm

**8** 낙타의 키는 선인장의 높이의 약 2배이므로 약 2 m입
    니다.

**10** 165 cm＝100 cm＋65 cm
＝1 m＋65 cm＝1 m 65 cm

**11** 1 m에 가까운 길이는 양팔을 벌린 길이입니다.

**12**

| 채점 기준 | | |
|---|---|---|
| 진수와 현진이의 키를 비교한 경우 | 2점 | |
| 누구의 키가 더 큰지 구한 경우 | 1점 | 5점 |
| 답을 바르게 쓴 경우 | 2점 | |

**13**
```
    2 m 80 cm
 −  1 m 65 cm
 ─────────────
    1 m 15 cm
```

**14** ㉠ 1 m 2 cm, ㉡ 1 m 17 cm이므로 ㉣이 가장 길고, ㉠이 가장 짧습니다.
➡ 2 m 8 cm−102 cm
＝2 m 8 cm−1 m 2 cm
＝1 m 6 cm

**15**
```
    52 m 50 cm
 +  38 m 36 cm
 ─────────────
    90 m 86 cm
```

**16** 연우의 키는 책꽂이 4칸의 높이와 비슷합니다.
책꽂이 4칸의 높이는
30 cm＋30 cm＋30 cm＋30 cm
＝120 cm이므로
연우의 키는 약 120 cm＝1 m 20 cm입니다.

**17**

| 채점 기준 | | |
|---|---|---|
| 막대 두 개의 길이의 합을 구하는 식을 쓴 경우 | 3점 | 5점 |
| 답을 바르게 쓴 경우 | 2점 | |

**18** 화단 짧은 쪽의 길이는 127 cm＝1 m 27 cm입니다.
➡ 4 m 65 cm−1 m 27 cm＝3 m 38 cm

**19** 2 m 35 cm와의 차가 작을수록 길이가 2 m 35 cm에 가까운 줄입니다.

| 채점 기준 | | |
|---|---|---|
| 2 m 35 cm에 가장 가까운 줄을 가진 친구의 이름을 쓴 경우 | 2점 | 5점 |
| 까닭을 바르게 쓴 경우 | 3점 | |

**20** 색 테이프 두 장의 길이의 합에서 겹친 부분의 길이를 뺍니다.
5 m 24 cm＋3 m 63 cm−2 m 24 cm
＝8 m 87 cm−2 m 24 cm
＝6 m 63 cm

## 창의융합＋실력UP  88~89쪽

**1** ㉡

**2** 9 m 87 cm ; 1 m 23 cm
; 8 m 64 cm

**3** 5 m 31 cm

**4** 7 m 52 cm

**5** (1) 54 m 86 cm  (2) 20 m 35 cm

**6**

**1** ㉡ 기린의 키는 약 3 m입니다.

**2** 9 m 87 cm−1 m 23 cm＝8 m 64 cm

**3** (㉡에서 ㉣까지의 길이)
＝(㉡에서 ㉢까지의 길이)＋(㉢에서 ㉣까지의 길이)
＝3 m 17 cm＋4 m 24 cm＝7 m 41 cm
(㉮에서 ㉡까지의 길이)
＝(㉮에서 ㉣까지의 길이)−(㉡에서 ㉣까지의 길이)
＝12 m 72 cm−7 m 41 cm＝5 m 31 cm

**4** (집에서 놀이터를 거쳐 문구점까지 가는 거리)
＝50 m 37 cm＋43 m 55 cm＝93 m 92 cm
➡ 93 m 92 cm−86 m 40 cm＝7 m 52 cm

**5** (1) 27 m 43 cm＋27 m 43 cm＝54 m 86 cm
(2) 38 m 79 cm−18 m 44 cm＝20 m 35 cm

**6** 앞서 있는 순서대로 그림으로 나타내면 다음과 같습니다.

따라서 앞서 있는 순서대로 이름을 쓰면 주혁, 수연, 영은, 진석입니다.

## 4 단원 시각과 시간

### ≫ 이런 활동을 할 수 있어요!!

시계의 짧은바늘과 긴바늘의 위치와 숫자 사이의 관계를 이해하면서 시각을 '몇 시 몇 분'까지 읽을 수 있고 주어진 시각을 모형 시계에 나타낼 수 있게 합니다. 시계와 달력 읽는 법을 배우면서 1분, 1시간, 1일, 1주일, 1개월, 1년 사이의 관계를 이해하고 수학이 우리 생활과 밀접하게 관련되어 있음을 알게 합니다.

### ≫ 이런 점이 궁금해요!!

- 시각과 시간은 어떻게 다른 것인가요?
  시각은 기준점으로부터 얼마나 떨어져 있는지를 나타내는 위치 개념으로서 시간의 어느 한 지점이라고 할 수 있습니다. 시간은 두 시각 사이의 거리를 나타내는 양적 개념으로서 어떤 시각에서 어떤 시각까지의 사이라고 할 수 있습니다.
- 디지털시계가 나오는데 어떻게 지도해야 하나요?
  디지털시계에서 :의 왼쪽의 수는 '시'를 나타내고, :의 오른쪽의 수는 '분'을 나타낸다고 알려 줍니다.

### 이전에 배운 내용 확인하기 91쪽

1 6  2 3, 30

3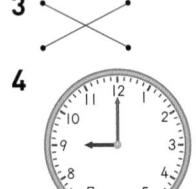

4   5

6 12, 30

### 1단계 교과서 개념 94~95쪽

1 (1) 7, 8 (2) 5 (3) 7, 25
2 분에 ○표
3 6, 17
4 (1) 1, 50 (2) 4, 10 (3) 3, 42 (4) 10, 29
5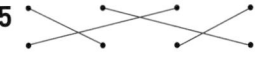

4 (1) 시계의 짧은바늘은 1과 2 사이를 가리키고, 긴바늘은 10을 가리키므로 1시 50분입니다.
(2) 시계의 짧은바늘은 4와 5 사이를 가리키고, 긴바늘은 2를 가리키므로 4시 10분입니다.
(3) 시계의 짧은바늘은 3과 4 사이를 가리키고, 긴바늘은 8에서 작은 눈금으로 2칸 더 간 곳을 가리키므로 3시 42분입니다.
(4) 시계의 짧은바늘은 10과 11 사이를 가리키고, 긴바늘은 5에서 작은 눈금으로 4칸 더 간 곳을 가리키므로 10시 29분입니다.

다른 풀이
(4) 긴바늘은 6에서 작은 눈금으로 1칸 덜 간 곳을 가리키므로 29분입니다.

5 · 시계의 짧은바늘이 2와 3 사이를 가리키고, 긴바늘이 7을 가리키면 2시 35분입니다.
· 시계의 짧은바늘이 5와 6 사이를 가리키고, 긴바늘이 4를 가리키면 5시 20분입니다.
· 시계의 짧은바늘이 8과 9 사이를 가리키고, 긴바늘이 11에서 작은 눈금으로 1칸 덜 간 곳을 가리키면 8시 54분입니다.
· 시계의 짧은바늘이 9와 10 사이를 가리키고, 긴바늘이 7에서 작은 눈금으로 3칸 더 간 곳을 가리키면 9시 38분입니다.

### 1단계 교과서 개념 96~97쪽

1 (1) 7, 50 (2) 10 (3) 8, 10
2 4, 45 ; 5, 15
3 (1) 10 (2) 10 (3) 1 (4) 55
4 (그림)
5 (1) 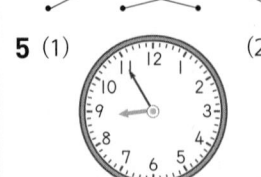  (2)

(3) 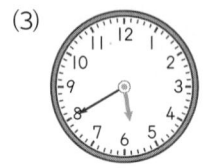  (4)

**4** · 12시 55분은 1시 5분 전과 같습니다.

　· 8시 40분은 9시 20분 전과 같습니다.

　· 11시 50분은 12시 10분 전과 같습니다.

　· 2시 45분은 3시 15분 전과 같습니다.

**5** (1) 9시 5분 전은 8시 55분이므로 긴바늘이 11을 가리키게 그립니다.

　(2) 3시 10분 전은 2시 50분이므로 긴바늘이 10을 가리키게 그립니다.

　(3) 6시 20분 전은 5시 40분이므로 긴바늘이 8을 가리키게 그립니다.

　(4) 11시 15분 전은 10시 45분이므로 긴바늘이 9를 가리키게 그립니다.

---

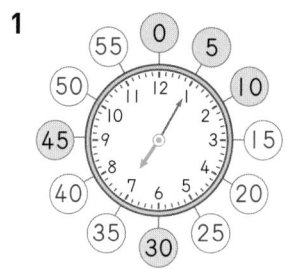

**2단계 교과서+익힘책 유형 연습**　**98~99쪽**

**1**

**2** (1) 9시 10분 (2) 5시 57분 (3) 11시 38분

**3** (1) 3, 20 (2) 4, 55

**4** (1)  (2)

**5** 3, 4, 긴, 5　　　　**6** 9시 20분

**7** 6시 5분 전　　　　**8** 2시 35분

**9** 예 지훈이는 아침 7시 28분에 세수를 했고, ▶5점
　　8시 12분에 가방을 메고 학교 갈 준비를 했습니다. ▶5점

**10** 예 5시 3분이 아니라 5시 15분입니다.

**11** (1) 7, 5 (2) 1, 10

---

**2** (2) 시계의 짧은바늘은 5와 6 사이를 가리키고, 긴바늘은 11에서 작은 눈금으로 2칸 더 간 곳을 가리키므로 5시 57분입니다.

---

**4** (1) 긴바늘이 9를 가리키게 그립니다.

　(2) 긴바늘이 2에서 작은 눈금으로 3칸 더 간 곳을 가리키게 그립니다.

**6** 세호가 일어난 시각은 7시 30분이고, 8시 50분에 출발하는 버스를 놓쳐 9시 20분에 출발하는 버스를 탔습니다.

**7** 시계가 나타내는 시각은 5시 55분이고 5시 55분은 6시가 되기 5분 전의 시각과 같으므로 6시 5분 전으로 나타낼 수 있습니다.

**8** 거울에 비친 시계의 모습은 시계의 왼쪽과 오른쪽이 서로 바뀐 모습과 같습니다. 시계의 짧은바늘은 2와 3 사이를 가리키고, 긴바늘은 7을 가리키므로 2시 35분입니다.

**9**

| 채점 기준 | | |
|---|---|---|
| 첫 번째 그림의 시각과 한 일을 쓴 경우 | 5점 | 10점 |
| 두 번째 그림의 시각과 한 일을 쓴 경우 | 5점 | |

**11** (1) 시계가 나타내는 시각은 6시 55분, 7시 5분 전입니다.

　(2) 시계가 나타내는 시각은 12시 50분, 1시 10분 전입니다.

---

**1단계 교과서 개념**　**100~101쪽**

**1**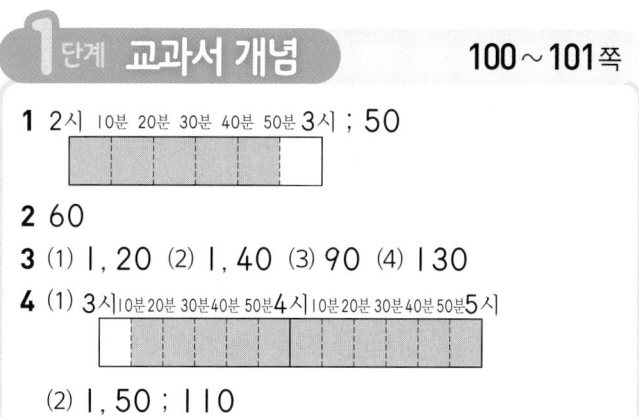

**2** 60

**3** (1) 1, 20 (2) 1, 40 (3) 90 (4) 130

**4** (1)

　(2) 1, 50 ; 110

**5** 1, 20

---

**3** (1) 80분=60분+20분=1시간 20분

　(2) 100분=60분+40분=1시간 40분

　(3) 1시간 30분=60분+30분=90분

　(4) 2시간 10분=60분+60분+10분=130분

**5** 연날리기 체험은 1시 40분에 시작하여 3시에 끝나므로 1시간 20분이 걸립니다.

## 1단계 교과서 개념 102~103쪽

**1** (1) 24 (2) 7 (3) 14 (4) 12

**2** (1) 1 (2) 2 (3) 10

**3** (1)

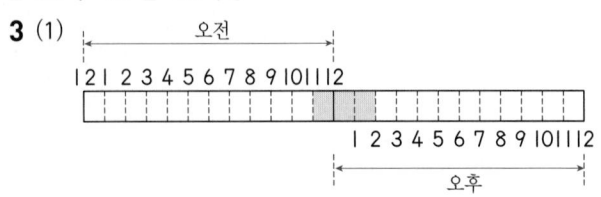

　오전

　　12 1 2 3 4 5 6 7 8 9 10 11 12

　　　　　　　　　1 2 3 4 5 6 7 8 9 10 11 12

　　　　　　　　　　오후

(2) 3시간

**4** (1) 12, 화 (2) 5

**3** (1) 오전 11시부터 오후 2시까지 3칸을 색칠합니다.
(2) 3칸을 색칠했으므로 성우가 수영 연습을 한 시간은 3시간입니다.

## 2단계 교과서+익힘책 유형 연습 104~105쪽

**1** (1) 오전 (2) 오후 (3) 오후 (4) 오전

**2** (1) 1, 55 (2) 85

**3** (1) 1, 1 (2) 48 (3) 21

**4** ( )( ○ )( )

**5** 7시간

**6** (1) 5번 (2) 토요일 (3) 6월 20일

**7** (1) 오전에 ○표, 오후에 ○표 (2) 35시간

**8** 희수　　　　　　　　　**9** 6바퀴

**10** (1)

| 8월 | | | | | | |
|---|---|---|---|---|---|---|
| 일 | 월 | 화 | 수 | 목 | 금 | 토 |
| | | | 1 | 2 | 3 | 4 |
| 5 | 6 | 7 | 8 | 9 | 10 | 11 |
| 12 | 13 | 14 | 15 | 16 | 17 | 18 |
| 19 | 20 | 21 | 22 | 23 | 24 | 25 |
| 26 | 27 | 28 | 29 | 30 | 31 | |

(2) 9에 ○표 (3) 9일

**1** 전날 밤 12시부터 낮 12시까지를 오전이라 하고 낮 12시부터 밤 12시까지를 오후라고 합니다.

**2** (1) 115분=60분+55분=1시간 55분
(2) 1시간 25분=60분+25분=85분

**3** (1) 25시간=24시간+1시간=1일 1시간
(3) 1년 9개월=12개월+9개월=21개월

**4** ・2월은 28일 또는 29일까지 있고 5월은 31일까지 있습니다.
・4월과 9월은 모두 30일까지 있습니다.
・7월은 31일까지 있고 11월은 30일까지 있습니다.

**5** 오전 10시 $\xrightarrow{2시간 후}$ 낮 12시 $\xrightarrow{5시간 후}$ 오후 5시
동물원에 있었던 시간은 2시간+5시간=7시간입니다.

**6** (1) 1일, 8일, 15일, 22일, 29일 ⇨ 5번
(2) 6월 6일 현충일의 2주일 후는 6월 20일입니다.

**7** (2) 하루는 24시간이므로 첫날 오전 8시부터 다음날 오전 8시까지는 24시간, 다음날 오전 8시부터 낮 12시까지는 4시간, 낮 12시부터 오후 7시까지는 7시간입니다.
따라서 상우네 가족이 캠프를 다녀오는 데 걸린 시간은 모두 24시간+4시간+7시간=35시간입니다.

**8** 희수: 4시 20분 $\xrightarrow{1시간 후}$ 5시 20분 $\xrightarrow{30분 후}$ 5시 50분
진범: 4시 55분 $\xrightarrow{1시간 후}$ 5시 55분 $\xrightarrow{20분 후}$ 6시 15분
책을 읽는 데 걸린 시간은 희수가 1시간+30분=1시간 30분이고, 진범이가 1시간+20분=1시간 20분이므로 책을 더 오래 읽은 사람은 희수입니다.

**9** 3시 20분에서 9시 20분이 되려면 긴바늘을 9-3=6(바퀴)만 돌리면 됩니다.

**10** (3) 8월 24일부터 8월 31일까지는 8일이고, 9월 1일까지는 9일입니다.

## 3단계 잘 틀리는 문제 해결 106~107쪽

**1** 1시 27분　　　　　　**2** 7시 8분

**3** 12시 44분　　　　　**4** 10시 10분

**5** 12시 15분　　　　　**6** 3시 5분

**7** 오후에 ○표, 6, 47　**8** 4, 오전에 ○표, 8

**9** 오후에 ○표, 1, 30　**10** 16, 오전에 ○표, 2

**11** 42일　　　　　　　**12** 39일

**13** 62일

**1**

시계의 짧은바늘은 1과 2 사이를 가리키므로 1시이고, 긴바늘은 5에서 작은 눈금 2칸을 더 간 곳을 가리키므로 25분+2분=27분입니다.
따라서 은주가 본 시계의 시각은 1시 27분입니다.

**2** 시계의 짧은바늘은 7과 8 사이를 가리키므로 7시이고, 긴바늘은 1에서 작은 눈금 3칸을 더 간 곳을 가리키므로 5분+3분=8분입니다.
따라서 이 시계가 나타내는 시각은 7시 8분입니다.

**3** 시계의 짧은바늘은 12와 1 사이를 가리키므로 12시이고, 긴바늘은 9에서 작은 눈금 1칸을 덜 간 곳을 가리키므로 45분-1분=44분입니다.
따라서 진용이가 본 시계의 시각은 12시 44분입니다.

**4**

11시 50분 $\xrightarrow{1\text{시간 전}}$ 10시 50분 $\xrightarrow{40\text{분 전}}$ 10시 10분

**5** 2시 30분 $\xrightarrow{2\text{시간 전}}$ 12시 30분 $\xrightarrow{15\text{분 전}}$ 12시 15분

**6** 80분=60분+20분=1시간 20분
4시 25분 $\xrightarrow{1\text{시간 전}}$ 3시 25분 $\xrightarrow{20\text{분 전}}$ 3시 5분

**7**

짧은바늘이 한 바퀴 돌면 12시간이 지난 것입니다.
오전 6시 47분에서 시계의 짧은바늘이 한 바퀴 돌면 12시간이 지난 오후 6시 47분입니다.

**8** 짧은바늘이 한 바퀴 돌면 12시간이 지난 것입니다.
3일 오후 8시에서 시계의 짧은바늘이 한 바퀴 돌면 12시간이 지난 4일 오전 8시입니다.

**9** 긴바늘이 한 바퀴 돌면 1시간이 지난 것이므로 긴바늘이 2바퀴 돌면 2시간이 지난 것입니다.
오전 11시 30분에서 시계의 긴바늘이 2바퀴 돌면 2시간이 지난 오후 1시 30분입니다.

**10** 긴바늘이 한 바퀴 돌면 1시간이 지난 것이므로 긴바늘이 4바퀴 돌면 4시간이 지난 것입니다.
15일 오후 10시에서 시계의 긴바늘이 4바퀴 돌면 4시간이 지난 16일 오전 2시입니다.

**11**

4월은 30일까지 있으므로 4월에는 20일부터 30일까지 11일 동안 전시회를 하고, 5월에는 1일부터 31일까지 31일 동안 전시회를 합니다. 따라서 전시회를 하는 기간은 11+31=42(일)입니다.

**12** 12월은 31일까지 있으므로 12월에는 16일부터 31일까지 16일 동안 눈꽃 축제가 열리고, 1월에는 1일부터 23일까지 23일 동안 눈꽃 축제가 열립니다.
따라서 눈꽃 축제가 열리는 기간은 16+23=39(일)입니다.

**13** 9월은 30일까지 있으므로 9월에는 25일부터 30일 까지 6일 동안, 10월은 31일까지 있으므로 10월에는 1일부터 31일까지 31일 동안, 11월에는 1일부터 25일까지 25일 동안 농구를 배웠습니다.
따라서 민석이가 농구를 배운 기간은
6+31+25=62(일)입니다.

## 3단계 서술형 문제 해결  108~109쪽

**1** ❶ 4, 5, 15 ▶4점   ❷ 1, 15 ▶2점
  ; 1, 15 ▶4점
**2** ⑩ ❶ 영민이가 축구 연습을 시작한 시각은 1시 10분 이고, 끝낸 시각은 2시 40분입니다. ▶4점
  ❷ 따라서 영민이가 축구 연습을 하는 데 걸린 시간은 1시간 30분입니다. ▶2점
  ; 1시간 30분 ▶4점
**3** ❶ 1, 1 ▶3점   ❷ 1, 수, 수 ▶3점
  ; 수 ▶4점
**4** ⑩ ❶ 같은 요일이 7일마다 반복되고 24는 7+7+7+3이므로 24일 후의 요일은 3일 후의 요일과 같습니다. ▶3점
  ❷ 수요일에서 3일 후의 요일은 토요일이므로 재현이의 생일은 토요일입니다. ▶3점
  ; 토요일 ▶4점

**2**

| 채점 기준 | | |
|---|---|---|
| 축구 연습을 시작한 시각과 끝낸 시각을 구한 경우 | 4점 | |
| 축구 연습을 하는 데 걸린 시간을 구한 경우 | 2점 | 10점 |
| 답을 바르게 쓴 경우 | 4점 | |

**4**

| 채점 기준 | | |
|---|---|---|
| 24일 후의 요일은 며칠 후의 요일과 같은지 구한 경우 | 3점 | |
| 재현이의 생일이 무슨 요일인지 구한 경우 | 3점 | 10점 |
| 답을 바르게 쓴 경우 | 4점 | |

## 단원평가  110~113쪽

**1** (1) 6, 7  (2) 3  (3) 6, 15
**2** 12, 23          **3** 3, 45 ; 4, 15
**4**

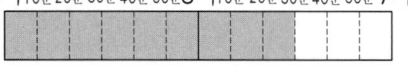

**5** (1) 7시 10분 20분 30분 40분 50분 8시 10분 20분 30분 40분 50분 9시  (2) 1, 30

| | | | | | | | | | | | | | | |
|---|---|---|---|---|---|---|---|---|---|---|---|---|---|---|

**6** (1) 1, 48  (2) 153     **7** 40분
**8** (1) 41  (2) 3  (3) 19
**9** (1) 오전에 ○표, 6, 10  (2) 오후에 ○표, 5, 10
**10** 5시 52분          **11** 10시간
**12** 현섭          **13** 오후 9시 35분
**14** ⑩ 긴바늘이 한 바퀴 돌면 1시간이 지난 것이므로 5바퀴 돌면 5시간이 지난 것입니다. ▶2점
  오후 6시 25분에서 긴바늘이 5바퀴 돌면 5시간이 지난 오후 11시 25분입니다. ▶1점
  ; 오후 11시 25분 ▶2점
**15** (1) 8월 28일  (2) 5일, 12일, 19일, 26일
  (3) 목요일
**16** 수혁          **17** 금요일
**18** 30시간
**19** (1) 12개월 후  (2) 2년 2개월 후
**20** ⑩ 7월의 화요일은 2일, 2+7=9(일),
  9+7=16(일), 16+7=23(일),
  23+7=30(일)입니다. ▶2점
  따라서 7월에 분리 배출을 하는 날은 모두 5번입니다. ▶1점
  ; 5번 ▶2점

**1** (3) 시계의 긴바늘이 3을 가리키므로 15분을 나타냅니다.

**2** 시계의 짧은바늘은 12와 1 사이를 가리키고, 긴바늘은 4에서 작은 눈금으로 3칸 더 간 곳을 가리키므로 12시 23분입니다.

**3** 3시 45분은 4시가 되기 15분 전의 시각과 같으므로 4시 15분 전으로 나타낼 수 있습니다.

**4** 시계의 긴바늘이 11에서 작은 눈금으로 2칸 더 간 곳을 가리키게 그립니다.

**5** (2) 그림 그리기를 시작한 시각은 7시이고 끝낸 시각은 8시 30분입니다. 그림을 그리는 데 걸린 시간은 1시간 30분입니다.

**6** (1) 108분=60분+48분=1시간 48분
(2) 2시간 33분=60분+60분+33분=153분

**7** 8시 30분 $\xrightarrow{\text{30분 후}}$ 9시 $\xrightarrow{\text{10분 후}}$ 9시 10분
일기를 쓰는 데 걸린 시간은 30분+10분=40분입니다.

**8** (1) 1일 17시간=24시간+17시간=41시간
(2) 12개월은 1년이므로 36개월은 3년입니다.
(3) 1년 7개월=12개월+7개월=19개월

**9** 시계가 나타내는 시각: 오전 5시 10분
(1) 긴바늘이 한 바퀴 도는 데 걸리는 시간은 1시간이므로 오전 6시 10분을 나타냅니다.
(2) 짧은바늘이 한 바퀴 도는 데 걸리는 시간은 12시간이므로 오후 5시 10분을 나타냅니다.

**10** 시계의 짧은바늘은 5와 6 사이를 가리키므로 5시이고, 긴바늘은 10에서 작은 눈금으로 2칸 더 간 곳을 가리키므로 52분입니다.
따라서 시계가 나타내는 시각은 5시 52분입니다.

**11** 오전 10시 $\xrightarrow{\text{2시간 후}}$ 낮 12시 $\xrightarrow{\text{8시간 후}}$ 오후 8시
2+8=10(시간)

**12** 오후 5시 10분 전은 오후 4시 50분이므로 약속 장소에 더 늦게 도착한 사람은 현섭입니다.

**13** 8시 $\xrightarrow{\text{45분 후}}$ 8시 45분 $\xrightarrow{\text{10분 후}}$ 8시 55분
$\xrightarrow{\text{40분 후}}$ 9시 35분

**14**

| 채점 기준 | | |
|---|---|---|
| 긴바늘이 5바퀴 도는 데 걸리는 시간을 구한 경우 | 2점 | |
| 긴바늘이 5바퀴 돌았을 때의 시각을 구한 경우 | 1점 | 5점 |
| 답을 바르게 쓴 경우 | 2점 | |

**15** (1) 7일에서 3주일 후는 21일 후이므로
7+21=28(일)입니다.
따라서 현도의 생일은 8월 28일입니다.
(2) 8월의 토요일은 5일, 5+7=12(일),
12+7=19(일), 19+7=26(일)입니다.
(3) 8월은 31일까지 있고 31-7-7-7-7=3(일)
이므로 8월 31일은 8월 3일과 같은 목요일입니다.

**16** 혜빈: 2시 35분 $\xrightarrow{\text{1시간 후}}$ 3시 35분 $\xrightarrow{\text{15분 후}}$ 3시 50분
수혁: 3시 10분 $\xrightarrow{\text{1시간 후}}$ 4시 10분 $\xrightarrow{\text{25분 후}}$ 4시 35분
공부를 하는 데 걸린 시간은
혜빈이가 1시간+15분=1시간 15분,
수혁이가 1시간+25분=1시간 25분이므로
공부를 더 오래 한 사람은 수혁입니다.

**17** 같은 요일은 7일마다 반복되므로 8+7+7+7=29(일)
은 목요일입니다.
11월 30일은 29일에서 1일 후이므로 금요일입니다.
따라서 올해 현주 어머니의 생신은 금요일입니다.

**18** 10월 13일 오전 11시부터 10월 14일 오전 11시까지는 24시간, 10월 14일 오전 11시부터 낮 12시까지는 1시간, 낮 12시부터 오후 5시까지는 5시간입니다.
따라서 세경이가 현장 체험 학습을 다녀오는 데 걸리는 시간은 모두 24+1+5=30(시간)입니다.

**19** (1) 2009년 5월 20일부터 2010년 5월 20일까지는 1년입니다.
1년은 12개월이므로 동준이는 태어난 날로부터 12개월 후에 돌잔치를 하였습니다.
(2) 2014년 1월 2일부터 2016년 1월 2일까지는 2년이고 2016년 1월 2일부터 2016년 3월 2일까지는 2개월입니다. 따라서 동준이는 처음으로 눈썰매장에 간 날로부터 2년 2개월 후에 초등학교에 입학했습니다.

**20**

| 채점 기준 | | |
|---|---|---|
| 7월의 화요일의 날짜를 모두 구한 경우 | 2점 | |
| 7월에 분리 배출을 하는 날수를 구한 경우 | 1점 | 5점 |
| 답을 바르게 쓴 경우 | 2점 | |

## 창의융합＋실력UP    114~115쪽

**1**

**2** 태호

**3**

**4** (1) 오후에 ○표, 1, 40  (2) 9, 3

**5** 3시간 20분 ; 3시간 ; 2시간 ; 1시간 30분

---

**1** ・1시 25분 $\xrightarrow{\text{1시간 후}}$ 2시 25분 $\xrightarrow{\text{40분 후}}$ 3시 5분

・3시 5분 $\xrightarrow{\text{1시간 후}}$ 4시 5분 $\xrightarrow{\text{35분 후}}$ 4시 40분

**2** 지희의 카드는 3시 45분과 3시 40분을 나타내는 카드가 섞여 있고, 태호의 카드는 모두 7시 55분을 나타내므로 태호가 이깁니다.

**4** (1) 오전 9시 $\xrightarrow{\text{3시간 후}}$ 낮 12시

$\xrightarrow{\text{1시간 후}}$ 오후 1시 $\xrightarrow{\text{40분 후}}$ 오후 1시 40분

(2) 오늘이 8월 28일이므로 내일은 8월 29일입니다.

8월 29일 $\xrightarrow{\text{2일 후}}$ 8월 31일 $\xrightarrow{\text{3일 후}}$ 9월 3일

**5** 무궁화호: 8시 $\xrightarrow{\text{3시간 후}}$ 11시 $\xrightarrow{\text{20분 후}}$ 11시 20분

새마을호: 9시 20분 $\xrightarrow{\text{3시간 후}}$ 12시 20분

케이티엑스(KTX): 12시 45분 $\xrightarrow{\text{2시간 후}}$ 2시 45분

에스알티(SRT): 1시 55분 $\xrightarrow{\text{1시간 후}}$ 2시 55분

$\xrightarrow{\text{30분 후}}$ 3시 25분

대전역에서 부산역까지 무궁화호는 3시간 20분, 새마을호는 3시간, 케이티엑스(KTX)는 2시간, 에스알티(SRT)는 1시간 30분이 걸립니다.

---

## 5 단원  표와 그래프

### ≫ 이런 점에 중점을 두어 지도해요

자료를 수집해야 하는 실생활 상황 속에서 자료를 조사하는 방법을 이해하고, 조사한 자료를 분명한 기준에 의해 분류하여 표나 그래프로 나타내도록 합니다. 이를 바탕으로 표와 그래프에 나타난 통계적 사실을 해석하는 방법을 학습하고 조사한 자료를 표나 그래프로 나타냈을 때 편리한 점을 알게 하여 수학의 유용성을 느끼고 흥미를 가질 수 있게 합니다.

### ≫ 이런 점이 궁금해요!!

● 우리 아이는 자료를 셀 때 한두 개씩 꼭 빠뜨려요.

2학년이면 다 큰 것 같지만, 아직은 직접 하나하나 확인해야 하는 단계입니다. 자료를 셀 때 종류별로 다른 색의 색연필을 사용하게 해 보세요. 이렇게 하면 표시한 것을 또 표시하게 되는 경우도 줄일 수 있고, 표시 안 된 것을 쉽게 찾아 자료를 빠뜨리며 세는 경우도 줄일 수 있습니다. 색연필 대신 ○, △, □, ☆, ◇, × 등의 모양을 활용할 수도 있습니다.

## 이전에 배운 내용 확인하기    117쪽

**1** 모양

**2**

| 빨간색 | ㉠, ㉡, ㉣, ㉧ |
|---|---|
| 파란색 | ㉢, ㉣, ㉤, ㉥, ㉦ |

**3** 4, 4    **4** 8, 5, 3, 4

**5** 이순신    **6** 유관순

## 1 단계  교과서 개념    120~121쪽

**1** 3, 2, 5, 2, 12

**2** ③    **3** 20명

**4**

민규네 반 학생들이 좋아하는 색깔

| 색깔 | 초록 | 파랑 | 빨강 | 노랑 | 합계 |
|---|---|---|---|---|---|
| 학생 수(명) | 4 | 7 | 5 | 4 | 20 |

**5** 표에 ○표

**5** 표에서 합계를 보면 전체 학생 수를 쉽게 알 수 있습니다.

## 2단계 교과서+익힘책 유형 연습  122~123쪽

**1** 떡볶이

**2**

한 달 동안 먹은 간식별 날수

| 간식 | 빵 | 과일 | 떡볶이 | 과자 | 합계 |
|---|---|---|---|---|---|
| 날수 (일) | 8 | 10 | 5 | 7 | 30 |

**3** 7일

**4** 30일

**5** ㉡, ㉠, ㉣, ㉢

**6** 3, 4, 2, 3, 12

**7**

나온 눈의 횟수

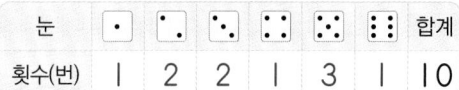

| 눈 | ⚀ | ⚁ | ⚂ | ⚃ | ⚄ | ⚅ | 합계 |
|---|---|---|---|---|---|---|---|
| 횟수(번) | 1 | 2 | 2 | 1 | 3 | 1 | 10 |

**8** 2번

**9** 2, 4, 3, 9

**10**

| 색깔 | 파란색 | 주황색 | 노란색 | 합계 |
|---|---|---|---|---|
| 연결 모형 수(개) | 10 | 8 | 7 | 25 |

**11** 2, 3          **12** 4, 4, 2, 8, 18

---

**1** 조사한 자료에서 13일을 찾아보면 간식을 나타내는 그림은 떡볶이입니다.

**2** ※ 또는 正 표시 방법을 이용하여 한 달 동안 먹은 간식별 날수를 세어 표에 적습니다.

**4** 표에서 합계를 보면 조사한 날은 모두 30일입니다.

**5** ㉡ 무엇을 조사할지 정하기
⇨ ㉠ 조사할 방법 정하기
⇨ ㉣ 자료 조사하기
⇨ ㉢ 표로 나타내기

**6** 은호네 반 학생들이 좋아하는 계절별 학생 수를 세어 표에 적습니다.

**7** ※ 또는 正 표시 방법을 이용하여 나온 눈의 횟수를 세어 표에 적습니다.

---

## 1단계 교과서 개념  124~125쪽

**1**

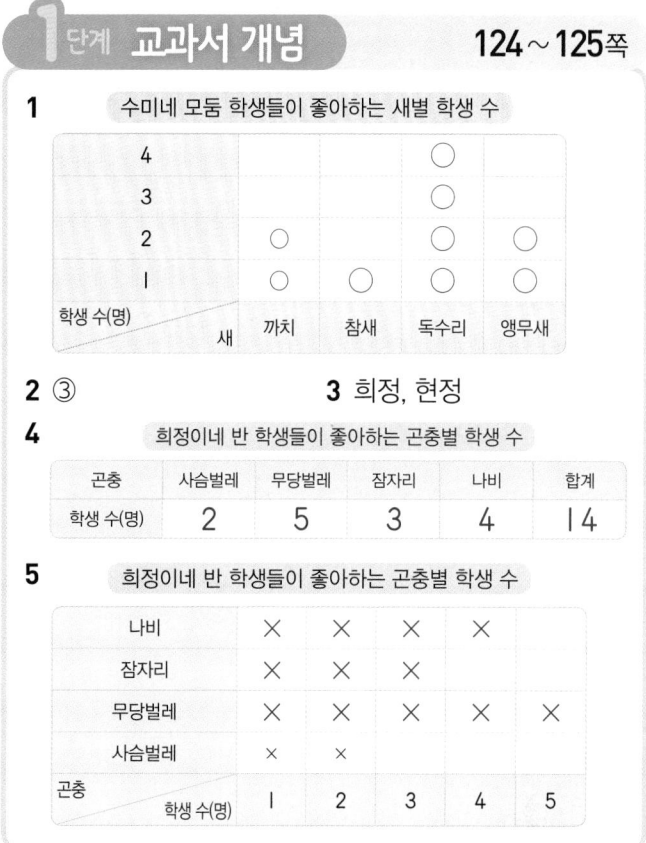

수미네 모둠 학생들이 좋아하는 새별 학생 수

**2** ③          **3** 희정, 현정

**4**

희정이네 반 학생들이 좋아하는 곤충별 학생 수

| 곤충 | 사슴벌레 | 무당벌레 | 잠자리 | 나비 | 합계 |
|---|---|---|---|---|---|
| 학생 수(명) | 2 | 5 | 3 | 4 | 14 |

**5**

희정이네 반 학생들이 좋아하는 곤충별 학생 수

**4** ※ 또는 正 표시 방법을 이용하여 학생 수를 정확히 세어 표에 적습니다.

**5** ×를 왼쪽에서 오른쪽으로 빈칸 없이 채웁니다.

---

## 1단계 교과서 개념  126~127쪽

**1** (1) 5  (2) 13          **2** 2, 7, 3, 4, 16

**3**

동우네 반 학생들이 좋아하는 계절별 학생 수

| 학생 수(명) \ 계절 | 봄 | 여름 | 가을 | 겨울 |
|---|---|---|---|---|
| 7 |  | / |  |  |
| 6 |  | / |  |  |
| 5 |  | / |  |  |
| 4 |  | / | / |  |
| 3 |  | / | / | / |
| 2 | / | / | / | / |
| 1 | / | / | / | / |

**4** (1) ×  (2) ○

**2** 자료를 빠뜨리거나 두 번 세지 않도록 ∨, × 등의 표시를 이용하여 계절별 학생 수를 세어 표에 적습니다.

**4** (2) 그래프에서 /의 수가 가장 많은 계절이 가장 많은 학생들이 좋아하는 계절입니다.

## 2단계 교과서+익힘책 유형 연습 128~129쪽

**1** 한 달 동안 읽은 종류별 책 수

| 책 수(권) \ 종류 | 위인전 | 동화책 | 만화책 | 동시집 |
|---|---|---|---|---|
| 6 | ○ | | | |
| 5 | ○ | ○ | | |
| 4 | ○ | ○ | | ○ |
| 3 | ○ | ○ | ○ | ○ |
| 2 | ○ | ○ | ○ | |
| 1 | ○ | ○ | ○ | ○ |

**2** 만화책  **3** 2권
**4** 그래프  **5** 5명
**6** 나래, 준민  **7** 준민, 은지
**8** 5, 6, 5, 5, 21

**9** 월별 공휴일 수

| 공휴일 수(일) \ 월 | 4 | 5 | 6 | 7 |
|---|---|---|---|---|
| 6 | | × | | |
| 5 | × | × | × | × |
| 4 | × | × | × | × |
| 3 | × | × | × | × |
| 2 | × | × | × | × |
| 1 | × | × | × | × |

**10** 예) 민주네 반 학생들이 배우고 싶은 악기별 학생 수

| 악기 \ 학생 수(명) | 1 | 2 | 3 | 4 | 5 | 6 | 7 |
|---|---|---|---|---|---|---|---|
| 피아노 | ○ | ○ | ○ | ○ | | | |
| 리코더 | ○ | ○ | ○ | | | | |
| 바이올린 | ○ | ○ | ○ | ○ | ○ | ○ | |
| 오카리나 | ○ | ○ | ○ | ○ | ○ | ○ | ○ |

**11** 오카리나, 바이올린

**2** 그래프에서 ○의 수가 가장 적은 책은 만화책입니다.

**3** 위인전을 동시집보다 $6-4=2$(권) 더 읽었습니다.

**5** 그래프의 가로가 5칸으로 나누어져 있으므로 현진이네 모둠 학생은 모두 5명입니다.

**6** 4장을 기준으로 선을 그어 그 위에 있는 장수까지 붙임 딱지를 모은 학생을 찾아봅니다.
붙임딱지를 나래는 5장, 준민이는 6장 모았습니다.

**8** 자료를 빠뜨리거나 두 번 세지 않도록 ∨, × 등의 표시를 사용하여 수를 셉니다.

**9** 월별 공휴일 수만큼 한 칸에 하나씩 아래에서 위로 빈칸 없이 ×를 그립니다.

**10** 표를 그래프로 나타내기 위해 먼저 학생 수를 7칸으로 나눈 후 악기별 학생 수를 ○를 이용하여 나타냅니다.

**11** 오카리나를 배우고 싶어하는 학생이 7명으로 가장 많고, 바이올린을 배우고 싶어하는 학생이 6명으로 두 번째로 많습니다.

## 3단계 잘 틀리는 문제해결 130~131쪽

**1** 2, 3, 9  **2** 3, 4, 5, 12
**3** 3  **4** 6
**5** 9

**6** 수원이네 반 학생들이 좋아하는 계절별 학생 수

| 계절 | 봄 | 여름 | 가을 | 겨울 | 합계 |
|---|---|---|---|---|---|
| 학생 수(명) | 2 | 4 | 3 | 3 | 12 |

수원이네 반 학생들이 좋아하는 계절별 학생 수

| 학생 수(명) \ 계절 | 봄 | 여름 | 가을 | 겨울 |
|---|---|---|---|---|
| 4 | | ○ | | |
| 3 | | ○ | ○ | ○ |
| 2 | ○ | ○ | ○ | ○ |
| 1 | ○ | ○ | ○ | ○ |

**7** 어진이네 반 학생들이 사는 마을별 학생 수

| 마을 | 햇빛 | 별빛 | 달빛 | 무지개 | 초록 | 합계 |
|---|---|---|---|---|---|---|
| 학생 수(명) | 4 | 2 | 3 | 4 | 3 | 16 |

어진이네 반 학생들이 사는 마을별 학생 수

| 학생 수(명) \ 마을 | 햇빛 | 별빛 | 달빛 | 무지개 | 초록 |
|---|---|---|---|---|---|
| 4 | ○ | | | ○ | |
| 3 | ○ | | ○ | ○ | ○ |
| 2 | ○ | ○ | ○ | ○ | ○ |
| 1 | ○ | ○ | ○ | ○ | ○ |

**8** 2명  **9** 3명

**1**

학생별 ○표의 수를 세어 표에 적습니다. ○표가 세훈이는 4개, 지연이는 2개, 혜린이는 3개입니다.

**2** 학생별 ○표의 수를 세어 표에 적습니다. ○표가 형민이는 3개, 서진이는 4개, 경미는 5개입니다.

**3**

(감나무를 좋아하는 학생 수)$= 26 - 8 - 9 - 6$
$= 3$(명)

**4** (O형인 학생 수)$= 27 - 11 - 8 - 2 = 6$(명)

**5** (흐린 날의 날수)$= 31 - 12 - 6 - 4 = 9$(일)

**6**

그래프에서 여름을 좋아하는 학생은 4명입니다.
(가을을 좋아하는 학생 수)$= 12 - 2 - 4 - 3 = 3$(명)
가을을 좋아하는 학생은 3명이므로 그래프에 ○를 3개 그립니다.

**7** 그래프에서 햇빛 마을에 사는 학생은 4명이고, 별빛 마을에 사는 학생은 2명입니다.
(무지개 마을에 사는 학생 수)$= 16 - 4 - 2 - 3 - 3$
$= 4$(명)
무지개 마을에 사는 학생은 4명이므로 그래프에 ○를 4개 그립니다.

**8**

곰을 좋아하는 학생은 $19 - 5 - 2 - 4 - 5 = 3$(명)입니다.
따라서 기린을 좋아하는 학생은 5명이고 곰을 좋아하는 학생은 3명이므로 기린을 좋아하는 학생은 곰을 좋아하는 학생보다 $5 - 3 = 2$(명) 더 많습니다.

**9** 민들레를 좋아하는 학생은
$18 - 5 - 4 - 3 - 4 = 2$(명)입니다.
따라서 장미를 좋아하는 학생은 5명이고 민들레를 좋아하는 학생은 2명이므로 장미를 좋아하는 학생은 민들레를 좋아하는 학생보다 $5 - 2 = 3$(명) 더 많습니다.

**3단계 서술형 문제 해결** 132~133쪽

**1** ❶ 3, 7 ▶3점  ❷ 7, 25 ▶3점
; 25 ▶4점

**2** 예 ❶ 귤을 좋아하는 학생은 $3 + 5 = 8$(명)입니다. ▶3점
❷ 조사한 학생은 모두 $7 + 4 + 3 + 8 = 22$(명)입니다. ▶3점
; 22명 ▶4점

**3** ❶ 수영, 8 ▶3점  ❷ 희지, 3 ▶3점
; 8, 3 ▶4점

**4** 예 ❶ 공책이 가장 많이 필요한 학생은 윤아로 8권입니다. ▶3점
❷ 공책이 가장 적게 필요한 학생은 혜림이로 5권입니다. ▶3점
; 8권, 5권 ▶4점

**2**

| 채점 기준 | | |
|---|---|---|
| 귤을 좋아하는 학생 수를 구한 경우 | 3점 | |
| 조사한 학생 수를 구한 경우 | 3점 | 10점 |
| 답을 바르게 쓴 경우 | 4점 | |

**4**

| 채점 기준 | | |
|---|---|---|
| 공책이 가장 많이 필요한 학생의 공책 수를 구한 경우 | 3점 | |
| 공책이 가장 적게 필요한 학생의 공책 수를 구한 경우 | 3점 | 10점 |
| 답을 바르게 쓴 경우 | 4점 | |

## 단원평가　　　　　　　134~137쪽

**1** (1) 바나나 맛에 ○표
  (2) 민서, 미정, 지혁
  (3) 4, 3, 5, 12
  (4) 표
**2** 4, 2, 2, 1, 9
**3**
주원이네 반 학생들이 좋아하는 과일별 학생 수

| 학생 수(명) | | | | |
|---|---|---|---|---|
| 4 | ○ | | | |
| 3 | ○ | | | |
| 2 | ○ | ○ | ○ | |
| 1 | ○ | ○ | ○ | ○ |
| 과일 | 사과 | 배 | 귤 | 포도 |

**4** 과일, 학생 수
**5**
배우고 싶은 사물놀이 악기별 학생 수

| 학생 수(명) | | | | |
|---|---|---|---|---|
| 8 | | | | ○ |
| 7 | | ○ | | ○ |
| 6 | | ○ | | ○ |
| 5 | | ○ | ○ | ○ |
| 4 | ○ | ○ | ○ | ○ |
| 3 | ○ | ○ | ○ | ○ |
| 2 | ○ | ○ | ○ | ○ |
| 1 | ○ | ○ | ○ | ○ |
| 악기 | 장구 | 북 | 징 | 꽹과리 |

**6** 장구　　　　　　　**7** 그래프
**8** ©, ©, ⑤
**9**
은서네 반 학생들이 좋아하는 채소별 학생 수

| 학생 수(명) | | | | | |
|---|---|---|---|---|---|
| 5 | | | | ○ | |
| 4 | ○ | | | ○ | ○ |
| 3 | ○ | ○ | | ○ | ○ |
| 2 | ○ | ○ | ○ | ○ | ○ |
| 1 | ○ | ○ | ○ | ○ | ○ |
| 채소 | 호박 | 당근 | 오이 | 감자 | 연근 |

**10** 호준, 지민
**11** 5, 4, 4, 2, 15
**12**
성우네 반 학생들이 가 보고 싶은 나라별 학생 수

| 나라\학생 수(명) | 1 | 2 | 3 | 4 | 5 |
|---|---|---|---|---|---|
| 호주 | × | × | | | |
| 미국 | × | × | × | × | |
| 영국 | × | × | × | × | |
| 캐나다 | × | × | × | × | × |

**13** 영국, 미국　　　　**14** ⑤, ©
**15** 3, 2, 5, 3, 13　　**16** 6마리
**17** 4, 7, 6, 3, 20
**18** 4마리
**19** 25
**20** ⑩ 인형을 좋아하는 학생은 4명이므로 블록을 좋아
  하는 학생은 $4 \times 2 = 8$(명)입니다. ▶1점
  따라서 로봇을 좋아하는 학생은
  $23 - 6 - 8 - 4 = 5$(명)입니다. ▶2점
  ; 5명 ▶2점

---

**1** (3) (합계)=$4+3+5=12$(명)
  (4) 표는 각 항목별 자료의 수를 알아보기 쉽습니다.
  [참고]
  조사한 자료와 표 중 누가 어떤 맛 우유를 좋아하는지
  알 수 있는 것은 자료입니다.

**2** 주원이네 반 학생들이 좋아하는 과일별 학생 수를 세어
  표에 적습니다.

**3** 한 칸에 하나씩 아래에서 위로 빈칸 없이 ○를 그립니다.

**4** 가로는 과일, 세로는 학생 수를 나타냅니다.

**5** 사물놀이 악기별 학생 수만큼 한 칸에 하나씩 아래에서 위로 빈칸 없이 ○를 그립니다.

**6** 그래프에서 ○의 수가 가장 적은 사물놀이 악기는 장구입니다.

**7** 가장 많은 학생들이 배우고 싶은 사물놀이 악기를 쉽게 알 수 있는 것은 그래프입니다.

**8** 가로와 세로에 무엇을 쓸지 정한 다음 가로와 세로를 각각 몇 칸으로 할지 정합니다. 항목별 수를 그래프에 ○로 표시하고 마지막으로 제목을 씁니다.

**9** 채소별로 학생 수만큼 한 칸에 하나씩 아래에서 위로 빈칸 없이 ○를 그립니다.

**10** 조사한 자료에서 호주에 가 보고 싶은 학생은 호준, 지민입니다.

**11** 나라별 학생 수를 세어 표에 적습니다.

**12** 나라별 학생 수만큼 한 칸에 하나씩 왼쪽에서 오른쪽으로 빈칸 없이 ×를 그립니다.

**13** 영국과 미국에 가 보고 싶은 학생은 각각 4명으로 같습니다.

**14** ⓒ 성우네 반 학생인 경민이가 어느 나라에 가 보고 싶은지 알 수 있는 것은 조사한 자료입니다.

**15** 학생별로 ○표의 수를 세어 표에 적습니다.

**16** (오리 수)=20-4-7-3=6(마리)

**18** 가장 많은 동물은 닭으로 7마리이고, 가장 적은 동물은 소로 3마리입니다.
따라서 차는 7-3=4(마리)입니다.

**19** ▰ 모양 4개, ▱ 모양 4개, ◿ 모양 8개, ▭ 모양 1개이므로 ⊙=8, ⓛ=4+4+8+1=17입니다.
⇨ ⊙+ⓛ=8+17=25

**20**

## 창의융합+실력UP  138~139쪽

**1** 10, 9, 5, 7, 31

**2**

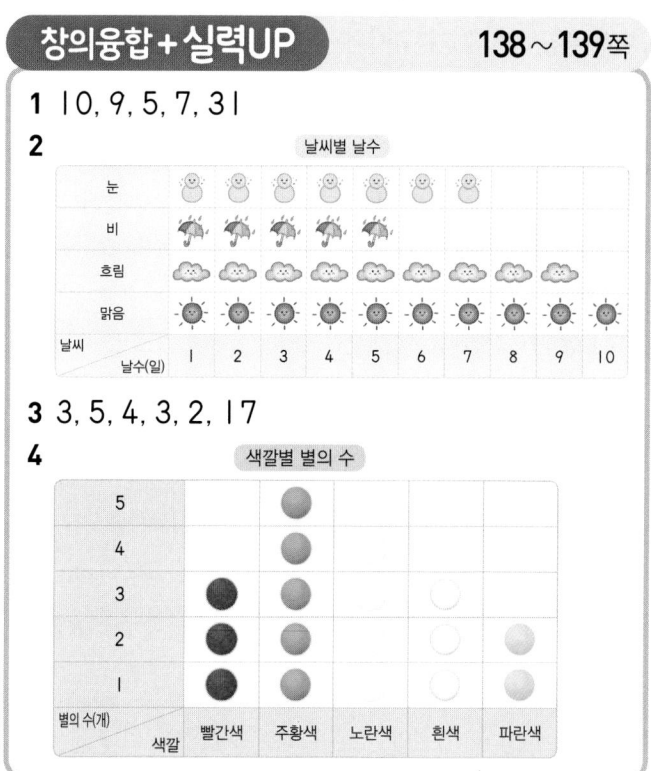

**3** 3, 5, 4, 3, 2, 17

**4**

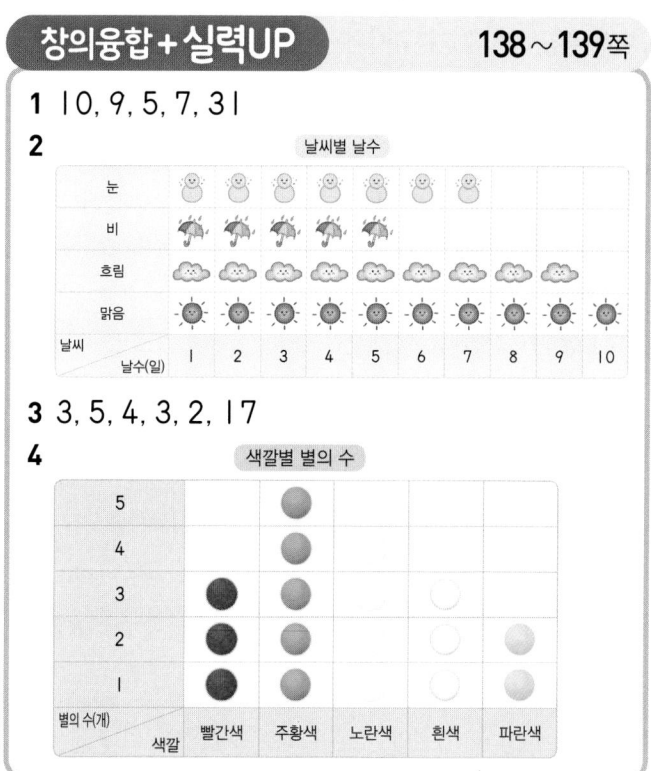

**1** 날씨별 날수를 세어 보면 맑은 날은 10일, 흐린 날은 9일, 비가 온 날은 5일, 눈이 온 날은 7일입니다.

**3** 빨간색인 별은 3개, 주황색인 별은 5개, 노란색인 별은 4개, 흰색인 별은 3개, 파란색인 별은 2개입니다.

## 6단원 규칙 찾기

### 이전에 배운 내용 확인하기    141쪽

1 ♠에 ○표    2 초록색
3 ○, □    4 25, 37, 45
5 3
6

1 ♥, ♠, ♠ 모양이 반복되는 규칙입니다.

2 초록색-초록색-빨간색이 반복되는 규칙입니다.

3 아이스크림 상자-과자 상자가 반복되는 규칙입니다. 아이스크림 상자는 ○, 과자 상자는 □로 나타냈으므로 빈칸에 ○, □를 차례로 그립니다.

4 21부터 시작하여 4씩 커지므로 21, <u>25</u>, 29, 33, <u>37</u>, 41, <u>45</u>입니다.

5 색칠한 수는 2, 5, 8, 11, 14, 17, 20, 23, 26, 29, 32, 35, 38로 2부터 시작하여 3씩 커지는 규칙입니다.

6 첫째 줄은 보라색과 노란색이 반복되고, 둘째 줄은 노란색과 보라색이 반복됩니다.

### 1단계 교과서 개념    144~145쪽

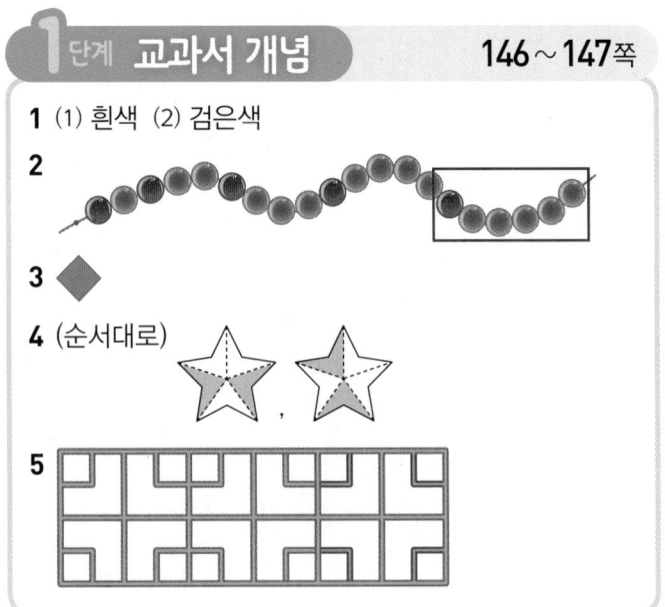

1 ■, ○    2 보라색
3 (1) ■, ▽
  (2)
4 (1)

| 1 | 2 | 2 | 3 | 1 | 2 | 2 |
|---|---|---|---|---|---|---|
| 3 | 1 | 2 | 2 | 3 | 1 | 2 |
| 2 | 3 | 1 | 2 | 2 | 3 | 1 |
| 2 | 2 | 3 | 1 | 2 | 2 | 3 |

  (2) ╲, 2, 3

2 빨간색, 파란색, 보라색이 반복되는 규칙입니다.

3 ○, ■, ▽가 반복되는 규칙입니다.

### 1단계 교과서 개념    146~147쪽

1 (1) 흰색 (2) 검은색
2
3 ◆
4 (순서대로)
5

**1** (1) 검은색 바둑돌과 흰색 바둑돌이 반복되고 검은색 바둑돌이 1개씩 늘어나고 있습니다.

검은색 바둑돌 4개 다음에는 흰색 바둑돌 1개를 놓아야 합니다.

**2** 빨간색 구슬과 파란색 구슬이 반복되고 파란색 구슬이 1개씩 늘어나고 있습니다.

마지막에 끼운 구슬이 파란색 구슬 4개이므로 그 다음에는 빨간색 구슬을 1개 끼우고 그 다음은 파란색 구슬이 한 개 더 늘어난 5개를 끼워야 합니다.

**3** ●와 ◆가 1개씩 늘어나며 반복되고 있습니다.

마지막에 ●가 4개 놓여져 있으므로 그 다음은 ◆ 4개를 놓아야 합니다.

**4** 색칠되어 있는 부분이 시계 방향으로 돌아가고 있습니다.

**5** ◫를 반복하여 놓은 모양입니다.

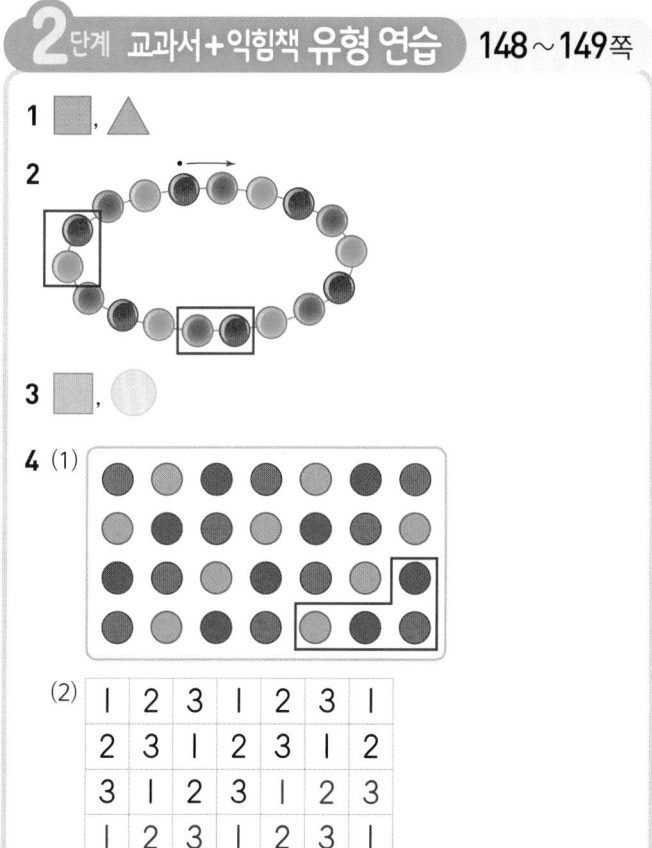

**2단계 교과서+익힘책 유형 연습** 148~149쪽

**1** ▧, ▲

**2**

**3** ▧, ○

**4** (1)

(2)
| 1 | 2 | 3 | 1 | 2 | 3 | 1 |
|---|---|---|---|---|---|---|
| 2 | 3 | 1 | 2 | 3 | 1 | 2 |
| 3 | 1 | 2 | 3 | 1 | 2 | 3 |
| 1 | 2 | 3 | 1 | 2 | 3 | 1 |

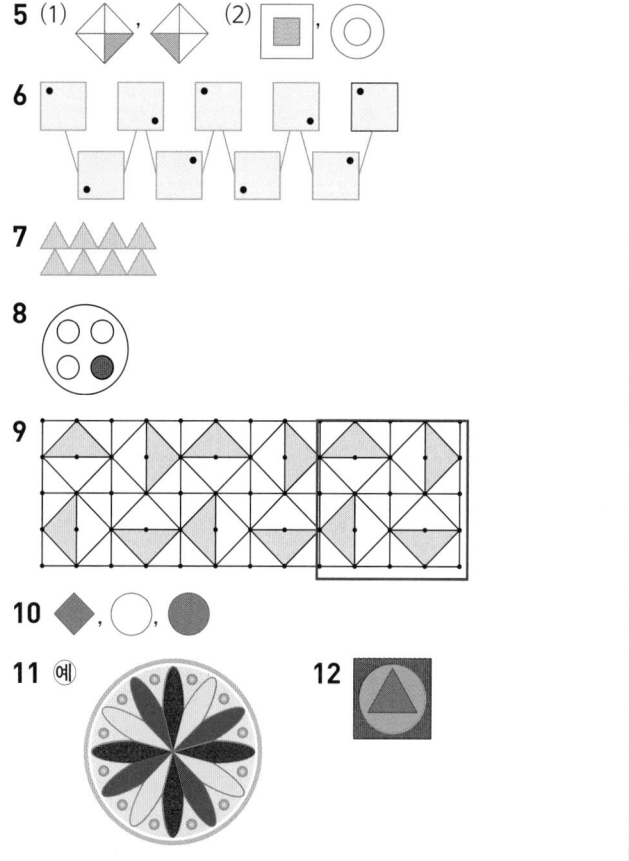

**5** (1) ◹, ◺  (2) ▣, ◎

**6**

**7** ▲▲▲▲

**8**

**9**

**10** ◆, ○, ●

**11** (예)

**12**

**2** 빨간색, 파란색, 초록색이 반복됩니다.

**3** □, ○, ▽, ○가 반복되면서 분홍색과 연두색이 반복됩니다.

**4** (1) 빨간색, 파란색, 보라색이 반복되고 있습니다.

**5** (1) 색칠되어 있는 부분이 시계 방향으로 돌아가고 있습니다.

(2) ▣, ◎, △가 반복되면서 1개씩 건너뛰어 안쪽 도형을 색칠하고 있습니다.

**6** 네모 안에 ●가 시계 반대 방향으로 돌아가고 있습니다.

**7** 삼각형이 위아래에 1개씩 늘어나고 있습니다.

**8** 색칠된 부분이 시계 반대 방향으로 돌아가고 있습니다.

**9** ◹를 시계 방향으로 돌려 가며 4개씩 놓고 있습니다.

**10** ◇, ○가 1개씩 늘어나면서 ◇, ○가 반복되며 흰색과 파란색이 반복되고 있습니다.

**11** 3가지 색을 이용하여 주어진 모양을 규칙적으로 색칠합니다.

> **참고**
>
> 빨간색, 노란색, 파란색이 반복되는 규칙 등 3가지 색으로 규칙을 만든 경우 정답으로 인정합니다.

**12** △, △, △가 반복되고 있으며 도형 바깥쪽부터 안쪽까지 차례로 빨간색, 초록색, 파란색이 칠해져 있습니다.

## 1단계 교과서 개념    150~151쪽

**1** (1) 1에 ○표, 늘어나고에 ○표 (2) 6에 ○표
**2** (1) 합 (2) 7, 8
**3** (1) 1 (2) 9
**4** (1)

| + | 0 | 1 | 2 | 3 | 4 | 5 | 6 |
|---|---|---|---|---|---|---|---|
| 0 | 0 | 1 | 2 | 3 | 4 | 5 | 6 |
| 1 | 1 | 2 | 3 | 4 | 5 | 6 | 7 |
| 2 | 2 | 3 | 4 | 5 | 6 | 7 | 8 |
| 3 | 3 | 4 | 5 | 6 | 7 | 8 | 9 |
| 4 | 4 | 5 | 6 | 7 | 8 | 9 | 10 |
| 5 | 5 | 6 | 7 | 8 | 9 | 10 | 11 |
| 6 | 6 | 7 | 8 | 9 | 10 | 11 | 12 |

(2) 1
(3) 예 아래쪽으로 내려갈수록 1씩 커지는 규칙이 있습니다.
(4) 예 ↘ 방향으로 갈수록 2씩 커지는 규칙이 있습니다.

**1** (2) 쌓기나무가 1개씩 늘어나고 있으므로 다음에 이어질 모양에 쌓을 쌓기나무는 모두 5+1=6(개)입니다.

**2** (1) 덧셈표는 두 수의 합을 이용하여 만든 표입니다.
(2) 3+4=7, 4+4=8

**3** (2) 쌓기나무가 1개씩 늘어나고 있으므로 다음에 이어질 모양에 쌓을 쌓기나무는 모두 8+1=9(개)입니다.

**4** (1) 5+3=8, 5+4=9, 5+5=10,
6+3=9, 6+4=10, 6+5=11,
6+6=12

## 2단계 교과서+익힘책 유형 연습    152~153쪽

**1** ②
**2** (1) 6개 (2) 10개
**3** 2, 1
**4** 아래쪽, 왼쪽
**5** 5개
**6** 예 쌓기나무의 수가 왼쪽에서 오른쪽으로 3개, 1개씩 반복됩니다. ▶10점
**7** (1)

| 9 | 10 | 11 | 12 |
|---|---|---|---|
| 11 | 12 | 13 | |
| 12 | | 14 | |

(2)

| 13 | 14 | |
|---|---|---|
| 15 | 16 | |
| 16 | 17 | 18 |

**8** 6개
**9** (1)

| + | 3 | 6 | 9 | 12 |
|---|---|---|---|---|
| 3 | 6 | 9 | 12 | 15 |
| 6 | 9 | 12 | 15 | 18 |
| 9 | 12 | 15 | 18 | 21 |
| 12 | 15 | 18 | 21 | 24 |

(2) 예 같은 줄에서 오른쪽으로 갈수록 3씩 커지는 규칙이 있습니다.

**1** ③ 아래쪽으로 내려갈수록 2씩 커집니다.
④ 왼쪽으로 갈수록 2씩 작아집니다.

**2** (2) 쌓기나무가 1층씩 늘어나고, 아래로 내려가면서 쌓기나무가 바로 윗층의 쌓기나무보다 1개씩 늘어나는 규칙입니다.
따라서 4층으로 쌓으려면 쌓기나무는 모두
1+2+3+4=10(개) 필요합니다.

**3** 쌓기나무가 쌓여 있는 모양을 보고 규칙을 찾아봅니다.

**5** 쌓기나무가 4개, 5개로 반복됩니다.

**7** 오른쪽으로 갈수록, 아래쪽으로 내려갈수록 1씩 커지는 규칙이 있고, 왼쪽으로 갈수록 1씩 작아지는 규칙이 있습니다.

**8**

규칙에 따라 쌓아보면 빈칸에 들어갈 모양은 1층에 3개, 2층에 2개, 3층에 1개가 쌓여 있는 모양입니다.
⇨ 3+2+1=6(개)

**9**

| + | 3 | 6 | ㉢ | ㉣ |
|---|---|---|---|---|
| ㉠ | 6 | | 12 | 15 |
| ㉡ | 9 | | 15 | 18 |
| 9 | 12 | 15 | 18 | 21 |
| 12 | 15 | 18 | | |

㉠+3=6에서 ㉠=3,
㉡+3=9에서 ㉡=6,
9+㉢=18에서 ㉢=9,
9+㉣=21에서 ㉣=12입니다.

3+6=9, 6+6=12, 12+9=21,
12+12=24

---

**1단계 교과서 개념**  154~155쪽

**1** (1) 곱  (2) 20, 25
**2** (1), (2)

| × | 1 | 2 | 3 | 4 | 5 | 6 |
|---|---|---|---|---|---|---|
| 1 | 1 | 2 | 3 | 4 | 5 | 6 |
| 2 | 2 | 4 | 6 | 8 | 10 | 12 |
| 3 | 3 | 6 | 9 | 12 | 15 | 18 |
| 4 | 4 | 8 | 12 | 16 | 20 | 24 |
| 5 | 5 | 10 | 15 | 20 | 25 | 30 |
| 6 | 6 | 12 | 18 | 24 | 30 | 36 |

(3) ㉲ 오른쪽으로 갈수록 3씩 커지는 규칙이 있습니다.
**3** 1                                    **4** 6

**1** (1) 곱셈표는 두 수의 곱을 이용하여 만든 표입니다.
　　(2) 4×5=20, 5×5=25

**2** (1) 2×5=10, 4×3=12, 4×5=20,
　　　4×6=24, 6×2=12, 6×5=30

**3** 공연장의 의자 번호는 오른쪽으로 갈수록 1씩 커집니다.

**4** 초록색 점선에 놓인 수는 7, 13, 19, 25, 31이므로
　　╱ 방향으로 6씩 커집니다.

**2단계 교과서+익힘책 유형 연습**  156~157쪽

**1** (원: 54, 6, 12, 18, 24, 30, 36, 42, 48)        **2** 8

**3** ④                                 **4** 4시 30분
**5** (1) 홀수에 ○표
　　(2) ㉲ 만나는 수들이 서로 같습니다.

---

**6**

| × | 2 | 4 | 6 | 8 |
|---|---|---|---|---|
| 2 | 4 | 8 | 12 | 16 |
| 4 | 8 | 16 | 24 | 32 |
| 6 | 12 | 24 | 36 | 48 |
| 8 | 16 | 32 | 48 | 64 |

**7** ㉲ 위아래로 1씩 차이가 납니다.
　　오른쪽으로 한 칸 갈수록 4씩 커집니다.

**8** ㉲ 평일은 30분 간격으로, 주말은 1시간 간격으로 배
　　가 출발합니다.

**9** (1)

| 25 | 30 | |
|---|---|---|
| | 30 | 36 |
| 28 | 35 | 42 |

(2)

| | 48 | 54 | |
|---|---|---|---|
| | 49 | 56 | 63 |
| | 48 | 56 | 64 |

**10** (1) ㉲ 뒤로 갈수록 3씩 커지는 규칙이 있습니다. ;
　　　㉲ 뒤로 갈수록 5씩 커지는 규칙이 있습니다.

(2)
무대

| 가 | 나 | 다 |
|---|---|---|
| 1 2 3 | 1 2 3 4 5 | 1 2 3 |
| 4 5 6 | 6 7 8 9 10 | 4 5 6 |
| 7 8 9 | 11 12 13 ⑭ 15 | 7 8 9 |
| 10 11 12 | 16 17 18 19 20 | 10 11 12 |

**1** 화살표 방향으로 6씩 커지는 규칙이 있습니다.

**2** 초록색 점선에 쓰인 수는 5, 13, 21, 29이므로 ╲ 방
　　향으로 8씩 커집니다.

**4** 2시에서 시작하여 30분씩 더해지는 규칙이므로 4시에
　　서 30분 후는 4시 30분입니다.

**6**

| × | 2 | ㉢ | 6 | ㉣ |
|---|---|---|---|---|
| ㉠ | 4 | | | |
| 4 | | 16 | | |
| ㉡ | | | 36 | |
| 8 | | | | 64 |

㉠×2=4에서 ㉠=2,
㉡×6=36에서 ㉡=6,
4×㉢=16에서 ㉢=4,
8×㉣=64에서 ㉣=8입니다.

2×4=8, 2×6=12, 2×8=16,
4×2=8, 4×6=24, 4×8=32,
6×2=12, 6×4=24, 6×8=48,
8×2=16, 8×4=32, 8×6=48

**9** (1) 35에서 위쪽으로 올라갈수록 5씩 작아지므로
　　　30−5=25, 28에서 오른쪽으로 갈수록 7씩 커
　　　지므로 35+7=42입니다.
　　(2) 49에서 오른쪽으로 갈수록 7씩 커지므로
　　　56+7=63, 가장 아래에 있는 48에서 오른쪽으
　　　로 갈수록 8씩 커지므로 56+8=64입니다.

**10** (2) 나 구역 앞에서 3번째 줄의 4번째 자리가 연우의 자
　　　리입니다.

## 3단계 잘 틀리는 문제 해결 158~159쪽

**1**

**2** ★

**3**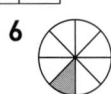

**4**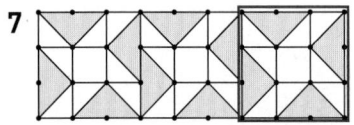

**5** △ (직각삼각형)

**6** ⊕ (원 8등분)

**7** (도형 패턴)

**8** (도형 패턴)

**9** 16개    **10** 18개    **11** 20개

**12**
| + | 3 | 5 | 7 | 9 |
|---|---|---|---|---|
| 4 | 7 | 9 | 11 | 13 |
| 6 | 9 | 11 | 13 | 15 |
| 8 | 11 | 13 | 15 | 17 |
| 10 | 13 | 15 | 17 | 19 |

**13**
| × | 1 | 3 | 5 | 7 |
|---|---|---|---|---|
| 2 | 2 | 6 | 10 | 14 |
| 4 | 4 | 12 | 20 | 28 |
| 6 | 6 | 18 | 30 | 42 |
| 8 | 8 | 24 | 40 | 56 |

**14**
| + | 12 | 14 | 16 | 18 |
|---|---|---|---|---|
| 11 | 23 | 25 | 27 | 29 |
| 13 | 25 | 27 | 29 | 31 |
| 15 | 27 | 29 | 31 | 33 |
| 17 | 29 | 31 | 33 | 35 |

---

**1**

틀린 이유
- 모양에서만 규칙을 찾은 경우
- 색깔에서만 규칙을 찾은 경우

Solution
모양과 색깔의 규칙을 따로 생각하여 알맞은 모양을 찾아야 합니다.

△, □, ○가 반복되면서 노란색, 노란색, 초록색, 초록색이 반복되고 있습니다.

**2** ◇, ☆, ▽, ▽가 반복되면서 파란색, 연두색, 빨간색이 반복되고 있습니다.

**3** ○, ◇가 1개씩 늘어나면서 반복되며 흰색과 빨간색이 반복되고 있습니다.

**4** ♡, ☆, ○가 반복되면서 분홍색과 보라색이 반복되고 있습니다.

---

**5**

틀린 이유
- 규칙을 찾지 못한 경우
- 규칙에 맞게 알맞은 모양을 그리지 못한 경우

Solution
시계 방향이나 시계 반대 방향으로 돌려 가며 일정한 규칙을 찾아봅니다.

△가 시계 반대 방향으로 돌아가고 있습니다.

**6** 색칠된 부분이 시계 방향으로 두 칸씩 옮겨 가고 있습니다.

---

**9**

틀린 이유
- 어떤 규칙으로 쌓았는지 모르는 경우
- 4층으로 쌓았을 때의 쌓기나무의 개수를 잘못 구한 경우

Solution
쌓기나무를 어떤 규칙으로 쌓았는지 확인하여 개수가 몇 개씩 늘어나는지 알아봅니다. 전체 개수를 구할 때는 1층부터 구하는 층까지의 쌓기나무의 수를 모두 더합니다.

쌓기나무가 1층씩 늘어나고, 아래로 내려가면서 쌓기나무가 2개씩 늘어나고 있습니다.
따라서 4층으로 쌓으려면 쌓기나무는 모두
1+3+5+7=16(개) 필요합니다.

**10** 3+4+5+6=18(개)

**11** 2+4+6+8=20(개)

---

**12**

틀린 이유
- 색칠된 칸의 수를 구하지 못한 경우
- 빈칸에 알맞은 수를 구하지 못한 경우

Solution
색칠된 칸의 가로와 세로에 쓰인 두 수의 합 또는 곱이 쓰이는 곳의 위치를 잘 찾아 빈칸을 채워 봅니다.

| + | 3 | ㉡ | 7 | 9 |
|---|---|---|---|---|
| 4 | 7 | | 11 | 13 |
| 6 | 9 | 11 | 13 | 15 |
| ㉠ | 11 | | | |
| 10 | 13 | | 17 | 19 |

㉠+3=11에서 ㉠=8,
6+㉡=11에서 ㉡=5입니다.

**13**

| × | 1 | 3 | 5 | ㉡ |
|---|---|---|---|---|
| 2 | 2 | 6 | 10 | 14 |
| ㉠ | | 12 | | |
| 6 | 6 | 18 | 30 | |
| 8 | 8 | 24 | 40 | |

㉠×3=12에서 ㉠=4,
2×㉡=14에서 ㉡=7입니다.

**14**

| + | 12 | 14 | ㉢ | ㉣ |
|---|---|---|---|---|
| 11 | 23 | 25 | 27 | 29 |
| ㉠ | | 27 | | |
| 15 | 27 | 29 | | |
| ㉡ | 29 | | | |

㉠+14=27에서 ㉠=13,
㉡+12=29에서 ㉡=17,
11+㉢=27에서 ㉢=16,
11+㉣=29에서 ㉣=18입니다.

## 3단계 서술형 문제 해결    160~161쪽

**1** ❶ 코스모스, 해바라기 ▶3점

  ❷ 해바라기 ▶3점

  ; 해바라기 ▶4점

**2** (예) ❶ 연필, 지우개, 자, 연필이 반복되는 규칙으로 놓여 있습니다. ▶3점

  ❷ 따라서 □ 안에 알맞은 학용품은 연필입니다. ▶3점

  ; 연필 ▶4점

**3** ❶ 6, 2 ▶3점

  ❷ 8 ▶3점

  ; 8 ▶4점

**4** (예) ❶ 쌓기나무가 첫 번째는 1개, 두 번째는 4개, 세 번째는 7개이므로 3개씩 늘어나는 규칙이 있습니다. ▶3점

  ❷ 따라서 다음에 이어질 모양에 쌓을 쌓기나무는 모두 7+3=10(개)입니다. ▶3점

  ; 10개 ▶4점

**2**

| 채점 기준 | | |
|---|---|---|
| 규칙을 찾아 쓴 경우 | 3점 | |
| □ 안에 알맞은 학용품을 구한 경우 | 3점 | 10점 |
| 답을 바르게 쓴 경우 | 4점 | |

**4**

| 채점 기준 | | |
|---|---|---|
| 규칙을 찾아 바르게 쓴 경우 | 3점 | |
| 다음에 이어질 모양에 쌓을 쌓기나무의 수를 구한 경우 | 3점 | 10점 |
| 답을 바르게 쓴 경우 | 4점 | |

**1**

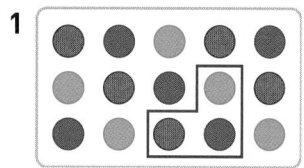

**2**

**4** 1

**3**

| + | 3 | 4 | 5 | 6 |
|---|---|---|---|---|
| 3 | 6 | 7 | 8 | 9 |
| 4 | 7 | 8 | 9 | 10 |
| 5 | 8 | 9 | 10 | 11 |
| 6 | 9 | 10 | 11 | 12 |

**5**

| × | 2 | 3 | 4 | 5 |
|---|---|---|---|---|
| 2 | 4 | 6 | 8 | 10 |
| 3 | 6 | 9 | 12 | 15 |
| 4 | 8 | 12 | 16 | 20 |
| 5 | 10 | 15 | 20 | 25 |

**6** (예) 오른쪽으로 갈수록 3씩 커지는 규칙이 있습니다.

**7** (1) 사과 (2) 배    **8** ★, ▲

**9** 4개

**10** (위에서부터) 8, 16, 25

**11**

**12** (1) ㄴ, ㄱ (2) ㄷ, 검은색

**13** (예) 쌓기나무의 수가 왼쪽에서 오른쪽으로 3개, 2개, 1개씩 반복됩니다. ▶5점

**14** 연두, 3개

**15**

| | 12 | 13 | |
|---|---|---|---|
| 12 | 13 | 14 | 15 |
| | 14 | 15 | |

**16** 22개

**17** 라열 7행

**18** (예) 책상의 번호는 아래쪽으로 내려갈수록 9씩 커집니다. ▶1점 다열 1행이 1+9+9=19(번)이므로 상우의 책상에 쓰인 번호는 19+5=24(번)입니다. ▶2점

  ; 24번 ▶2점

**19** 20개      **20** 30개

**8** □, ☆, △가 반복되면서 주황색과 파란색이 반복됩니다.

**9** 쌓기나무가 **5**개, **4**개로 반복되므로 다음에 이어질 모양에 쌓을 쌓기나무는 **4**개입니다.

**10** 신발장의 번호가 오른쪽으로 갈수록 **1**씩 커지고, 아래쪽으로 내려갈수록 **9**씩 커지는 규칙이 있습니다.

**11** 시계의 시각이 **1**시간 **30**분씩 더해지는 규칙이므로 마지막 시계의 시각은 **11**시에서 **1**시간 **30**분 후인 **12**시 **30**분입니다.

**12** ㄱ, ㄴ, ㄷ이 반복되면서 흰색과 검은색이 반복되므로 ㄱ 다음에 ㄴ을, ㄷ 다음에 ㄱ을 놓아야 합니다.

**14** 노란색 구슬과 연두색 구슬이 반복되고, 노란색 구슬과 연두색 구슬이 **1**개씩 늘어나고 있습니다.

**15** 오른쪽으로 갈수록, 아래쪽으로 내려갈수록 **1**씩 커지는 규칙이 있고, 왼쪽으로 갈수록 **1**씩 작아지는 규칙이 있습니다.
⇨ $13-1=12$, $13+1=14$, $14+1=15$

**16** 쌓기나무가 **1**층씩 늘어나고, 아래로 내려가면서 쌓기나무가 바로 윗층의 쌓기나무보다 **3**개씩 늘어나는 규칙입니다.
따라서 쌓기나무를 **4**층으로 쌓으려면 쌓기나무는 모두 $1+4+7+10=22$(개) 필요합니다.

**17** 책상의 번호는 아래쪽으로 내려갈수록 **9**씩 커집니다. 라열 **1**행이 $1+9+9+9=28$(번)이므로 **34**번은 라열 **7**행입니다.

**18**

| 채점 기준 | | |
|---|---|---|
| 책상에 쓰인 번호의 규칙을 찾은 경우 | 1점 | |
| 상우의 책상에 쓰인 번호를 구한 경우 | 2점 | 5점 |
| 답을 바르게 쓴 경우 | 2점 | |

**19** 현진이가 만든 규칙은 변의 길이가 같은 사각형이 점점 커지고, 연결큐브가 **4**개씩 늘어나는 규칙입니다.
따라서 다음에 이어질 모양을 만들려면 연결큐브가 모두 $16+4=20$(개) 필요합니다.

**20** **1**층에 **3**개씩 **3**줄, **2**층에 **2**개씩 **2**줄, **3**층에 **1**개씩 **1**줄이 쌓여 있으므로 **4**층으로 쌓으려면 가장 아래층에는 **4**개씩 **4**줄로 쌓아야 합니다. 따라서 쌓기나무가 모두 $16+9+4+1=30$(개) 필요합니다.

**창의융합+실력UP** 166~167쪽

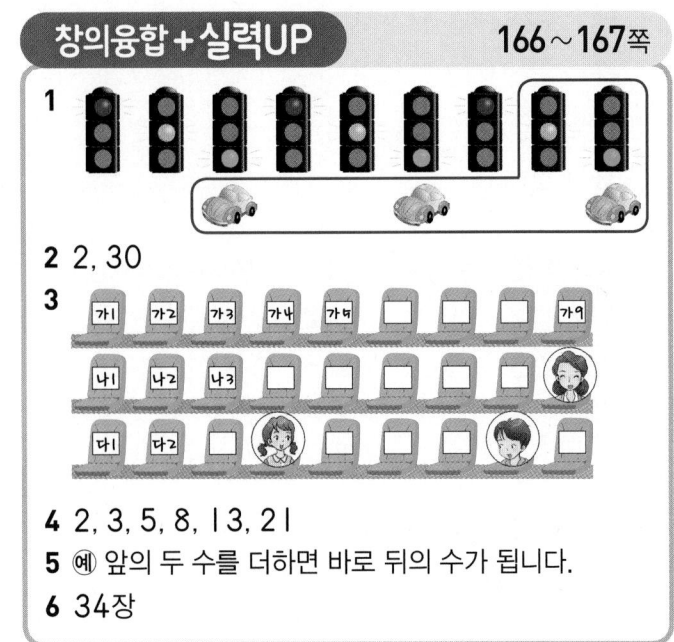

**2** 2, 30

**4** 2, 3, 5, 8, 13, 21
**5** (예) 앞의 두 수를 더하면 바로 뒤의 수가 됩니다.
**6** 34장

**1** 빨간색, 노란색, 초록색이 반복되고 있습니다.
차가 지나가도 되는 신호등은 초록불일 때이므로 초록색 신호등 아래 자동차 붙임딱지를 붙입니다.

**2** 대전행 버스가 **2**시간 **30**분마다 출발하는 규칙이 있습니다.

**5** $2+3=5$, $3+5=8$, $5+8=13$, $8+13=21$과 같이 앞의 두 수를 더하면 바로 뒤의 수가 됩니다.

**6** 꽃잎 수에는 앞의 두 수를 더하면 바로 뒤의 수가 되는 규칙이 있으므로 데이지의 꽃잎은 $13+21=34$(장)입니다.

**우등생 세미나** 168쪽

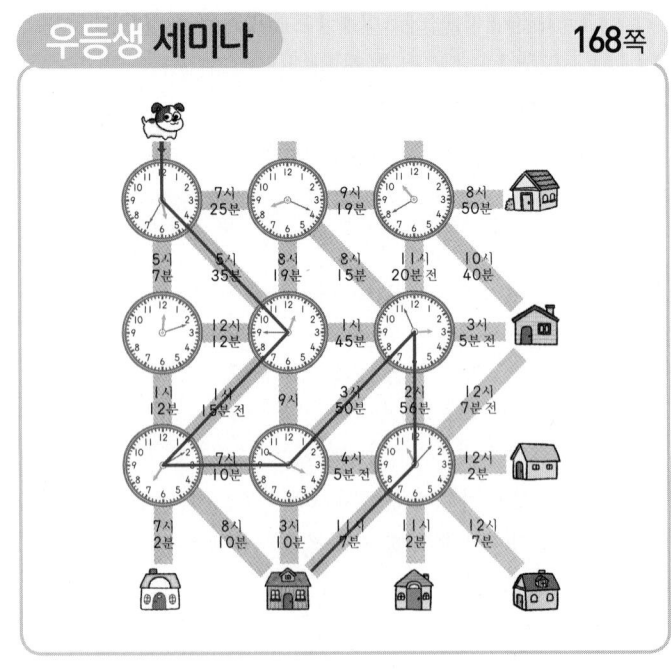

## ① 단원 네 자리 수

### 기본 단원평가     2~4쪽

**1** 200원       **2** 4000개
**3** 2346       **4** 백, 200
**5** 2, 7, 1       **6** >
**7** 3671에 ○표       **8** 2641
**9** ④
**10** (위에서부터) 4908, 5008, 5108, 5208
**11** 4300, 5300       **12** 4031
**13** ③       **14** ㄹ, ㄴ, ㄱ, ㄷ
**15** 100상자       **16** 1458
**17** 8, 9       **18** 9850원
**19** 5500원
**20** 예 7491에서 10씩 작아지도록 뛰어 세기를 3번
     합니다. ▶1점 7491-7481-7471-7461
     이므로 어떤 수는 7461입니다. ▶2점
     ; 7461 ▶2점

**11** 천의 자리 수가 1씩 커지므로 1000씩 뛰어 센 것입니다.

**14** 천의 자리 수부터 비교하면 ㄴ, ㄹ이 ㄱ, ㄷ보다 큽니다.
     ㄴ 6415 < ㄹ 6417     ㄱ 5709 > ㄷ 5078
          └ 5<7 ┘          └ 7>0 ┘

**15** 10자루씩 10상자는 100자루이므로 10자루씩 100상자
     는 1000자루입니다.

**16** 가장 작은 수는 가장 높은 자리부터 작은 수를 차례로 씁니
     다. 1<4<5<8이므로 가장 작은 수는 1458입니다.

**17** 천, 백, 십의 자리 수가 각각 같으므로 □ 안에는 7보다
     큰 수가 들어갈 수 있습니다.

**18** 4850-5850-6850-7850-8850-9850
        (1주일) (2주일) (3주일) (4주일) (5주일)

**19** 백 원짜리 동전 10개는 1000원이므로 백 원짜리 동전
     15개는 천 원짜리 지폐 1장, 백 원짜리 동전 5개와 같
     습니다. 따라서 필통을 사는 데 낸 돈은 천 원짜리 지폐
     5장, 백 원짜리 동전 5개와 같으므로 5500원입니다.

**20**

| 채점 기준 | | |
|---|---|---|
| 어떤 수는 7491에서 거꾸로 10씩 작아지<br>도록 3번 뛰어 세기 한 수임을 아는 경우 | 1점 | 5점 |
| 거꾸로 뛰어 세어 어떤 수를 구한 경우 | 2점 | |
| 답을 바르게 쓴 경우 | 2점 | |

### 실력⊕서술형 문제     5~6쪽

**1** 2662원       **2** 30개
**3** ㄷ       **4** 30걸음
**5** 6개       **6** 지민
**7** 친구 생일 선물       **8** 14개
**9** 예 3800부터 시작하여 1000씩 뛰어 세어 봅니다. ▶3점
     3800-4800-5800-6800-7800-
     8800-9800이므로 오늘부터 6일 후에
     9800원이 됩니다. ▶3점
     ; 6일 후 ▶4점
**10** 5개       **11** 윤미
**12** 4509

**4** 1000은 970보다 30만큼 더 큰 수이므로 30걸음
     더 걸어야 합니다.

**5** 5000보다 커야 하므로 천의 자리에 5를 놓습니다.
     5013, 5031, 5103, 5130, 5301, 5310 ⇨ 6개

**6** 지민이가 저금한 금액은 1000원짜리 지폐 6000원,
     100원짜리 동전 3400원, 10원짜리 동전 430원이
     므로 9830원입니다.
     재훈이가 저금한 금액은 1000원짜리 지폐 5000원,
     100원짜리 동전 4400원, 10원짜리 동전 200원이
     므로 9600원입니다.
     따라서 9830>9600이므로 지민이가 더 많은 돈을
     저금하였습니다.

**9**

| 채점 기준 | | |
|---|---|---|
| 1000씩 뛰어 세어야 하는 것을 아는 경우 | 3점 | 10점 |
| 며칠 후에 9800원이 되는지 구한 경우 | 3점 | |
| 답을 바르게 쓴 경우 | 4점 | |

**10** 8130보다 크고 8730보다 작은 수를 찾습니다.
천의 자리 수가 같으므로 백의 자리 수를 비교하면 □는
1보다 크고 7보다 작아야 합니다.
따라서 □ 안에 들어갈 수 있는 수는 2, 3, 4, 5, 6으로
모두 5개입니다.

**11** 천의 자리 수가 모두 같으므로 백의 자리 수를 비교하면
경완이가 쓴 수가 가장 큽니다. 윤미가 쓴 수의 ▲에 9를
넣어도 재경이가 쓴 수보다 작습니다. 따라서 가장 작은
수를 쓴 사람은 윤미입니다.

**12** 4000보다 크고 5000보다 작으면 천의 자리 숫자는
4입니다. 백의 자리 숫자는 5, 십의 자리 숫자는 0, 일의
자리 숫자는 9이므로 조건을 모두 만족하는 네 자리 수
는 4509입니다.

## ② 단원  곱셈구구

### 기본 단원평가                    7~9쪽

**1** 6, 4, 24
**2** (1) 14 (2) 36
**3**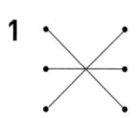
**4** ③
**5** ②
**6** 2
**7** 8, 48
**8** >
**9** 6×2, 3×4, 4×3에 ○표
**10** 8, 16 ; 2, 16
**11** 32장

**12**

| × | 4 | 5 | 6 | 7 | 8 |
|---|---|---|---|---|---|
| 4 | 16 | 20 | 24 | 28 | 32 |
| 5 | 20 | 25 | 30 | 35 | 40 |
| 6 | 24 | 30 | 36 | 42 | 48 |
| 7 | 28 | 35 | 42 | 49 | 56 |
| 8 | 32 | 40 | 48 | 56 | 64 |

**13** 8, 4, 32
**14** 3
**15** ㉢, ㉠, ㉡, ㉣
**16** 12개
**17** 6개
**18** 41개
**19** 1, 2, 3, 4
**20** 예 민지가 가지고 있는 연필은 6×4=24(자루)이
므로▶2점 친구에게 주고 남은 연필은
24−7=17(자루)입니다.▶1점 ; 17자루▶2점

**6** 6×3=18이므로 9×□=18입니다.
9단 곱셈구구에서 9×2=18이므로 □=2입니다.

**11** 4×8=32(장)

**15** ㉠ 2×7=14  ㉡ 3×5=15
㉢ 4×3=12  ㉣ 8×2=16

**17** 3×2=6(개)

**18** 두발자전거 7대의 바퀴는 2×7=14(개), 세발자전거
9대의 바퀴는 3×9=27(개)입니다.
따라서 바퀴는 모두 14+27=41(개)입니다.

**19** 1×8=8, 2×8=16, 3×8=24, 4×8=32,
5×8=40……이므로 □ 안에 들어갈 수 있는 수는 1,
2, 3, 4입니다.

**20**

| 채점 기준 | | |
|---|---|---|
| 민지가 가지고 있는 연필 수를 구한 경우 | 2점 | |
| 친구에게 주고 남은 연필 수를 구한 경우 | 1점 | 5점 |
| 답을 바르게 쓴 경우 | 2점 | |

### 실력+서술형 문제              10~11쪽

**1**
**2** ④
**3** ⑤
**4** 0
**5** 97
**6** 36
**7** 24
**8** 63
**9** 35권
**10** 예 두 수의 합이 8인 카드는 1과 7, 3과 5, 2와 6입
니다.▶2점 가장 큰 곱은 3×5=15이고 가장 작
은 곱은 1×7=7입니다.▶2점 따라서 가장 큰 곱
과 가장 작은 곱의 합은 15+7=22입니다.▶2점
; 22▶4점
**11** 8줄
**12** 119쪽

**8** 어떤 수를 □라고 하면
□×6=42 ⇨ 7×6=42이므로 □=7입니다.
따라서 바르게 계산하면 7×9=63입니다.

**9** 1등: 3×9=27(권), 2등: 2×0=0(권),
3등: 1×8=8(권), 4등: 0×7=0(권)
⇨ 27+0+8+0=35(권)

**10**

| 채점 기준 | | |
|---|---|---|
| 두 수의 합이 8이 되는 카드를 찾은 경우 | 2점 | |
| 가장 큰 곱과 가장 작은 곱을 구한 경우 | 2점 | 10점 |
| 두 곱의 합을 구한 경우 | 2점 | |
| 답을 바르게 쓴 경우 | 4점 | |

**11** (장난감 자동차 수)=4×4=16(개)
한 줄에 2개씩 □줄로 세우면 2×□=16입니다.
2단 곱셈구구에서 2×8=16이므로 □=8입니다.

**12** 9쪽씩 7일 동안 9×7=63(쪽)을 읽었고,
7쪽씩 8일 동안 7×8=56(쪽)을 읽었습니다.
따라서 준형이가 읽은 동화책은 모두
63+56=119(쪽)입니다.

**③ 단원  길이 재기**

**기본 단원평가**                                          12~14쪽

**1** 3 미터 82 센티미터　　**2** (1) 2, 65　(2) 754
**3** ⑤　　**4** 2, 20
**5** 5 m 85 cm　　**6** 9 m 75 cm
**7** ⑤　　**8** ㉠, ㉣
**9** (1) <　(2) =　　**10** 1 m 20 cm
**11** ㉡, ㉢　　**12** (1) cm　(2) m　(3) cm
**13** 약 4 m　　**14** ㉠, ㉢
**15** 7, 64　　**16** ㉣, ㉡, ㉠, ㉢
**17** 약 1 m　　**18** 6 m 52 cm
**19** 예 (보건소에서 집까지의 거리)
　　　＝(보건소에서 시장까지의 거리)
　　　　－(집에서 시장까지의 거리)
　　　＝80 m 85 cm−50 m 76 cm
　　　＝30 m 9 cm ▶2점
　　; 30 m 9 cm ▶3점
**20** 민지, 23 cm

**9** (1) 2 m 80 cm=280 cm이므로
　　　208 cm<280 cm입니다.
　　(2) 5 m 70 cm=500 cm+70 cm=570 cm

**11** ㉠, ㉣은 1 m보다 짧습니다.

**15** 3 m 58 cm+4 m 6 cm=7 m 64 cm

**16** ㉡ 4 m 50 cm=400 cm+50 cm=450 cm
㉢ 4 m 5 cm=400 cm+5 cm=405 cm
⇨ ㉣>㉡>㉠>㉢

**17** 재은이의 한 뼘은 10 cm이고 10 cm가 10개이면
100 cm이므로 서랍장의 높이는 약 1 m입니다.

**18** 235 cm=200 cm+35 cm=2 m 35 cm
⇨ 2 m 35 cm+4 m 17 cm=6 m 52 cm

**19**

| 채점 기준 | | |
|---|---|---|
| 보건소에서 집까지의 거리를 구하는 식을 쓰고 계산한 경우 | 2점 | 5점 |
| 답을 바르게 쓴 경우 | 3점 | |

**20** 149 cm=1 m 49 cm
1 m 72 cm>1 m 49 cm이므로 민지가 상자를
1 m 72 cm−1 m 49 cm=23 cm 더 높이 쌓았
습니다.

**실력⊕서술형 문제**                                      15~16쪽

**1** 13, 23　　**2** 3, 46
**3** 약 3 m　　**4** 6 m 99 cm
**5** 약 5 m　　**6** 5 m 2 cm
**7** 약 15 m　　**8** 약 4배
**9** 3 m 10 cm　　**10** 1 m 32 cm
**11** 예 집에서 서점을 거쳐 학교까지 가는 거리는
　　　56 m 50 cm+30 m 40 cm
　　　＝86 m 90 cm입니다. ▶3점
　　　따라서 집에서 학교로 바로 가는 거리보다
　　　86 m 90 cm−73 m 50 cm
　　　＝13 m 40 cm 더 멉니다. ▶3점
　　; 13 m 40 cm ▶4점
**12** 65 cm

**1** 509 cm+8 m 14 cm
　＝5 m 9 cm+8 m 14 cm＝13 m 23 cm

**4** 3 m 54 cm＝300 cm+54 cm＝354 cm
　가장 긴 길이는 354 cm, 가장 짧은 길이는
　345 cm입니다.
　⇨ 3 m 54 cm+345 cm
　　＝3 m 54 cm+3 m 45 cm＝6 m 99 cm

**5** 민수의 두 걸음은 약 1 m이고 민수네 집에서 편의점까지의 거리는 10걸음이므로 약 5 m입니다.

**6** 이어 붙인 색 테이프 전체 길이
　＝(색 테이프 2장의 길이의 합)−(겹쳐진 부분의 길이)
　＝4 m 35 cm+3 m 35 cm−2 m 68 cm
　＝7 m 70 cm−2 m 68 cm＝5 m 2 cm

**7** 건물의 높이는 한 층의 높이의 약 5배이므로 약 15 m입니다.

**8** 창문 긴 쪽의 길이는 아빠가 양팔을 벌린 길이의 2배이므로 약 4 m입니다.
　4 m는 1 m의 4배이므로 지훈이가 창문 긴 쪽의 길이를 재면 양팔을 벌린 길이의 약 4배입니다.

**9** (사각형 2개를 만드는 데 필요한 철사의 길이)
　＝80 cm+80 cm＝160 cm＝1 m 60 cm
　(남는 철사의 길이)＝4 m 70 cm−1 m 60 cm
　　　　　　　　　　＝3 m 10 cm

**10** 155 cm＝1 m 55 cm이므로 혜성이의 1회와 2회의 멀리뛰기 기록의 합은
　1 m 20 cm+1 m 55 cm＝2 m 75 cm입니다.
　은하가 이기려면 적어도 2 m 75 cm보다 멀리 뛰어야 합니다. 따라서 은하는 2회에 적어도
　2 m 75 cm−1 m 43 cm＝1 m 32 cm보다 멀리 뛰어야 합니다.

**11**

| 채점 기준 | | |
|---|---|---|
| 집에서 서점을 거쳐 학교까지 가는 거리를 구한 경우 | 3점 | |
| 집에서 서점을 거쳐 학교까지 가는 거리는 집에서 학교로 바로 가는 거리보다 얼마나 더 먼지 구한 경우 | 3점 | 10점 |
| 답을 바르게 쓴 경우 | 4점 | |

**12** 종이테이프 4장의 길이의 합은 20 cm가 4개이므로 80 cm입니다.
　종이테이프 4장을 한 줄로 이어 붙이면 겹쳐진 부분은 3군데이므로 이어 붙인 종이테이프의 전체 길이는
　80 cm−5 cm−5 cm−5 cm＝65 cm입니다.

**4** 단원　**시각과 시간**

**기본 단원평가**　　17~19쪽

**1** (1) 20　(2) 7　　　　**2** 5, 47
**3** 6, 2　　　　　　　　**4** 4, 10
**5** 　　　**6**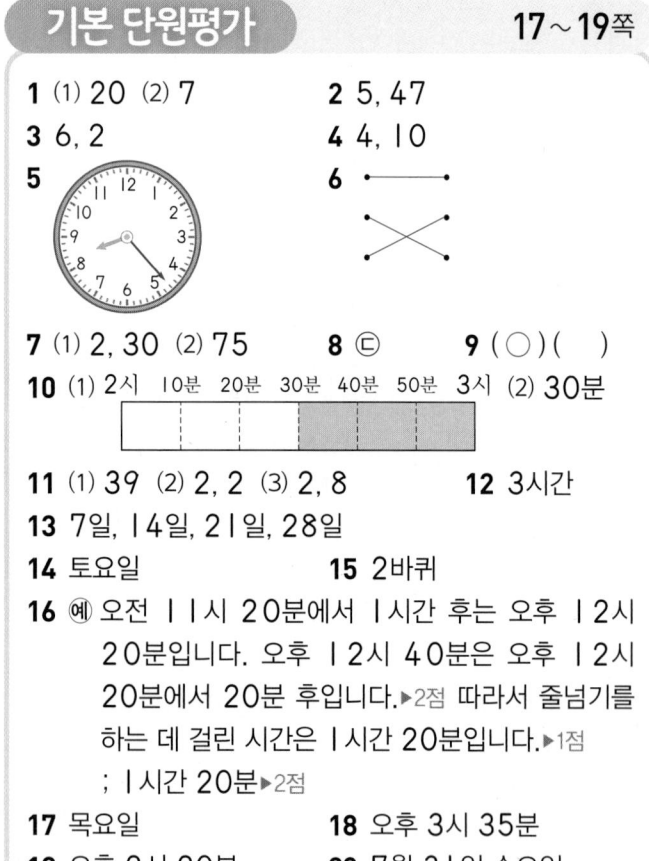

**7** (1) 2, 30　(2) 75　　**8** ㉢　　**9** ( ○ )( )
**10** (1)

| 2시 | 10분 | 20분 | 30분 | 40분 | 50분 | 3시 |
|---|---|---|---|---|---|---|

(2) 30분

**11** (1) 39　(2) 2, 2　(3) 2, 8　　　**12** 3시간
**13** 7일, 14일, 21일, 28일
**14** 토요일　　　　　　**15** 2바퀴
**16** 예 오전 11시 20분에서 1시간 후는 오후 12시 20분입니다. 오후 12시 40분은 오후 12시 20분에서 20분 후입니다. ▶2점 따라서 줄넘기를 하는 데 걸린 시간은 1시간 20분입니다. ▶1점
　; 1시간 20분 ▶2점
**17** 목요일　　　　　　**18** 오후 3시 35분
**19** 오후 2시 20분　　　**20** 7월 31일 수요일

**7** (1) 150분＝60분+60분+30분＝2시간 30분
　(2) 1시간 15분＝60분+15분＝75분

**8** ㉠, ㉢, ㉣, ㉤, ㉥: 31일   ㉡: 30일

**9** 2년 4개월=12개월+12개월+4개월=28개월이므로 2년 4개월이 25개월보다 더 깁니다.

**11** (1) 1일 15시간=24시간+15시간=39시간
(2) 50시간=24시간+24시간+2시간=2일 2시간
(3) 32개월=12개월+12개월+8개월=2년 8개월

**12** 오전 11시에서 낮 12시까지의 시간은 1시간이고, 낮 12시에서 오후 2시까지의 시간은 2시간이므로 은성이가 책을 읽는 데 걸린 시간은 3시간입니다.

**14** 11일에서 6일 전은 5일이고 토요일입니다.

**15** 시계의 짧은바늘이 1에서 3까지 가는 데 걸리는 시간은 2시간입니다. 긴바늘이 1시간 동안 1바퀴 돌므로 2시간 동안 모두 2바퀴 돕니다.

**16**

| 채점 기준 | | |
|---|---|---|
| 줄넘기를 시작한 시각과 끝낸 시각 사이의 시간을 구하는 과정을 쓴 경우 | 2점 | 5점 |
| 줄넘기를 하는 데 걸린 시간을 구한 경우 | 1점 | |
| 답을 바르게 쓴 경우 | 2점 | |

**17** 26일이 월요일이므로 26-7=19(일),
19-7=12(일), 12-7=5(일)도 월요일입니다.
5일에서 4일 전은 1일이므로 월요일에서 4일 전의 요일은 목요일입니다.

**18** 5시 10분 $\xrightarrow{\text{1시간 전}}$ 4시 10분 $\xrightarrow{\text{10분 전}}$ 4시
$\xrightarrow{\text{25분 전}}$ 3시 35분

**19** · 5교시 수업이 끝나는 시각:
12시 50분 $\xrightarrow{\text{40분 후}}$ 1시 30분
· 쉬는 시간이 끝나는 시각:
1시 30분 $\xrightarrow{\text{10분 후}}$ 1시 40분
· 6교시 수업이 끝나는 시각:
1시 40분 $\xrightarrow{\text{40분 후}}$ 2시 20분

**20** 12+19=31이므로 12일에서 19일 후는 31일입니다. 19=7+7+5이므로 19일 후의 요일은 5일 후의 요일과 같습니다. 따라서 금요일에서 5일 후의 요일은 수요일이므로 아버지 생신은 7월 31일 수요일입니다.

**1** (1) 2 (2) 24      **2** 세현
**3** 1시간 35분        **4** 지혜
**5** 오후 3시 55분     **6** 11월 18일
**7** 33시간
**8** 예 같은 요일이 7일마다 반복되므로 12월 8일, 12월 15일, 12월 22일, 12월 29일도 금요일입니다. ▶3점 다음 해 1월 1일은 12월 29일에서 3일 후이므로 월요일입니다. ▶3점 ; 월요일 ▶4점
**9**

| 11월 | | | | | | |
|---|---|---|---|---|---|---|
| 일 | 월 | 화 | 수 | 목 | 금 | 토 |
| | | | | | 1 | 2 |
| 3 | 4 | 5 | 6 | 7 | 8 | 9 |
| 10 | 11 | 12 | 13 | 14 | 15 | 16 |
| 17 | 18 | 19 | 20 | 21 | 22 | 23 |
| 24 | 25 | 26 | 27 | 28 | 29 | 30 |

**10** 8시간                    **11** 12월 31일 오후 5시
**12** 오전 11시 15분

**3** 피아노 연습을 시작한 시각은 3시 10분이고 끝낸 시각은 4시 45분입니다.
3시 10분 $\xrightarrow{\text{1시간 후}}$ 4시 10분 $\xrightarrow{\text{35분 후}}$ 4시 45분
민선이가 피아노 연습을 하는 데 걸린 시간은
1시간+35분=1시간 35분입니다.

**4** 경준: 6시 25분 $\xrightarrow{\text{1시간 후}}$ 7시 25분
$\xrightarrow{\text{20분 후}}$ 7시 45분
지혜: 6시 10분 $\xrightarrow{\text{1시간 후}}$ 7시 10분
$\xrightarrow{\text{25분 후}}$ 7시 35분
컴퓨터를 사용한 시간은 경준이가 1시간 20분, 지혜가 1시간 25분이므로 컴퓨터를 더 오래 사용한 사람은 지혜입니다.

**5** 5시 15분 ──1시간 전──▶ 4시 15분

──20분 전──▶ 3시 55분

따라서 숙제를 시작한 시각은 오후 3시 55분입니다.

**6** 11월은 30일까지 있으므로 시경이의 생일은 11월 30일입니다.

민재의 생일은 시경이의 생일의 12일 전이므로 11월 30일에서 12일 전인 11월 18일입니다.

**7** 8월 2일 오전 10시부터 8월 3일 오전 10시까지는 24시간, 8월 3일 오전 10시부터 낮 12시까지는 2시간, 낮 12시부터 오후 7시까지는 7시간입니다.

따라서 여행을 다녀오는 데 걸린 시간은 모두 24+2+7=33(시간)입니다.

**8**

| 채점 기준 | | |
|---|---|---|
| 12월의 금요일의 날짜를 구한 경우 | 3점 | |
| 1월 1일이 무슨 요일인지 구한 경우 | 3점 | 10점 |
| 답을 바르게 쓴 경우 | 4점 | |

**9** 10월 23일 수요일 ──7일 후──▶ 10월 30일 수요일

10월 30일이 수요일이므로 10월 31일은 목요일이고 11월 1일은 금요일입니다.

11월은 30일까지 있습니다.

**10** (학교생활)+(식사)+(숙제)+(독서)+(자유 시간)
=7시간+2시간+1시간+2시간+4시간=16시간

따라서 유진이가 하루에 잠자는 시간은
24시간−16시간=8시간입니다.

**11** 시계의 짧은바늘이 한 바퀴 돌면 12시간이 지난 것이므로 두 바퀴 돌면 24시간이 지난 것입니다.

24시간=1일이므로 12월 30일 오후 5시에서 1일 후는 12월 31일 오후 5시입니다.

> 참고
>
> 시계의 짧은바늘은 하루에 2바퀴를 돌고 긴바늘은 24 바퀴를 돕니다.

**12** 서울은 하노이보다 2시간 빠르므로 하노이의 시각은 서울 시각의 2시간 전 시각과 같습니다.

오후 1시 15분 ──2시간 전──▶ 오전 11시 15분

---

**5** 단원 **표와 그래프**

**기본 단원평가**  22~24쪽

**1** 지혜, 채경
**2** 6, 2, 3, 4, 15
**3** ③
**4** 귤, 참외, 사과, 포도
**5** 7, 3, 4, 4, 18
**6** 18명
**7** 3명
**8** 4명

**9**

재호네 반 학생들이 좋아하는 음식별 학생 수

| 학생 수(명) / 음식 | 라면 | 김밥 | 빵 | 피자 | 만두 |
|---|---|---|---|---|---|
| 7 | | | | ○ | |
| 6 | | | | ○ | |
| 5 | | | | ○ | |
| 4 | ○ | | ○ | ○ | |
| 3 | ○ | | ○ | ○ | ○ |
| 2 | ○ | ○ | ○ | ○ | ○ |
| 1 | ○ | ○ | ○ | ○ | ○ |

**10** 피자
**11** 운동
**12** 수영
**13** 수영, 태권도, 테니스, 탁구
**14** 5, 4, 6, 2, 17
**15** 그래프
**16** 4, 6, 7, 5, 2, 24
**17** 대리석
**18** 시멘트
**19** 4, 3, 6, 13
**20** 예 축구공을 가장 많이 넣은 사람은 예림이로 6번이고, ▶1점 가장 적게 넣은 사람은 준호로 3번입니다. ▶1점

따라서 예림이와 준호가 넣은 횟수의 차는
6−3=3(번)입니다. ▶1점 ; 3번 ▶2점

**17** 모두 같은 양을 주문했으므로 가장 적게 필요한 물품이 가장 많이 남습니다. 따라서 ○의 수가 가장 적은 대리석이 가장 많이 남습니다.

**18** 그래프에서 두 번째로 많이 필요한 물품은 시멘트입니다.

**20**

| 채점 기준 | | |
|---|---|---|
| 축구공을 가장 많이 넣은 사람의 횟수를 구한 경우 | 1점 | |
| 축구공을 가장 적게 넣은 사람의 횟수를 구한 경우 | 1점 | 5점 |
| 축구공을 가장 많이 넣은 사람과 가장 적게 넣은 사람의 횟수의 차를 구한 경우 | 1점 | |
| 답을 바르게 쓴 경우 | 2점 | |

1 9, 6, 4, 27
2 의사　　　　　　　3 6명
4 ⑨ 조사한 학생은 모두 18명이므로▶2점 지영이가 한
　　달 동안 읽은 책은 18−4−5−3−2=4(권)입
　　니다.▶4점 ; 4권▶4점
5 12　　　　　　　6 9, 3
7 5, 3, 4, 8, 20
8 ⑨ 민호가 화살을 넣은 횟수는 5번이므로 얻은 점수는
　　5×5=25(점)이고, 넣지 못한 횟수는 5번이므로
　　잃은 점수는 2×5=10(점)입니다.▶4점
　　따라서 민호의 점수는 25−10=15(점)입니
　　다.▶2점 ; 15점▶4점
9 27명　　　　　　10 6명, 3명
11 성규네 반 학생들이 좋아하는 음식별 학생 수

| 튀김 | / | / | / | | | | | |
|---|---|---|---|---|---|---|---|---|
| 자장면 | / | / | / | / | / | / | | |
| 갈비 | / | / | / | / | / | / | / | / |
| 떡볶이 | / | / | / | / | | | | |
| 김밥 | / | / | / | / | / | | | |
| 음식＼학생수(명) | 1 | 2 | 3 | 4 | 5 | 6 | 7 | 8 |

**4**

| 채점 기준 | | |
|---|---|---|
| 조사한 학생 수를 아는 경우 | 2점 | |
| 지영이가 한 달 동안 읽은 책 수를 구한 경우 | 4점 | 10점 |
| 답을 바르게 쓴 경우 | 4점 | |

5 ㉠과 ㉡에 알맞은 수의 합은 30−8−10=12입니다.

6 3+3+3+3=12이므로 나팔꽃을 좋아하는 학생은
　3+3+3=9(명), 민들레를 좋아하는 학생은 3명입니다.

7 (화살을 넣지 못한 횟수)=10−(화살을 넣은 횟수)
　• 민호: 10−5=5(번)　• 서연: 10−7=3(번)
　• 지우: 10−6=4(번)　• 수빈: 10−2=8(번)

**8**

| 채점 기준 | | |
|---|---|---|
| 민호가 얻은 점수와 잃은 점수를 각각 구한 경우 | 4점 | |
| 민호의 점수를 구한 경우 | 2점 | 10점 |
| 답을 바르게 쓴 경우 | 4점 | |

9 (자장면과 튀김을 좋아하는 학생 수)
　=(갈비를 좋아하는 학생 수)+1=8+1=9(명)
　(조사한 학생 수)=6+4+8+9=27(명)

10 튀김을 좋아하는 학생을 ☐명이라고 하면 자장면을 좋아
　하는 학생은 (☐+3)명이므로 ☐+3+☐=9,
　☐+☐=6, ☐=3입니다. 따라서 자장면을 좋아하는
　학생은 3+3=6(명), 튀김을 좋아하는 학생은 3명입니다.

**6** 단원　규칙 찾기

**1**

| + | 5 | 6 | 7 | 8 |
|---|---|---|---|---|
| 5 | 10 | 11 | 12 | 13 |
| 6 | 11 | 12 | 13 | 14 |
| 7 | 12 | 13 | 14 | 15 |
| 8 | 13 | 14 | 15 | 16 |

2 1
3 (1) 토끼 (2) 고양이
4 4

**5**

| × | 2 | 4 | 6 | 8 |
|---|---|---|---|---|
| 2 | 4 | 8 | 12 | 16 |
| 4 | 8 | 16 | 24 | ♡ |
| 6 | 12 | 24 | 36 | 48 |
| 8 | 16 | ♡ | 48 | 64 |

6 32
7 ④

8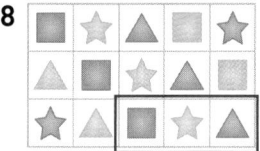

9 ⑨ 쌓기나무의 수가 왼쪽에서 오른쪽으로 2개, 2개,
　1개씩 반복됩니다.▶5점

10
11 7일
12 21일　　　　　　13 월요일
14

15 3개　　　　　　16 10개
17 ②, ④　　　　　18 C6
19

| × | 4 | 6 | 8 | 9 |
|---|---|---|---|---|
| 3 | 12 | 18 | 24 | 27 |
| 5 | 20 | 30 | 40 | 45 |
| 7 | 28 | 42 | 56 | 63 |
| 9 | 36 | 54 | 72 | 81 |

20 16개

**3** (1) 토끼, 고양이, 오리가 반복되는 규칙입니다.

(2) 토끼, 고양이, 고양이, 오리가 반복되는 규칙입니다.

**19**

| × | ㉡ | 6 | 8 | 9 |
|---|---|---|---|---|
| 3 | | | 18 | 24 |
| 5 | | | 40 | 45 |
| 7 | 28 | | | |
| ㉠ | 36 | | | |

$7 \times ㉡ = 28$에서 $㉡ = 4$,
$㉠ \times 4 = 36$에서 $㉠ = 9$입니다.

$3 \times 4 = 12$, $3 \times 9 = 27$, $5 \times 4 = 20$, $5 \times 6 = 30$,
$7 \times 6 = 42$, $7 \times 8 = 56$, $7 \times 9 = 63$, $9 \times 6 = 54$,
$9 \times 8 = 72$, $9 \times 9 = 81$

**20** 쌓기나무가 1층씩 늘어나고, 아래로 내려가면서 쌓기나무가 바로 윗층의 쌓기나무보다 2개씩 늘어나는 규칙입니다.

따라서 4층으로 쌓으려면 쌓기나무가 모두
$1 + 3 + 5 + 7 = 16$(개) 필요합니다.

## 실력❶서술형 문제     30~31쪽

**1** ☺

**2** (위에서부터) 12, 13

**3** (왼쪽에서부터) 42, 49    **4** 6시

**5** ■

**6** ⑩ 26일, $26 - 7 = 19$(일), $19 - 7 = 12$(일),
$12 - 7 = 5$(일)은 모두 같은 요일입니다. ▶3점
따라서 5일이 화요일이므로 26일도 화요일입니다. ▶3점 ; 화요일 ▶4점

**7** 오후 5시 30분

**8**

| + | 1 | 3 | 5 | 7 | 9 |
|---|---|---|---|---|---|
| 2 | 3 | 5 | 7 | 9 | 11 |
| 4 | 5 | 7 | 9 | 11 | 13 |
| 6 | 7 | 9 | 11 | 13 | 15 |
| 8 | 9 | 11 | 13 | 15 | 17 |
| 10 | 11 | 13 | 15 | 17 | 19 |

**9** ⑩ 같은 줄에서 오른쪽으로 갈수록 2씩 커지는 규칙이 있습니다. ▶10점

**10** 다열 8행

**11**

| × | 3 | 4 | 5 | 6 | 7 |
|---|---|---|---|---|---|
| 3 | 9 | 12 | 15 | 18 | 21 |
| 4 | 12 | 16 | 20 | 24 | 28 |
| 5 | 15 | 20 | 25 | 30 | 35 |
| 6 | 18 | 24 | 30 | 36 | 42 |
| 7 | 21 | 28 | 35 | 42 | 49 |

**12** 10

**13** 22개

---

**6**

| 채점 기준 | | |
|---|---|---|
| 26일과 같은 요일인 날짜를 구한 경우 | 3점 | |
| 26일이 무슨 요일인지 구한 경우 | 3점 | 10점 |
| 답을 바르게 쓴 경우 | 4점 | |

**8**

| + | 1 | ㉡ | 5 | ㉣ | 9 |
|---|---|---|---|---|---|
| ㉠ | 3 | | | | |
| 4 | 5 | 7 | 9 | 11 | 13 |
| ㉢ | 7 | | | | |
| 8 | 9 | | | | |
| 10 | 11 | | | | |

$㉠ + 1 = 3$에서 $㉠ = 2$,
$㉡ + 1 = 7$에서 $㉡ = 6$,
$4 + ㉢ = 7$에서 $㉢ = 3$,
$4 + ㉣ = 11$에서 $㉣ = 7$입니다.

**10** 의자의 번호는 가로로 1씩, 세로로 9씩 커지는 규칙이 있습니다. 26번, $26 - 9 = 17$(번), $17 - 9 = 8$(번)은 모두 8행입니다.

따라서 26번은 8번에서 2열 뒤의 자리이므로 수지의 자리는 다열 8행입니다.

**11**

| × | ㉫ | ㉭ | ㉮ | ㉯ | ㉰ |
|---|---|---|---|---|---|
| ㉠ | 9 | | | | 21 |
| ㉡ | | 16 | | | 28 |
| ㉢ | | | 25 | | 35 |
| ㉣ | | | | 36 | 42 |
| ㉤ | 21 | 28 | 35 | 42 | 49 |

$7 \times 7 = 49$이므로 ㉤과 ㉰은 7입니다.

$㉠ \times 7 = 21$에서 $㉠ = 3$,
$㉡ \times 7 = 28$에서 $㉡ = 4$,
$㉢ \times 7 = 35$에서 $㉢ = 5$,
$㉣ \times 7 = 42$에서 $㉣ = 6$,

$7 \times ㉫ = 21$에서 $㉫ = 3$, $7 \times ㉭ = 28$에서 $㉭ = 4$,
$7 \times ㉮ = 35$에서 $㉮ = 5$, $7 \times ㉯ = 42$에서 $㉯ = 6$입니다.

**12** ㉠을 ■일이라 하면 ㉠에서 아래쪽으로 한 줄 내려간 곳은 일주일 후인 (■+7)일이고, ㉡은 (■+7)일에서 오른쪽으로 3칸 간 곳이므로 (■+7+3)일=(■+10)일입니다.

⇨ $㉡ - ㉠ = ■ + 10 - ■ = 10$

**13** 쌓기나무가 한 층씩 늘어나고, 아래로 내려가면서 쌓기나무가 세 방향으로 1개씩 늘어나는 규칙입니다.

따라서 쌓기나무를 4층으로 쌓으려면 쌓기나무가 모두 $1 + 4 + 7 + 10 = 22$(개) 필요합니다.

## 우등생 세미나     32쪽

❶ 12    ❷ 9    ❸ 40    ❹ 2    ❺ 20    ❻ 50